2023年新疆维吾尔自治区宣传思想文化青年英才项目

2024年新疆维吾尔自治区高校基本科研业务费科研项目重点课题（XJEDU2024085）

2023年新疆师范大学青年拔尖人才项目（XJNUQB2023-01）

2024年新疆师范大学智库招标课题（ZK2024C21）

人与自然和谐共生现代化研究

——以生态文明建设为视野

肖志远　李红杰 — 著

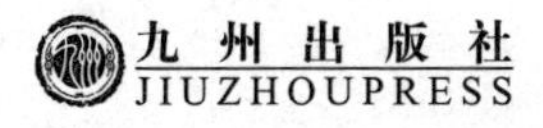

图书在版编目（CIP）数据

人与自然和谐共生现代化研究：以生态文明建设为视野 / 肖志远，李红杰著 . -- 北京：九州出版社，2024. 9. -- ISBN 978-7-5225-3432-9

Ⅰ. X321. 2

中国国家版本馆 CIP 数据核字第 2024MA0342 号

人与自然和谐共生现代化研究：以生态文明建设为视野

作　　者　肖志远　李红杰　著
责任编辑　王丽丽
出版发行　九州出版社
地　　址　北京市西城区阜外大街甲 35 号（100037）
发行电话　（010）68992190/3/5/6
网　　址　www. jiuzhoupress. com
印　　刷　唐山才智印刷有限公司
开　　本　710 毫米×1000 毫米　16 开
印　　张　18. 5
字　　数　322 千字
版　　次　2025 年 1 月第 1 版
印　　次　2025 年 1 月第 1 次印刷
书　　号　ISBN 978-7-5225-3432-9
定　　价　98. 00 元

前　言

“我国建设社会主义现代化具有许多重要特征，其中之一就是我国现代化是人与自然和谐共生的现代化，注重同步推进物质文明建设和生态文明建设。”生态环境是人类生存最为基础的条件，是我国持续发展最为重要的基础，现代化必须以人与自然和谐共生为基本前提。同时，坚持人与自然和谐共生，不是不发展、不作为，而是要通过高质量的绿色发展，实现人与自然和谐共生的现代化。

党的十八大以来，以习近平同志为核心的党中央把生态文明建设摆在全局工作的突出位置，系统谋划生态环境领域重大改革，作出一系列重大战略部署，成效之大前所未有。在习近平生态文明思想指引下，美丽中国建设蹄疾步稳，成效显著。从青藏高原到东海之滨，“十年禁渔”的万里长江生物多样性日益丰富；从荒原变林海的塞罕坝林场到沙土变良田的库布齐沙漠，“绿色地图”在人们身边不断拓展；从云南大象北上南归到藏羚羊穿过铁路公路繁衍迁徙，人与动物和谐相处成为一道道美丽风景。一个个保护自然、保护生态环境的中国故事，书写了“人不负青山，青山定不负人”的动人篇章，展现了促进人与自然和谐共生的不懈努力。我国生态环境保护发生的变化是历史性、转折性、全局性的，绿水青山带给老百姓的感受是真实的、具体的、幸福的。

本书突出对中国共产党建设人与自然和谐共生现代化的理论与实践进行深入解读。以马克思主义生态观内涵及精神特质、中国传统文化中的生态思想及其在新时代的诉求为基础，系统梳理了中国共产党对人与自然和谐共生现代化建设的历史探究进程、内涵特征、障碍因素、实践路径。与此同时，本书还对促进人与自然和谐共生现代化与人类文明新形态作出辩证阐释，指出了建设人与自然和谐共生现代化对推进人类文明新形态具有的功能作用、治理效能等，为深化中国共产党建设人与自然和谐共生现代化的理论与实践研究提供助力。

本书各章节分工如下：绪论至第四章（李红杰），第五章至第八章（肖志远)。感谢研究生杜晗崴、张非凡、武娟、王佳、朱也也、吴慧娟、张茜、徐文娇、孟永康等对相关资料的搜集和整理。

与此同时，还要感谢相关内容研究的前人和学者，为本书的写作提供了重要的借鉴和参考，由于篇幅原因并未一一列出，在此深深鞠躬以表谢意。由于时间和能力有限，书中不当之处，敬请批评指正。

目　录
CONTENTS

绪　论

党的二十大报告全面系统总结了十八大以来我国生态文明建设取得的举世瞩目的重大成就、重大变革，深刻阐述了人与自然和谐共生是中国式现代化的重要特征，对推动绿色发展，促进人与自然和谐共生作出了重大战略部署。这充分彰显了以习近平同志为核心的党中央推进美丽中国建设的坚强意志与坚定决心。研究生态文明建设视域下的人与自然和谐共生现代化问题，首先需要界定文明、生态文明、生态文明建设，以及人与自然和谐共生现代化的基本内涵及其主要内容，厘清人与自然和谐共生现代化与生态文明建设之间的紧密关系。作为中国式现代化基本内容之一的人与自然和谐共生现代化，本书认为就其内涵而言，不仅仅是指经济的工业化和市场化、政治的民主化和法治化、文化的多样化和多元化、社会生活的城市化和美好化，随着环境危机的全球化，生态环境的文明化和制度化也必然成为构建人与自然和谐共生现代化的重要特征和向度之一。

一、研究背景和意义

新时期如何构建人与自然和谐共生现代化？这一问题的提出有其国内和国际背景。可以说，这既是当前中国在推进高质量发展、实现“美丽中国”建设目标进程中所面临的时代课题，同时也是应对全球生态危机、树立大国形象的客观要求。

（一）研究背景

1. 应对生态危机和破解当前发展难题的客观需要

18 世纪 60 年代英国工业革命以来，随着世界工业化大生产的蓬勃兴起，尤其是科学技术的不断进步并广泛应用，人类对自然的控制能力和改造能力日益增强。此外，伴随着生产力的发展和生产方式的变革，生产力巨大潜力被人类不断释放出来，极大地改善了人们的生产、生活环境，同时对物质的需求也在肆意膨胀。这样的结果就是人类的生存环境遭受严重破坏，甚至出现不可逆转的现象，直接导致自然生态失衡、人类环境污染严重、可利用自然资源锐减、频繁发生自然灾害等，进而引发一些物种濒临灭绝，以及生态灾害等全球性生态危机，如气候变暖、臭氧层被破坏、地震、洪水、飓风、极端寒潮、沙尘暴等，这些将成为人类必须面临的棘手且复杂的环境问题。当前人类生态危机日渐全球化，生态文明建设已经成为当务之急，可世界上的一些国家经济结构错配、政治权力旁落、文化传播不畅、社会因素叠加，致使全球生态文明建设出现许多亟须解决的难题。正如德国社会学家贝克所说："贫困是等级制的，化学烟雾是民主的。"① 因此，进入20世纪中后期，世界各国都越来越关注生态环境问题。

当代中国社会发展面临的中心任务就是中国共产党团结带领全国各族人民全面建成社会主义现代化强国、实现第二个百年奋斗目标，以中国式现代化全面推进中华民族伟大复兴②，即从一个传统社会转变为一个现代社会。这样一个历史课题、历史要求，自近代就成为国人的追求，到今天仍然是一个"未完成的方案"③。1840年鸦片战争以来，中国就开始了被动式现代化的进程。社会主义制度在中国建立以后，中国开始以新的方式致力于现代化建设。改革开放以后，我国经济迅猛发展，经济发展总量已经位居世界前列，已经成为世界上名副其实的经济发展大国，以史无前例的规模与深度展开了社会主义现代化建设。然而，经济的增长并不必然实现现代社会的完美转型。相反，过去一段时期的粗放式经济发展模式使一些区域出现严重的环境污染问题，可见，生态环境有可能因现代化进程中急速增长的经济而发生变化，甚至给生态环境带来沉重代价。

一般来说，西方发达国家大多用了几百年才逐步走完现代化、工业化、城镇化的进程，而我国要全面加快现代化建设步伐，在比较短的时间里走完发达国家走过的进程，那么发达国家分阶段出现的各种生态环境问题也会在我国发展过程中集中凸显。这些问题的集中产生，不仅会成为我们前进道路上的"烦恼"、发展过程中的"短板"，而且也会影响国家的可持续发展、社会的和谐稳定，甚至会严重制约我国现代化宏伟目标的顺利实现。我国正处于转向高质量

---

① 贝克．风险社会：新的现代性之路［M］．张文杰，何博闻，译．南京：译林出版社，2004：38.

② 习近平．高举中国特色社会主义伟大旗帜 为全面建设社会主义现代化国家而团结奋斗：在中国共产党第二十次全国代表大会上的报告［M］．北京：人民出版社，2022：21.

③ 金观涛．探索现代社会的起源［M］．北京：社会科学文献出版社，2010：1.

发展的关键时期，发展问题仍是我们面临的核心问题，没有国家的发展就没有社会全面进步和人的全面发展。因此，未来一段时期我国的工业化、城市化建设还将继续推进，生态环境问题也会更加突出。如何破解难题，走出困境，实现良性循环，事关人民福祉和民族未来。环境问题越来越受到国人关注，成为国家发展建设中的头等大事。可以说，生态环境问题是当代世界最急迫而严峻的全球性问题之一，也是中国式现代化建设中的现实难题之一。我国是有担当、负责任的大国，坚定地走可持续发展的生态道路，承诺与世界各国一起对气候变化的恶劣环境共同承担责任。

要想突破资源环境瓶颈，解决发展中的生态环境问题，实现人与自然和谐共生现代化，就必须要认真研究实现中国式现代化进程中的生态文明建设问题，反思和矫正传统工业化路径，把生态文明建设融入国家的整个现代化建设之中，融入我国经济、政治、文化、社会建设的各个方面，通过调整现代化发展的思路和方向，实现思维方式、价值观念、生产生活方式及消费方式的生态化转变，扩大环境方面的民主参与，平衡人的环境权利，促进社会和谐和人的全面发展，这是中国当前发展现实给我们提出的时代课题。

2. 全面建设社会主义现代化国家的现实要求

建设人与自然和谐共生现代化是关系中国式现代化能否实现的重要内容之一，也是事关中华民族永续发展的根本大计。我们党历来高度重视生态环境问题，党的十八大报告就曾指出："面对资源约束趋紧、环境污染严重、生态系统退化的严峻形势，必须树立尊重自然、顺应自然、保护自然的生态文明理念。"① 党的十八届五中全会又明确提出了引领我国经济社会发展的"五大发展理念"，并把"绿色发展"作为实现中华民族永续发展的必要条件列入其中。绿色发展理念是对马克思主义自然观与发展观的又一次理论创新，是科学发展观和生态文明理念的具体遵循和逻辑深入，是实现人与自然和谐共生现代化的重要途径，体现了社会主义生态文明的本质要求和制度优势。党的十九大报告进一步提出"牢固树立社会主义生态文明观"，并将"五大发展理念"提升为新发展理念，在此基础上不仅强调了人与自然是生命共同体，还明确提出我们要建设的现代化是人与自然和谐共生的现代化。党的二十大报告则更加明确地提出："推动绿色发展，促进人与自然和谐共生。"② 强调要在加快发展方式绿色

---

① 中共中央文献研究室．十八大以来重要文献选编（上）[M]．北京：中央文献出版社，2014：30.

② 习近平．高举中国特色社会主义伟大旗帜 为全面建设社会主义现代化国家而团结奋斗：在中国共产党第二十次全国代表大会上的报告 [M]．北京：人民出版社，2022：49.

转型、深入推进环境污染防治、提升生态系统多样性稳定性持续性，以及积极稳妥推进碳达峰碳中和上下功夫。

建设人与自然和谐共生现代化是中国特色社会主义“五位一体”总体布局的重要内容，是到21世纪中叶建成富强民主文明和谐美丽社会主义现代化强国、实现中华民族伟大复兴的内在要求和重要表征。在我国明确承诺力争于2030年前实现碳达峰、2060年前实现碳中和的背景下，生态文明建设对中华民族永续发展和推动构建人类命运共同体的重要意义将更加凸显，也将更好地促进我国生态文明建设，继续发展和完善中国式现代化道路，为人类文明新形态贡献生态文明的力量。与此同时，作为我国生态文明建设根本思想遵循的习近平生态文明思想，越来越彰显出其时代意义。恰如党的二十大报告所指出的：“党的十八大以来，我国生态环境保护发生历史性、转折性、全局性变化，我们的祖国天更蓝、山更绿、水更清。”① “中国式现代化是人与自然和谐共生的现代化。人与自然是生命共同体，无止境地向自然索取甚至破坏自然必然会遭到大自然的报复。我们坚持可持续发展，坚持节约优先、保护优先、自然恢复为主的方针，像保护眼睛一样保护自然和生态环境，坚定不移走生产发展、生活富裕、生态良好的文明发展道路，实现中华民族永续发展。”② “尊重自然、顺应自然、保护自然，是全面建设社会主义现代化国家的内在要求。必须牢固树立和践行绿水青山就是金山银山的理念，站在人与自然和谐共生的高度谋划发展。”③ 站在实现第二个百年奋斗目标新征程新起点上，要统筹把握习近平生态文明思想、我国社会主义生态文明建设、中国式现代化道路、人类文明新形态在内在逻辑上的一致性，既从生态文明视角不断深化对中国式现代化道路和人类文明新形态的认识，又从中国发展大历史、世界变化大格局、人类发展大潮流中，更加深入理解和把握习近平生态文明思想，推动和引领人类文明发展进步。

社会主义生态文明观是从马克思主义高度对生态文明问题的科学回答。生态文明的核心问题是如何科学认识和正确处理人与自然的关系，马克思主义关于人与自然关系的思想即马克思主义生态思想，为回答这一问题提供了科学武

---

① 习近平．高举中国特色社会主义伟大旗帜 为全面建设社会主义现代化国家而团结奋斗：在中国共产党第二十次全国代表大会上的报告［M］．北京：人民出版社，2022：11.

② 习近平．高举中国特色社会主义伟大旗帜 为全面建设社会主义现代化国家而团结奋斗：在中国共产党第二十次全国代表大会上的报告［M］．北京：人民出版社，2022：23.

③ 习近平．高举中国特色社会主义伟大旗帜 为全面建设社会主义现代化国家而团结奋斗：在中国共产党第二十次全国代表大会上的报告［M］．北京：人民出版社，2022：50.

器。生态文明建设是中国特色社会主义实现现代化的重要问题，将生态文明置于中国特色社会主义现代化进程的视域下，对现阶段我国生态文明建设有着至关重要的意义，无论从国家层面还是公众层面，对国家的美丽和对人民美好生活的愿望都是如此。这既充分体现了建设社会主义生态文明的理论自觉与价值追求，也是习近平新时代中国特色社会主义思想的重要组成部分和习近平生态文明思想的核心要件，是21世纪中国马克思主义的最新理论成果，是建构中国特色社会生态文明理论的思想源泉，是推进生态文明建设实践的行动指南。

党的十八大以来，以习近平同志为核心的党中央高度重视生态文明建设，从党和国家事业发展全局的高度，深刻回答了“为什么建设生态文明”“建设什么样的生态文明”“怎样建设生态文明”等重大理论和实践问题，推动生态文明建设和生态环境保护从实践到认识发生历史性、转折性、全局性变化，形成了习近平生态文明思想①，成为我国生态文明建设的指导思想。习近平生态文明思想是习近平新时代中国特色社会主义思想的重要组成部分和突出理论贡献，集中体现在中国式现代化进程的伟大实践中，包含了坚持生态兴则文明兴、人与自然和谐共生、绿水青山就是金山银山、良好生态环境是最普惠的民生福祉、山水林田湖草是生命共同体、用最严格制度最严密法治保护生态环境、建设美丽中国全民行动、共谋全球生态文明建设等“八个坚持”，这“八个坚持”是习近平生态文明思想的核心要义。按照马克思主义立场、观点和方法，“八个坚持”科学阐明了生态文明建设的原则，集中体现着社会主义生态文明观②。习近平生态文明思想是一个系统完整、逻辑严密的科学理论体系，深刻把握人与自然的发展规律，紧扣时代命题，坚持开拓创新，充分体现了新思想的科学性、指导性和实践性的理论特质，充分展示了生态文明建设的实践伟力。

（二）研究意义

尊重自然、顺应自然、保护自然是全面建设社会主义现代化国家的内在要求。促进人与自然和谐共生，深刻体现了新时代生态文明建设必须遵循的基本原则，这既是对马克思主义自然观、生态观和中华优秀传统生态文化的创造性转化、创新性发展，也是中国式现代化和人类文明新形态的重要内涵，对筑牢中华民族伟大复兴绿色根基、实现中华民族永续发展具有重大现实意义和深远历史意义。

---

① 2018年5月，全国生态环境保护大会正式把这一思想称为“习近平生态文明思想”。

② 张云飞，李娜．习近平生态文明思想对21世纪马克思主义的贡献［J］．探索，2020（2）：5-14.

与前期研究相比，本书主要聚焦我国生态文明建设进程中构建人与自然和谐共生现代化研究。从理论上有利于加深对中国式现代化及我国生态文明建设的系统化研究，从实践上有利于推动人与自然和谐共生现代化的发展建设，可使中国式现代化得以健康全面发展。因此，当前对中国特色社会主义生态文明建设进行前瞻性、科学性、系统性、深入性的研究，在新时代具有重大的理论意义和实践意义。

1. 理论意义

党的二十大报告指出："在新中国成立特别是改革开放以来长期探索和实践基础上，经过十八大以来在理论和实践上的创新突破，我们党成功推进和拓展了中国式现代化。"[①] 将"人与自然和谐共生现代化"作为中国式现代化的主要内容之一，提出到2035年"广泛形成绿色生产生活方式，碳排放达峰后稳中有降，生态环境根本好转，美丽中国目标基本实现"[②] 等目标任务。我国社会主义生态文明建设事关中华民族永续发展和全面建成社会主义现代化强国奋斗目标的实现。它既是理论界研究的热点问题，也是各国学者研究的重要内容。建设生态文明、构建人与自然和谐共生现代化，需要运用不同的视角去分析、研究。本书以全面建设社会主义现代化国家为契机，以实现中国式现代化、构建人与自然和谐共生关系为主线，针对我国特殊的国情，寻找研究的理论资源和学者探究的实践路径。

在理论探源上，本书加深了对马克思恩格斯生态思想理论资源的挖掘和探索。在机械大生产时期，马克思和恩格斯虽未能看到大生产活动给自然、气候、海洋等造成的恶劣后果，未形成自觉的生态学理论，但他们的观点中含有十分丰富而深刻的生态文明思想。马克思和恩格斯认为，人与自然之间的关系是辩证统一的，人生活在自然界，是自然的一分子，不能脱离自然而单纯理解人。人与自然之间互相依存，人、自然、社会构成统一整体，人与自然的关系本质上是人与人之间的社会关系。研究人与自然的关系，就要加深与拓宽马克思恩格斯生态思想的理论内涵和外延，将马克思和恩格斯的自然观、历史观、认识论、价值论和辩证法等理论加以整合，构建马克思和恩格斯关于生态文明与社会经济发展博大精深的理论体系。这不仅能够为架构物质文明、精神文明、政

① 习近平．高举中国特色社会主义伟大旗帜 为全面建设社会主义现代化国家而团结奋斗：在中国共产党第二十次全国代表大会上的报告［M］．北京：人民出版社，2022：22.

② 习近平．高举中国特色社会主义伟大旗帜 为全面建设社会主义现代化国家而团结奋斗：在中国共产党第二十次全国代表大会上的报告［M］．北京：人民出版社，2022：24-25.

治文明、社会文明和生态文明建设提供强力支撑，也能够为建设新时代探索中国式现代化道路、构建人与自然和谐共生关系提供坚实的理论基础。其次，在生态文明建设视域下研究人与自然和谐共生现代化是习近平新时代中国特色社会主义思想内在逻辑发展的必然要求。党的十八大以来，随着国内外形势显著变化和我国各项事业蓬勃发展，党中央高度重视理论研究并提出了一个重大时代课题，即如何在新时代从理论上和实践上系统回答要怎么样发展和发展什么样的中国特色社会主义。针对这个重大时代课题，党中央始终坚持以马克思列宁主义、毛泽东思想、邓小平理论、“三个代表”重要思想、科学发展观和习近平新时代中国特色社会主义思想为指导，结合新的实践要求和新时代要求，坚持解放思想、实事求是、与时俱进、求真务实的态度，站在全新的视野对社会主义建设规律、人类社会发展规律加以认识和把握，进而构建符合新时代发展方向的中国特色社会主义生态文明建设思想体系。因此，研究中国式现代化视域下的中国特色社会主义生态文明建设，践行构建人与自然和谐共生现代化的实现路径，必将有助于深化和拓展中国特色社会主义理论体系研究的深度和广度。

2. 实践意义

社会发展并不是一帆风顺的，也会出现各种各样的问题。研究问题的产生原因，提出解决问题的办法，将有助于发展的可持续性。建设人与自然和谐共生的现代化，也需要对其中存在和出现的问题加以分析研判。现阶段，我国社会经济发展观念并没有实现根本转变。如果粗放式的生产方式如果不发生转变，公众生态意识的薄弱如果不得到加强，人民生活方式物质化如果不进行绿色化提升，生态资源配置如果不进行公平分配，生态文明建设制度如果不继续完善等，建设生态文明、构建人与自然和谐共生的现代化就会一直存在问题；如果解决的方式、方法不正确，就有可能出现逆向的发展。推进中国式现代化进程中的中国特色社会主义生态文明建设，尤其是要建设人与自然和谐共生现代化，那么原有的发展观念、生产方式、生活方式和思维意识就必须进行“洗涤”，进行以生态文明为指导的符合自然发展规律的经济、政治、文化、社会等方面的建设。

对中国特色社会主义生态文明建设和建设人与自然和谐共生现代化的研究，要充分学习各种有关生态文明的理论成果，研判理论根基，结合我国国情进行实践应用，这样才能构建适合我国国情的生态文明建设理论体系。目前，我国经济保持中高速增长，国内生产总值从 2012 年的 54 万亿元增长到了 2021 年的 114 万亿元，稳居世界第二；农业化保持稳中有进，2021 年我国的粮食生产能力达到了1.37万亿斤；城镇化率提高至64.72%；信息化建设快速推进，大量重大科技成果相继问世；各项惠民举措落地实施；五大建设同步推进，实现现代化指日可待。这就要求我们必须明确“五位一体”总体布局和“五化”协同发展的现代化道路，分析生态文明建设在我国所存在的问题及根源。

（1）有助于深化对人与自然和谐共生现代化的认识。研究人与自然和谐共生现代化以及中国式现代化进程中的生态文明建设，要求我们以马克思主义生态思想为指导，要求我们在中华优秀传统文化中汲取生态营养和智慧，要求我们吸收借鉴当今世界一切优秀的文化成果，要求我们坚持以习近平新时代中国特色社会主义思想为指导尤其是习近平生态文明思想。这些都要求我们深入系统地研究马克思主义生态思想，深入发掘中国传统生态智慧，全面了解生态文明建设方面的一切有益成果，从而从理论上进一步加深对生态文明建设的认识，而这更加有利于建设人与自然和谐共生的现代化。

研究人与自然和谐共生现代化以及中国式现代化进程中的生态文明建设，关键是将各种有关生态文明的理论成果运用于当前全面建设社会主义现代化国家之中，了解当前建设人与自然和谐共生现代化的独特性、复杂性和艰巨性；明确新时代生态文明建设的历史定位；阐述生态文明建设与其他四大建设的关系；阐述生态文明建设与中国式现代化以及人与自然和谐共生现代化的关联；对为中国特色社会主义生态文明建设提供理论资源的马克思和恩格斯生态思想、生态学马克思主义与中国传统文化中生态文明思想进行提炼总结；梳理党在建设人与自然和谐共生现代化的历史进程和实践经验；分析全球视野下现代化进程中生态危机产生的现实根源；对实现中国式现代化进程中人与自然和谐共生现代化进行论述。这些都有利于我们系统化地认识当前中国的生态文明建设，从人与自然和谐共生现代化的视角进一步丰富生态文明建设的理论与实践。同时，从社会制度的角度来说，实现生态文明、构建人与自然和谐共生现代化是科学社会主义的本质特征，中国特色社会主义是既坚持科学社会主义基本原则又从中国国情出发的社会主义。因而，实现生态文明、构建人与自然和谐共生现代化既是坚持中国特色社会主义的必然要求，又是实现中国式现代化道路和全面建设社会主义现代化国家的重要内容。因此，研究当代中国的生态文明建设、构建人与自然和谐共生现代化，可以拓展和深化对于中国特色社会主义的认识，进一步丰富和发展中国特色社会主义。

（2）有助于推进社会主义现代化建设全面健康发展。生态文明建设视域下研究人与自然和谐共生现代化，既是一个理论问题，更是一个重要的实践问题。从理论上厘清新时代生态文明建设在中国式现代化发展道路中的地位，阐述与其他建设的关系，目的是更好地在实践中推动生态文明建设，构建人与自然和谐共生现代化，从而破解当前发展的难题，推动全面建设社会主义现代化国家。社会主义现代化建设，不仅要体现为全社会经济的发展、物质的充裕、政治的民主、文化的繁荣、精神的丰富，也要体现为人与自然的和谐共生。生态文明建设作为现代化建设"五位一体"布局中的重要内容，丰富和拓展了社会主义现代化建设的内涵。生态文明建设在实践中的推进必将有利于社会主义现代化建设的全面健康发展，有利于人与自然和谐共生现代化的目标实现。

实现中国式现代化进程中的生态文明建设以及人与自然和谐共生现代化的现实推进还面临着诸多问题，如发展观念没有实现根本转变、生产方式粗放、生态意识薄弱、生态资源占有的不公平、生态利益的不和谐、生态文明建设的主体责任不明确、生态文明制度的不完善等。实现中国式现代化进程中的生态文明建设以及人与自然和谐共生现代化，实质是在对传统现代化发展模式的深刻反思和积极继承的基础上，以习近平新时代中国特色社会主义思想为指导，推动全面建设社会主义现代化国家。为此，必须转变原有的生产方式、生活方式和思维方式，建立以生态文明为指导的生产方式、生活方式和思维方式；必须转变原有的制度体制，实施以生态文明理念和原则为指导的经济、政治、文化、社会建设等各方面的改革，将生态文明建设融入经济、政治、文化和社会建设的全过程和各方面，实现人与自然的和谐共生。这对于进一步回应人民群众的生态需求，保障人民生态权益，注重经济发展与生态保护的共赢，贯彻落实习近平新时代中国特色社会主义思想都具有积极的现实意义。

二、国内外研究现状

从发达国家的生态治理经验和我国现代化发展过程中的资源环境瓶颈来看，建设人与自然和谐共生现代化首要解决的问题便是生态环境问题，而在现代化进程中生态环境问题已经成为广为关注和无法回避的全球性问题。

（一）国外研究现状

20世纪以来，生态问题越来越受到各国学者重视。世界各国普遍存在环境污染和生态危机问题，生态问题直接影响着人类的生产生活，而生态危机又是人类不正当的生产生活方式造成的。在相互矛盾中，人类一直寻找其中的原因，从多种视角对生态问题的起因、危害、后果、解决办法进行了研究探索。生态文明的研究源于欧美国家，其中在所能查到的材料中发现，苏联学者最早使用了生态文明的概念。

1985年2月18日，《光明日报》在国外研究动态栏目中简明地介绍了苏联《莫斯科大学学报·科学社会主义》1984年第2期发表的署名文章：《在成熟社会主义条件下培养个人生态文明的途径》，此文的篇名使用了“生态文明”这个词组①，提出了培养个人生态文明是共产主义教育的内容和结果之一。但这里的生态文明，主要是指生态文化、生态学修养的提高。1995年，“生态文明”的概念出现在美国作家罗伊·莫里森的《生态民主》一书中。他认为，生态文明应该是工业文明之后的一种新的文明形式，并高于工业文明。他同时也提出了“生态民主”的概念，所谓“生态民主”是莫里森设想的“工业文明”向“生态文明”过渡的必由之路②。美国佛蒙特大学教授弗雷德·玛格多夫认为，生态文明就是一种人与自然（地球）、人与人之间和谐相处的文明，是一个真正可持续的和生态健康的社会，而这样一个文明或社会在资本主义制度下是不可能实现的③。生态文明的提出，实际上是源于生态危机的凸显。国外学者对生态危机的根源展开了深刻、广泛的争论和研究，并结合生态危机的根源对解决生态危机、建设生态文明的方法和途径进行了研究。这种研究对我国生态文明建设实践也有一定的启发和借鉴意义。

关于中国现代化进程中的生态问题，荷兰瓦赫宁根大学教授阿瑟·莫尔进行过相关研究。他从2005年开始研究中国的环保产业、环境治理和生态重建问题，并在《转型期中国的环境与现代化：生态现代化的前沿》一文中指出，中国正在发生一些与生态现代化取向较为一致的环境改革④。此外，美国建设性后现代主义的主要代表人物小约翰·柯布博士提出的生态文明观是建立在对增长取向的经济以及主流经济学的实质性批评与挑战的基础上的，因而他理解的生态文明社会，既不同于传统意义上的工业化、城市化，也很难在当前经济社会发展中得以实现。他认为，人们要建立有机整体的思维方式，对现代性的辩证性进行扬弃，坚持人与自然合作与和谐的核心价值，对现代性进行创造性的超越以及要吸取传统文化的精粹。同时他也认为，世界生态文明建设的希望在中国，但他又认为中国的生态文明必须建立在农业村庄的基础之上，只有这样，

---

① 黄承梁．生态文明的中国式解读［J］．走向世界，2013（1）：34.

② 莫里森．生态民主［M］．刘仁胜，张甲秀，李艳君，译．北京：中国环境出版社，2016.

③ MAGDOFF F. Ecological Civilization［J］. *Monthly Review*, 2011, 62（8）：1-25.

④ 莫尔．转型期中国的环境与现代化：生态现代的前沿［J］．国外理论动态，2006（11）：20-25.

才能使最可持续的实践成为可能①。虽然国外学者直接研究中国现代化进程中生态问题的比较少，但是由于西方发达国家是早发现代化国家，他们的生态环境问题出现得比我们早得多，因而关于现代化发展中的生态环境问题他们有很多研究成果。

1. 对于生态环境问题的不同认识

20 世纪中期以来，随着生态环境问题的凸显，人们开始反思人类现代化、工业化发展所产生的一些负面影响。学者们认为当前严峻的生态问题与现代化、工业化的快速发展有着紧密联系，而为解决好生态及环境问题，人类社会出现了说法各异的各种学派、产生了立足不同视角的理论学说。

（1）可持续发展理论。20 世纪 60 至 70 年代，美国生物学家蕾切尔·卡逊的《寂静的春天》及罗马俱乐部关于人类困境的研究报告《增长的极限》相继问世，使人们开始反思经济增长与资源环境之间的关系。1972 年联合国第一次人类环境会议上通过的《人类环境宣言》，标志着可持续发展思想的萌芽。1987 年联合国世界环境与发展委员会在一份题为《我们共同的未来》的报告中首次明确提出了"可持续发展"的概念，即指能满足当代的需要，同时不损及未来世代，满足其需要之发展利益。这标志着可持续发展理论被各国政府逐渐接纳，并且成为引领全球经济社会发展的理论。可持续发展理论是对现代化进程中追求经济无限增长的反思和批判，强调的是自然环境与经济社会的协调发展，追求的是人与自然的和谐，其目标是既要使当前人类需要得到满足，经济社会得到充分发展，又使资源和生态环境得到保护，不对后代的生存和发展构成威胁。因此可以说，可持续发展既包括了经济的发展，也包括了社会的进步和保持、建设良好的生态环境。此外，可持续发展理论非常注重发展的公正性，强调发展的代际和代内公正，对全球经济社会发展及生态文明建设具有重要指导意义。

（2）风险社会理论（自反性现代化理论）。20 世纪 50 年代有关风险的争论就已经出现，可直到 20 世纪 80 年代，全球性的生态和社会灾难才再次引起人们对风险的重视。代表人物是德国社会学家乌尔里希·贝克和英国社会学家安东尼·吉登斯，他们认为现代社会各种风险是与文明进程和不断发展的现代化紧密联系的，风险是现代社会与前现代社会的一个根本差异。当今世界是一个包括生态破坏在内的高风险社会，其中核辐射和核污染、臭氧层被破坏、森林面积减少、土地退化与沙漠化、粮食危机、淡水危机、能源危机、气候变暖、

① 达利，柯布．为了共同的福祉［M］．王俊，韩冬筠，译．北京：中央编译出版社，2017：398-420.

物种灭绝加速、水土流失等，是当前我们面临的生态风险的表现，是人类文明发展中必须面对的难题。他们对科学和技术对于解决生态问题的贡献持怀疑甚至消极的态度，认为要解决现代化过程中的风险，就应该在对现代化进行反思的基础上进一步现代化，通过重构社会的理性基础和进行制度转型来规避风险。

（3）生态学马克思主义理论。生态学马克思主义是20世纪60至70年代在西方国家出现的，从马克思主义立场和观点出发来分析生态危机，试图提出解决生态危机的途径，并运用生态学理论对马克思主义进行补充、重建、超越的西方马克思主义思潮。他们从批判资本主义生产方式和制度出发，试图揭示当代生态危机的社会根源，并提出相应的解决办法。生态学马克思主义的主要代表人物有加拿大的威廉·莱斯、本·阿格尔，美国的詹姆斯·奥康纳，法国的安德烈·高兹，英国的戴维·佩珀，美国的约翰·贝拉米·福斯特等。他们系统地发掘了马克思主义生态思想，指出人与自然的对抗是现代化的后果之一，但并不否定现代化本身，而把根源归结于资本主义生产方式，认为生态危机源于人类过度追求经济增长、利润至上和资本逻辑，造成了劳动异化、消费异化和人自身的异化；认为必须确立经济理性服从于生态理性这一核心，通过社会制度变革，建立一个生态化的社会，从根本上解决生态危机。生态学马克思主义已成为解决当今资本主义社会发展与生态环境之间矛盾的极富影响的力量。

（4）生态现代化理论。20世纪80年代，德国学者马丁·耶内克、约瑟夫·胡伯等提出了生态现代化理论，主要代表人物还有荷兰学者阿瑟·摩尔、美国学者戴维·索南菲尔德等。生态现代化理论产生于20世纪80年代，此后在20世纪90年代得到迅速发展并且成为迄今仍有重要影响的理论。这一理论认为，传统的现代化模式破坏了生态环境，需要对这一模式进行社会经济体制、科学技术政策和社会思想意识形态等方面的生态化转向，其核心要点在于要克服环境危机，实现经济与环境的双赢，而且只能在资本主义制度下通过进一步的现代化或者“超工业化”来实现，并在这一理念的指导下进行经济重建与生态重建。

（5）后现代主义理论。一个是生态后现代主义，代表人物是美国学者查伦·斯普瑞特奈克。她认为现代性没像它所许诺的那样带来一个“和平的世界”和“自由的世界”，反而给人类带来了生态灾难，因而对现代化持根本的否定排斥态度，倡导后现代化思想。同时，她还认为代表人类发展未来的“生态后现代主义”，是对现代的反驳与超越。另一个具有生态关怀的是建设性后现代主义，主要代表人物是美国学者小约翰·柯布和他的学生大卫·雷·格里芬等。他们认为后现代是对现代性的辩证性扬弃和创造性超越，倡导有机整体的思维方式、合作与和谐的核心价值，以及对传统文化的吸取。柯布和格里芬都认为中国是当今世界最有可能实现生态文明的地方，希望中国成为引领世界走向健康可持续发展之路的精神和道德领袖。

（6）未来社会理论。这里包括三种未来社会发展的预测性理论，即后工业社会理论、第三次浪潮理论和第三次工业革命理论。美国学者丹尼尔·贝尔是最早提出后工业社会的学者，把社会划分为前工业社会、工业社会和后工业社会。他指出"'后工业社会'的概念强调理论知识的中心地位是组织新技术、经济增长和社会阶层的一个中轴"①，即后工业化社会是指工业化后的社会形态，是以信息为中心，以知识经济为支柱的社会形态。贝尔虽然没有直接提出生态文明的具体概念，但是生态文明是后工业社会的重要特征，这是题中之义。俄罗斯学者伊诺泽姆采夫认为："后工业社会不是工业社会的'量的'扩展，而是人类文明的一次重要的历史性转折。他还指出，生态问题的尖锐性大大降低，也是后工业主义最伟大的成就之一。"② 美国著名未来学家阿尔温·托夫勒、海蒂·托夫勒认为，人类未来文明是有别于工业文明的新的文明，指出"以科技信息革命驱动的第三次浪潮，正在彻底改观建立在工业革命之上的现代文明。这一革命性的变迁已波及人类生活的所有领域，从而使一个崭新的文明初见端倪。这个新的文明带来了全新的生活方式，它是以多样化和再生能源为基础的，它为我们重新制定了行为准则，并使我们超越标准化、同步化和集中化，超越能源、货币和权力的积聚化"③。也就是说，这一革命性的科技信息革命给新的文明带来了新的生产生活变化，多样化和再生能源被人类使用，原有的能源、资源的控制权和占有欲被打破，我们需要重新制定社会准则。美国著名经济学家、未来学家杰里米·里夫金认为，我们正在进入由新的信息通信系统和新型的可再生能源使用系统结合而创造的一次新的工业革命，即"第三次工业革命。新能源在第三次工业革命中将扮演着非常重要的角色，特别是在高油价，化石能源日益枯竭的今天，风能、太阳能、潮汐能、生物能源等新型能源具有极大的优势，可以成为推动经济发展的基础"④。而且，第三次工业革命将消除所有

---

① 贝尔．后工业社会的来临：对社会预测的一项探索［M］．高铦，等译．北京：新华出版社，1997：132.

② 伊诺泽姆采夫．后工业社会与可持续发展问题研究［M］．安启念，等译．北京：中国人民大学出版社，2004：29.

③ 阿尔温·托夫勒，海蒂·托夫勒．创造一个新的文明：第三次浪潮的政治［M］．陈峰，译．上海：生活·读书·新知三联书店，1996：3.

④ 里夫金．第三次工业革命：新经济模式如何改变世界［M］．张体伟，等译．北京：中信出版社，2012：61.

化石燃料带来的污染，新模式的采用将会大大减少碳污染，气候变化问题也将得到解决，可以说这是未来文明的发展趋势。这是从未来文明发展的角度来看生态文明建设，认为新能源是第三次工业革命的重要发起者。

随着经济社会的全球化发展，世界一些国家的生态危机问题、人与自然资源及环境之间的矛盾冲突也日益凸显。近年来，"生态危机"已然成为关键词，频频出现在政治、经济、文化各领域和各学科之中，学者也乐此不疲地开展相关理论与实践研究，这对于人类经济社会发展将产生深远影响。在对生态危机产生的根源展开全球性大讨论之际，各国学者各抒己见，进行深刻系统的研究探讨，并结合其产生的根源提出各种真知灼见，这对于我国探索构建人与自然和谐共生现代化的生态文明建设具有重要借鉴意义。比如，可持续发展理论是我国生态文明建设的核心内容。此外，生态学马克思主义理论对我国生态文明建设具有重要的指导作用，这不仅是因为生态学马克思主义继承和丰富了马克思主义理论，而且因为它对现代化进程中生态危机的根源分析具有很强的说服力和现实意义，对于我们在实践中推进生态文明建设具有重要的价值，比如生态学马克思主义从价值观和制度的角度对资本主义进行生态批判，强调通过实现制度和价值观的双重变革来解决生态危机。这种主张对于我们在现代化进程中避免出现类似的现代性问题，对于我们深入研究生态危机产生的根源及谋求相应的解决办法和方案等，都具有重要的指导意义。但是，生态学马克思主义由于其矛头直接指向资本主义制度，要求颠覆资本主义生产关系和权力结构，建立生态社会主义社会，因而这一理论在运用于实践方面具有相当的难度。生态现代化理论是希望通过提高生态效率的技术革新和政府发挥领导作用的多元环境管制创新来实现环境和经济双赢的理论，对于我们当前发展绿色技术、用市场化的方法解决生态问题以及多元生态治理具有重要的借鉴意义和现实价值，但是由于其仍满足于市场化的"双赢方案"的眼下成果，具有治标不治本的特点，不能从根本上解决生态危机。

总之，针对西方发达国家现代化过程中的生态环境问题而产生的各种学派和创立的各种理论学说都拓宽了我们的视野，为我国生态文明建设提供了一定的学理依据。但是，西方学者对生态文明建设大多是以发达国家为背景进行的理论研究，而且有些是在比较抽象和思辨的层面上讨论生态伦理、生态正义等问题，理论成果适用的范围也在发达国家，而发展中国家由于经济发展落后，对生态环境问题关注很少，很难运用于实践。此外，当前我国正处在习近平新时代中国特色社会主义思想的新理念新发展时期，与西方学者的生态文明研究成果存在差异性，其更适用于技术和社会基础建设成熟的发达国家。我国基础建设薄弱，自然环境情况复杂，南北东西地域的经纬度跨越大，我国学者只能在借鉴西方学者理论的基础上，结合我国的具体实践进行相应的吸收，来解决现代化进程中的中国特色社会主义生态文明建设问题。

2. 对于生态危机根源的积极探究

国外学者深刻分析了生态危机产生的根源，他们从经济、政治、社会、文化等不同的角度来深刻反思生态危机产生的根源，主要呈现出以下几种重要观点。

（1）把诱发生态危机的根源归结为某种或几种客观的原因或因素。例如，有把当代生态危机的原因归结为人口的快速增长（人口膨胀）的，代表人物有托马斯·罗伯特·马尔萨斯、L. 布朗、丹尼斯·米都斯；有将原因归结于技术的过度运用的，代表人物有巴里·康芒纳；另外，还有将原因归于过度消费等因素的，代表人物为艾伦·杜宁，这是较为传统的看法。

（2）把诱发生态危机的根源归结为市场机制的不完善。拥护自由市场经济的经济学家都认为人们追逐个人利益的同时会使整体利益得到增加。因此，现代经济学家认为生态环境问题是典型的外部性问题。美国学者杰弗里·希尔认为，解决生态问题，需要改革市场经济制度，使市场经济发挥调节作用，达到资源配置的优化。

（3）把诱发生态危机的根源归结为政治制度的不完善。美国学者科尔曼认为，政治上民主的缺失导致了生态危机。在科尔曼看来，“经济、政治权力的集中与民主化的削弱通过两种方式酝酿着环境危机”①。这一现象不仅出现在资本主义国家，现实社会主义国家，如苏联也存在着严重的权力集中，并导致生态矛盾。印度学者萨拉·萨卡指出，生态恶化是苏联模式失败的重要原因之一。②

（4）把诱发生态危机的根源归结为资本主义私有制。马克思与生态学马克思主义者认为生态问题源自资本主义制度。马克思恩格斯虽未形成自觉的生态学理论，但他们已经敏锐地觉察到现代资本主义生产方式导致了人与自然之间关系的对抗。他们认为由于资本主义私人占有制的存在，人类对于大自然的索取远大于对大自然的回报，人与自然之间的物质变换出现断裂，导致人与自然关系的对抗。因此，他们认为只有变革资本主义社会，建立社会主义社会，才能实现人与人、人与自然的和解。生态学马克思主义者则指出生态危机的根源

---

① 科尔曼．生态政治：建设一个绿色社会［M］．梅俊杰，译．上海：上海译文出版社，2006：62.

② 萨卡．生态社会主义还是生态资本主义［M］．张淑兰，译．山东：山东大学出版社，2008：5.

在于资本主义制度的反生态本性。在马克思主义的理论指导下，学者对当代资本主义制度展开批判，系统深刻地揭示了资本逻辑、利润至上、消费主义与生态危机的内在联系，主张通过变革资本主义制度，建立社会主义和生态学原则相结合的生态社会主义制度，进而从根本上解决人类生态危机。

（5）把诱发生态危机的根源归结为观念根源。认为生态危机的根源在于错误的自然观和价值观，生态危机实际上是文化的危机。总体上来说，围绕生态危机产生的观念根源，存在着现代人类中心主义和非人类中心主义两种观点。现代人类中心主义的核心是将人类的利益置于首位，强调人类的利益应成为处理人与自然关系时的根本价值尺度。以美国学者诺顿和墨迪为主要代表，根植于主客二元论的机械世界观，只承认人类的主体性和价值，自然是客体，环境保护的目的是更好地利用自然来满足人类利益。墨迪认为，“一切成功的生物有机体都为了它自己或它们的种类的生存而有目的的活动，物种不那样生存必将毁灭”①。他坚信人类的潜力，承认人类不能离开自然环境而生存，主张在满足人类利益的同时保护自然环境。② 诺顿最早区分了“强人类中心主义与弱人类中心主义”③。他认为，“凡是人的需要都是应该得到满足的，不管这种需要是否合理，或者根本无需对人类的需要进行合理性证明”④。非人类中心主义思潮最早兴起于美国，包括生命中心主义、自然中心主义和生态中心主义等思想。比如，卡洛林·麦茜特认为，自培根之后的近代机械论自然观的发展把自然交给死亡。她指出，因为机械论自然观“将自然视为死的和消极的事物，机械论将不得不担当起因为开发和控制自然界及其资源而带来的微妙的制裁”⑤。非人类中心主义认为人类中心主义是生态危机的根源，主张人类必须承认动植物的权利和非人类生命的内在价值，把人类的道德关怀扩展到非人类领域。

世界各国的学者对于生态危机产生的根源进行了长久而激烈的讨论，由于大家对生态危机的根源认识不一样，因而依次提出的解决问题的方向和路径也是不同的。国外学者对于生态危机根源的分析和研究，对于我们分析我们的生态危机根源有重要的启示作用，比如，这些研究告诉我们生态危机的产生有众

---

① MURDY W H. Anthropocentrism：A Modern Version，［J］. *Science*，1975：1168-1175.

② 杨海军．论人类中心主义与中国社会的可持续发展［J］. 文化发展论丛，2016（1）：233-234.

③ NORTON B G. Environmental Ethics and Weak Anthropocentrism［J］. *Environmental Ethics*，1984，6（2）：131-148.

④ 李培超．自然的伦理尊严［M］. 江西：江西人民出版社，2001：144.

⑤ MERCHANT C. *The death of nature*：*women*，*ecology and the scientific revolution*［M］. New York：Harper Collins，1989：2.

多根源，只有深入综合分析当前我国生态危机在经济、政治、文化、社会等方面的根源，才能从人与自然和谐共生现代化的生态转型的全面视角来解决我们的实际问题，在人与自然和谐共生现代化中建设生态文明、保护生态，在良好的生态中推进人与自然和谐共生现代化的健康发展。但是从总体上看，由于我们所处发展阶段、所具有的历史制度和资源科技条件不同，有些对生态危机根源的分析和研究难以直接用于分析和阐释当前我国所面临的生态环境问题。

（二）国内研究综述

受西方发达国家现代化发展进程中各种解决生态问题的理论和各种环境思潮的影响，加之我国现代化发展中资源环境问题的凸显，我国越来越多的学者开始展开对生态文明的研究。这种研究经历了由浅入深，从模糊到逐渐清晰，从宏观研究到学科建构的过程。从 20 世纪 70 年代开始，随着自然环境问题全球普遍化的产生，我国一些学者也开始对工业文明所造成的环境与生态问题进行呼吁并著书立说。比如，我国学者自 20 世纪 80 年代末 90 年代初开始研究生态文明问题，1987 年著名学者叶谦吉先生最早从生态哲学的角度提出了生态文明概念。随着我国生态环境问题的日益凸显，20 世纪 90 年代以来，我国学者对生态文明的研究越来越多。党的十七大首次提出“生态文明建设”的重大发展理念，党的十八大将“生态文明建设”纳入中国特色社会主义的总体布局之中，党的十九大明确提出了“建设人与自然和谐共生的现代化”的重大构想。在我国生态文明建设取得突飞猛进成就的基础上，党的十九届五中全会上进一步强调了“推动绿色发展，促进人与自然和谐共生”的发展理念。党的二十大报告则再次提出了“中国式现代化是人与自然和谐共生的现代化”① 的重大要求。党的上述重要论断逐步凸显了人与自然关系在我国现代化进程中的重要地位。长期以来，学术界对现代化进程中人与自然和谐共生的关系、生态文明建设等内容非常重视，并从不同角度对其进行了具体阐释和深入研究，取得了广泛且卓有成效的研究成果。总体来看，国内学者有关生态文明建设、人与自然和谐共生的现代化的研究阐释，可以归结为以下五个方面。

1. 关于生态文明的基本理论问题研究

这一方面的研究主要包括生态文明的内涵、特征、地位和作用等。在此基础上，学者还初步探讨了生态文明与现代化的关系、生态文明与社会主义的关系、生态文明与其他文明要素之间的关系等与之紧密相关的问题，提出了在中

---

① 习近平．高举中国特色社会主义伟大旗帜 为全面建设社会主义现代化国家而团结奋斗：在中国共产党第二十次全国代表大会上的报告［M］．北京：人民出版社，2022：23.

国特色社会主义现代化实践中推进生态文明建设的路径的方法。

从宏观视角阐释生态文明的概念内涵，目前主要有以下三种观点：第一种观点以俞可平（2016）为代表，认为生态文明主要是指人与自然之间的相互依存、和谐共赢的关系。① 第二种观点以潘岳（2018）为代表，认为生态文明的内容很广泛，不仅指人与自然之间的和谐共存，还指人与人、人与社会之间的和谐发展，认为二者互相促进、互相影响。② 第三种观点认为生态文明有广义和狭义之分。广义上和第二种观点相同，狭义上等同于第一种观点。从具体定义的角度，对生态文明的理解有哲学本质意义上和微观动态解决手段上两种认识。比如，卢风（2003）认为，"生态文明是指用生态学指导建设的文明，指谋求人与自然和谐共生、协同进化的文明，具体包括器物、技术、制度、风俗、艺术、理念和语言七个维度或层面"③。邓本元（2013）认为，生态文明不是简单地保护和禁止，而是在发展中实现更高的形态；生态文明要实现先天的自然美与后天的建设美的统一。他认为人民群众是生态文明建设的主体。④ 郇庆治（2014）认为，生态文明意味着"对现代工业文明的一种生态化扬弃或超越"，是人类的文明性生存及其各种成果，"集中体现为人与自然、社会与自然、人与人之间的和平、和谐与共生"。⑤

对于生态文明的历史方位，有代表性的观点有三种：第一种观点是将"生态文明"看作一种新型的文明形态，是与农业文明、工业文明相并列的一种文明形态。从人类历史发展进程来看，我们经历了原始文明、农业文明和工业文明时期，生态文明是一种新的文明时期，这一时期以知识经济和生态产业为主要特征。第二种观点将生态文明看作一种文明要素，认为生态文明与物质文明、精神文明和政治文明相并列，他们之间是相互依存、相互影响的关系。从这个意义上说，生态文明是文明系统的重要结构。第三种观点是前两种观点的综合，认为生态文明分为广义和狭义之分。从广义上说，生态文明是继农业文明、工业文明之后的新型文明；从狭义上说，生态文明建设是"五位一体"总体布局的重要组成部分，是与物质、精神和政治文明密不可分而又相互制约的文明结

---

① 俞可平. 如何推进生态治理现代化？[J]. 中国生态文明，2016（3）：74.

② 潘岳. 以生态文明推动构建人类命运共同体［J］. 人民论坛，2018（30）：16-17.

③ 卢风. 生态文明新论［M］. 北京：中国科技出版社，2013：11，21.

④ 福建生态文明进行时联合采访团专访［EB/OL］.（2013-07-24）. http://dangjian.people.com.cn/n/2013/0724/c132289-22311156.html.

⑤ 郇庆治. 推进生态文明建设的十大理论与实践问题［J］. 北京行政学院学报，2014（4）：67-78.

构。对于生态文明的特征，可以归纳为人与自然和谐相处的生态文明理念、有利于实现经济社会可持续发展的生态经济模式、有利于地球生态系统稳定的生态消费方式以及公正合理的生态制度等。对于生态文明在中国特色社会主义文明体系中的重要地位，主要有三种理解：一种观点认为生态文明是其他三种文明的总称；第二种观点认为生态文明是与其他三种文明相并列的概念；第三种观点认为生态文明与其他三种文明既是并列的概念，又是更高一级的概念。

对于如何推进当前中国生态文明建设，学者从多角度提出了解决途径。由于是从不同的角度分别提出生态恶化的根源，因而解决的途径和方法也是多视角的，学者分别从哲学基础、发展方式、制度完善和人的发展等四个视角，从生产方式、科学技术、文化观念、生活方式、消费方式、政府责任、全球合作等角度提出了解决生态问题的办法。如邱耕田、张荣洁（2002）认为，生态文明的实现既包括了人们生产方式和生活方式的生态化改造，又包括了人们思维方式的绿化、生态意识的觉醒等。① 徐春（2004）在文化价值观层面、生产方式层面、生活方式层面、社会结构层面等四个方面系统阐述如何实现生态文明。② 廖福林（2003）认为，生态文明建设的核心是提高人们的生态意识，加强教育引导，提升整个社会的文明素质，优化社会关系，尤其是人与自然的关系，进行技术革新，转变社会关系，使人类自觉地遵循自然生态系统和社会生态系统原理。③ 薛晓源（2009）认为，要实现生态文明需要理论和实践两个层面，在理论上，要让人们树立生态意识，在社会上要完善法律制度，在国家宏观政策上要进行导向指引；在实践上，需要改进科技，维护生态平衡，利用科技手段实现生态技术的创新提升，建立健全组织机构等，社会各方面要支持生态建设。④ 束洪福（2008）认为，生态文明建设要求人类不仅积极倡导进步的生态文明思想和观念，而且要推进生态文明意识在经济、社会、文化等各个领域的延伸。⑤ 陈立（2009）认为，自然生态环境包括人和自然，人的价值其实就是自然的价值，人有价值观，自然一样也有价值观，自然生态环境的价值观

---

① 邱耕田，张荣洁．利益调控：生态文明建设的实践基础［J］．社会科学，2002（2）：33-37.

② 徐春．生态文明与价值观转向［J］．自然辩证法研究，2004，20（4）：101-104.

③ 廖福林．生态文明建设理论与实践［M］．北京：中国林业出版社，2003.

④ 薛晓源．生态风险、生态启蒙与生态理性——关于生态文明研究的战略思考［J］．马克思主义与现实，2009（1）：20-25.

⑤ 束洪福．论生态文明建设的意义与对策［J］．中国特色社会主义研究，2008（4）：54-57.

是生态自然观，人在生产活动的时候要不破坏自然的价值观。①

总而言之，学者对生态文明建设的内涵特征、理论基础、面临的问题及原因分析、实现路径进行了初步探讨，对于推进中国生态文明建设起到了重要的参考作用，但从中国现代化发展视角来研究的成果还比较散，而且研究内容要么太宏观化，缺乏可操作性；要么太具体化，缺乏系统性和整体思路。学者对于生态文明的内涵、概念、历史定位等没有达成共识，缺乏一个系统性的认识，缺乏对于生态文明的根源及其主体责任的深层次研究，不能很好地理解“生态文明”的实质和内涵，因而导致理论上的不足，特别是对生态文明建设的思维理路、基本原则、行为规范、内容构架、具体路径等问题提及甚少，而这些问题又恰恰是我国生态文明建设中极为重要的且亟待解决的重大现实性问题。比如，对我国社会主义现代化进程中生态危机的经济、政治、文化、社会根源挖掘不深，从现代化转型的视角对生态文明阐发力度不够，对生态文明建设与其他四大建设的关系阐释不透，对生态导向的经济、政治、文化、社会综合改革的研究还有待于进一步深入。本书试图从“生态文明建设”这一视角，对人与自然和谐共生现代化进行系统研究。着眼于中国式现代化的发展进程，既要从社会全面转型的高度来构建生态文明，更需要从当前发展实际出发，在推进工业化、市场化、信息化发展的同时，切实推进建设人与自然和谐共生现代化，进而解决我国经济社会发展面临的资源环境等问题，实现全面建设社会主义现代化国家。

2. 关于马克思主义生态思想的研究

有些学者认为由于当时全球范围的环境问题不突出，因而马克思恩格斯没有形成系统的生态思想。多数学者认为马克思虽然没有提出生态文明概念，但是马克思恩格斯的生态思想散见于其各种著作中，不仅揭示了人与自然之间相互依存、相互作用的辩证关系，而且认识到解决人与自然之间对抗的根本在于变革资本主义制度，建立共产主义制度。许多学者深入挖掘了《1844 年经济学哲学手稿》等经典著作中蕴含的马克思恩格斯生态思想的主要内容，对马克思和恩格斯生态思想进行挖掘整理，其研究思路主要有：①利用马克思和恩格斯经典著作中关于对经济危机的描述，结合历史学等学科知识，了解马克思和恩格斯生活时期所处的环境状况，再对比著作中描绘发生经济危机时社会的环境状况，得知在当时经济危机发生时，其实生态危机已经在一些城市局部发生；

---

① 陈立．生态文明建设的基本内涵与科学发展观的重要意义［J］．学习月刊，2009（22）：27-28.

②马克思和恩格斯对产生经济危机的原因进行揭示，其实就是对由经济危机引发的生态危机的批判。但是在当时的大环境下，经济危机与生态危机相比，比较受关注的是经济危机，生态危机只是批判经济危机的外延思考；③马克思和恩格斯的生态思想贯穿于对经济危机批判的整个过程，深挖马克思和恩格斯的经济理论、生态思想，阐述其核心思想和现实意义。

我国学者对生态学马克思主义的研究，始于20世纪80年代，代表作有王瑾的《“生态学马克思主义”和“生态社会主义”——评介绿色运动引发的两种思潮》《绿党和它的“社会主义”》等。20世纪90年代尤其是21世纪以来，生态学马克思主义越来越受到我国中青年学者的关注（以季正聚、陈学明、刘仁胜、王雨辰、郇庆治等为代表）。近年来，国内学术界对于生态学马克思主义的研究主要从三个方面进行：①国内学者大量翻译介绍西方生态学马克思主义的著作。比如，本·阿格尔、戴维·佩珀的《生态社会主义：从深生态学到社会正义》，安德烈·高兹的《经济理性批判》；约翰·贝拉米·福斯特的《马克思的生态学：唯物主义与自然》，岩佐茂的《环境的思想与伦理》等一批有影响的生态学马克思主义著作相继出版，相关研究逐步深入；②研究了马克思恩格斯《1844年经济学哲学手稿》《资本论》和《自然辩证法》等相关著作，对马克思著作中的人与自然之间的关系进行挖掘；③将马克思主义基本原理作为指导，对生态学马克思主义者的观点进行分析，评判是非得失，以生态学马克思主义分析现实社会，提出启示和借鉴。目前，我国学者已有较多相关学术专著出版。如徐艳梅（2007）的《生态学马克思主义研究》、王雨辰（2015）的《生态学马克思主义与生态文明研究》、刘晓勇（2018）的《生态学马克思主义与当代中国可持续发展研究》、张夺（2021）的《生态学马克思主义自然观与生态文明理念研究》等。

国内学者对于生态文明建设以及人与自然和谐共生关系的研究，不仅可以丰富我们建设人与自然和谐共生现代化的理论基础，使中国特色社会主义生态文明建设理论更加厚重，而且可以让我们了解当代资本主义的发展状况。但是，不足之处在于致力于引进、评述生态学马克思主义理论，对于马克思主义生态思想的挖掘还比较薄弱，对于如何形成以马克思主义为指导的中国式现代化建设中的生态文明理论探讨较少，对于如何指导我国生态文明建设视域下的人与自然和谐共生现代化的实践研究也比较少。

3. 关于现代化与生态文明的关系研究

20世纪80年代末90年代初，国内学者开始关注生态问题与现代化的关系，并提出了生态文明思想。2007年以后，我国学者对于生态文明思想的研究精力投入更多，掀起了研究热潮，归纳起来主要有以下三个方面的研究：①关于我国现代化理论。罗荣渠（1993）在构建我国现代化的理论方面起到了重要作用，认为我国独特的现代化模式的核心思想就是采取低度消耗资源和能源、适度消费的发展模式。[①] 何传启（1999）提出了“第二次现代化”的概念以及范围界定[②]，即第一次现代化理论是指从农业文明向工业文明转变，第二次现代化理论是指从工业文明向知识文明的转变过程。生态文明是知识文明的表现形式。中国在继续推进第一次现代化的同时，还要推进生态的现代化。②现代化与生态危机的关系。卢风（2009）认为，全球性生态危机的深层根源是西方现代性思想。我国受此影响，物质主义、拜金主义、消费主义、GDP至上主义、科技万能论盛行，生态危机凸显。[③] 杜明娥、杨英姿（2012）认为，生态危机、精神失落并不是现代化所固有的，现代化的负面效应是由实现它的模式和手段造成的。[④] ③生态文明与现代化转型之间的关系。陈学明（2008）认为，推进生态文明建设，必须实施“生态导向的现代化”，对资本、科技、生产、消费做出伦理和道德的约束。[⑤] 卢风（2009）认为，现代化建设要以生态文明为导向，对现代工业文明进行全方位的改造，建立起反映生态的市场和社会。[⑥] 杜明娥、杨英姿（2012）认为，生态危机是在传统的现代化模式中产生的，它的解决也需在生态型现代化建设中完成，即生态文明建设需要物质基础、科技创新、科学规划、体制机制创新、理念观念更新等。[⑦] 此外，20世纪90年代末以来国内学者开始关注西方的生态现代化和建设性后现代理论。张云飞（2008）、郇庆治（2010）、包庆德（2011）、金书琴（2011）、朱芳芳（2010）、郭熙保和杨开泰（2006）等学者都对生态现代化理论的提出、形成原因、内涵及对我国的启示进

---

① 罗荣渠．第三世界现代化的历史起源及其走向现代化的趋势［J］．北大史学，1993（1）：70-92.

② 何传启．第二次现代化理论与中国现代化［J］．世界科技研究与发展，1999，21（6）：12-16.

③ 卢风．市场经济、科学技术与生态文明——“全国生态文明与环境哲学高层论坛”述评［J］．哲学动态，2009（8）：102-104.

④ 杜明娥，杨英姿．生态文明：人类社会文明范式的生态转型［J］．马克思主义研究，2012（9）：115-118.

⑤ 陈学明．论生态文明与伦理约束［C］．生态伦理与知识的责任国际学术研讨会会议论文集，2008（10）：82-92.

⑥ 卢风．生态价值观与制度中立——兼论生态文明的制度建设［J］．上海师范大学学报（哲学社会科学版），2009，38（2）：1-8，19.

⑦ 杜明娥，杨英姿．生态文明：人类社会文明范式的生态转型［J］．马克思主义研究，2012（9）：115-118.

行了论述；王治河（2009）、欧阳康（2001）、方世南（2009）、刘昀献（2009）、樊美筠（2012）、庄友刚（2013）等对建设性后现代理论进行了介绍、阐发，并提出了对于我国生态文明建设的启发意义。

4. 关于人与自然和谐共生现代化的研究

关于人与自然和谐共生现代化的内涵和特征研究。郇庆治（2021）认为，需要从两个层面来把握人与自然和谐共生现代化的内涵。“理念层面上，强调坚持绿水青山就是金山银山理念，提出守住自然生态安全边界；实践层面上，把建设人与自然和谐共生现代化与实施可持续发展战略、完善生态文明领域统筹协调机制、构建生态文明体系、促进经济社会发展全面绿色转型……”① 叶琪、李建平（2019）认为，促进人与自然和谐共生现代化是以人民为中心，以推动形成绿色发展方式为主要手段，实现社会主义现代化强国的重要内容，具有传承性、超越性、长远性、系统性等特征。② 方世南（2018）认为，促进人与自然和谐共生现代化具有绿色发展促进资源节约型、环境友好型、人口均衡型和生态健康安全型社会，在整体文明系统中实现社会高质量美丽发展，在保障人民群众经济权益、政治权益、文化权益、社会权益和生态权益中促进人的自由而全面发展，进而实现发展价值的新特征。③ 沈广明（2020）认为，促进人与自然和谐共生现代化是将生态文明建设与现代化建设结合融贯的绿色现代化。④ 冯留建、张伟（2018）将内涵概括为以人与自然和谐共生作为现代化的驱动力和核心准则、以现代化作为构建人与自然和谐共生的参考框架，具有总体布局长远性、思想内涵科学性、思想方法辩证性和发展战略创新性等基本特征。⑤

关于人与自然和谐共生现代化的实践路径研究。韩晶、毛渊龙、高铭（2019）提出加强生态伦理道德建设是推动人与自然和谐共生现代化的前提、提升生态生产力是实现人与自然和谐共生现代化的关键、推进经济体制改革是引导人与自然和谐共生现代化的重要保障。⑥ 郑志国（2018）从生产力的角度提

---

① 郇庆治．建设人与自然和谐共生的现代化［J］．学习月刊，2021（1）：9-11.

② 叶琪，李建平．人与自然和谐共生的社会主义现代化的理论探究［J］．政治经济学评论，2019，10（1）：114-125.

③ 方世南．建设人与自然和谐共生的现代化［J］．理论视野，2018（2）：5-9.

④ 沈广明．人与自然和谐共生现代化的生态意蕴及绿色发展［J］．广西民族大学学报（哲学社会科学版），2020，42（2）：163-168.

⑤ 冯留建，张伟．习近平人与自然和谐共生的现代化论述探析［J］．马克思主义理论学科研究，2018，4（42）：72-82.

⑥ 韩晶，毛渊龙，高铭．时代新矛盾新理念新路径——兼论如何构建人与自然和谐共生的现代化［J］．福建论坛（人文社科版），2019（7）：12-18.

出要正确处理需要与生产的关系，提高认识自然的能力，转变改造和利用自然的方式，从微观和宏观层面增强保护自然的能力，从整体上实现经济社会发展与环境保护双赢，构建动脉产业与静脉产业相结合的现代化产业体系，建立有利于人与自然和谐共生的生产关系，加强保护自然的国际合作与斗争。① 张苏强（2019）则从生态责任的角度构建其实践路径：坚持将绿色理念融入现实，坚持绿色发展和推行绿色生活方式；认清技术的双刃剑特征，推动以人民福祉为中心的绿色技术革命；注意思想观念的变革，培育尊重自然、顺应自然与保护自然的绿色文化观。② 燕方敏（2019）从四个方面来构建其实践路径：以发展方式的绿色转型为核心、以培育生态价值观为文化支撑、以完善和实施生态文明制度体系为保障、以多元主体共治的生态环境治理体系为基础。③

关于人与自然和谐共生现代化的生成机理研究。郑继江（2020）指出，促进人与自然和谐共生现代化是源于对马克思恩格斯人与自然关系思想的继承和发展，分别从自然观维度、道德观维度、境界观维度上论证了天人合一的思想是人与自然和谐共生现代化的文化基础。④ 冯留建、张伟（2018）认为，促进人与自然和谐共生现代化的理论渊源来自中华民族朴素的生态思想，同时植根于历届领导人关于中国生态环境保护与现代化的思想理论，着眼于国际国内现代化建设和生态环境保护的突出问题。⑤

总体来讲，以上研究成果对传统现代化发展模式进行了反思和批判，也指出了生态文明要求实现现代化的生态化转型。这对于研究中国式现代化进程中的生态文明建设以及人与自然和谐共生现代化具有重要的参考作用，但这些研究还没有完全展开，或是深刻抨击现代化，宏观笼统指出未来方向，但又没有提出建设性的促进人与自然和谐共生现代化建设实际的明确思路；或是效仿西方，提出一些过于具体化和技术化的对策，但又缺乏针对中国式现代化建设的系统性反思和总体性校正。

5. 关于习近平生态文明思想的研究

国内关于习近平生态文明思想的研究主要集中在习近平生态文明思想形成

---

① 郑志国．论人与自然和谐共生的现代化生产力［J］．华南师范大学学报（社会科学版），2018，09（5）：119-124.

② 张苏强．人与自然和谐共生的现代化建设的生态责任论析［J］．浙江工商大学学报，2019（6）：68-76.

③ 燕方敏．人与自然和谐共生的现代化实践路径［J］．理论视野，2019（9）：44-50.

④ 郑继江．论人与自然和谐共生的现代化生成机理［J］．理论学刊，2020（6）：122-131.

⑤ 冯留建，张伟．习近平人与自然和谐共生的现代化论述探析［J］．马克思主义理论学科研究，2018，4（42）：72-82.

的时代背景、理论溯源、形成过程、内涵意义、实践路径和价值意涵等方面，并形成了一些极具研究价值的理论成果。本书对习近平生态文明思想的国内相关研究成果进行了总结和概括，希望能尽可能地呈现学术界对习近平生态文明思想的研究全貌。

党中央历来高度重视生态文明建设，尤其是党的十八大对于生态文明建设的重要性进行了高度概括。十三届全国人大二次会议指出："在'五位一体'总体布局中生态文明建设是其中一位，在新时代坚持和发展中国特色社会主义基本方略中坚持人与自然和谐共生是其中一条基本方略，在新发展理念中绿色是其中一大理念，在三大攻坚战中污染防治是其中一大攻坚战。"① 生态文明是关系人民福祉、关系民族未来和中华民族永续发展的千年大计，所以也引发相关学者从社会发展和民族复兴等角度对习近平生态文明思想进行研究，具体表现在以下两方面。一是关于习近平生态文明思想的理论价值阐释。宋献中、胡珺（2018）认为，习近平生态文明思想升华了马克思主义的生态文明观，同时也为中国特色社会主义生态文明建设指明了发展方向②；陈亮、胡文涛（2020）指出，习近平生态文明思想科学地回答了为什么要建设生态文明、怎样建设生态文明和建设什么样的生态文明，以及如何将生态文明建设贯穿于"五位一体"总体布局和"四个全面"战略布局之中③；吴舜泽（2020）认为，习近平生态文明思想是中国特色社会主义理论体系的组成部分，具有系统整体性、逻辑结构性等特点④；魏华、卢黎歌（2019）和黄润秋（2020）着重从人与自然关系的角度对习近平生态文明思想进行了分析和论述，认为其是推进生态文明发展的重大理论成果⑤⑥；赵志强（2018）认为，习近平生态文明思想作为马克思主

---

① 习近平在参加内蒙古代表团审议时强调　保持加强生态文明建设的战略定力　守护好祖国北疆这道亮丽风景线［N］人民日报，2019-03-06（001）.

② 宋献中，胡珺．理论创新与实践引领：习近平生态文明思想研究［J］．暨南学报（哲学社会科学版），2018，40（1）：2-17.

③ 陈亮，胡文涛．生态文明中国之路的实践探索与时代启示［J］．中国环境监察，2020（7）：26-27.

④ 吴舜泽．深刻理解"绿水青山就是金山银山"发展理念的科学内涵［J］．党建，2020（5）：18-20.

⑤ 魏华，卢黎歌．习近平生态文明思想的内涵、特征与时代价值［J］．西安交通大学学报（社会科学版），2019，39（3）：69-76.

⑥ 黄润秋．以生态环境高水平保护推进经济高质量发展［J］．中国生态文明，2020（5）：17-18.

义生态理论中国化的最新的理论成果，是对人类生态发展的重新认识①；刘磊（2018）认为，习近平生态文明思想进一步深化了对人类文明发展和社会发展规律的认识②；刘希刚、王永贵（2014）认为，习近平生态文明思想是对党的执政理念的拓展，是对生态文明的理性认识③；李雪松、孙博文、吴萍（2016）认为，习近平生态文明思想是对自然环境伦理的继承，是可持续发展理论的重新解读④；田鹏颖、张晋铭（2017）认为，习近平生态文明思想是世界历史理论框架下把握人类社会生态文明的特殊道路⑤。二是关于习近平生态文明思想的实践价值研究。刘海霞、王宗礼（2015）认为，习近平生态文明思想有助于建设美丽中国、实现中华民族永续发展⑥；秦书生、杨硕（2015）认为，习近平生态文明思想是正确处理好经济发展和保护环境的指导思想⑦；尤西虎、方世南（2019）认为，习近平生态文明思想为生态环境治理提供了基本遵循和价值引领，是治国理念的生态智慧的集中体现⑧；陈俊（2018）指出，习近平生态文明思想为破解我国发展难题、资源环境恶化提供了实践指南⑨；还有一些学者则从全球意义的维度对习近平生态文明思想的时代价值进行了论述。周光迅、李家祥（2018）认为，习近平生态文明思想作为时代精华，为全球生态环境治理贡献了中国方案和中国智慧。⑩

国内学者对习近平生态文明思想的研究取得了较为突出的研究成果，为本书提供了理论基础和经验借鉴，但是也存在着一些研究上的不足，主要有以下几个方面：第一，理论研究的深度还不够。现有研究多以习近平总书记作出的

---

① 赵志强．习近平生态文明建设重要论述的形成逻辑及时代价值［J］．石河子大学学报（哲学社会科学版），2018，32（6）：20-26.

② 刘磊．习近平生态文明思想研究［J］．上海经济研究，2018（3）：14-22，71.

③ 刘希刚，王永贵．习近平生态文明思想初探［J］．河海大学学报（哲学社会科学版），2014，16（4）：27-31，90.

④ 李雪松，孙博文，吴萍．习近平生态文明思想研究［J］．湖南社会科学，2016（3）：14-18.

⑤ 田鹏颖，张晋铭．人类命运共同体思想对马克思世界历史理论的继承与发展［J］．理论与改革，2017（4）：28-39.

⑥ 刘海霞，王宗礼．习近平生态思想探析［J］．贵州社会科学，2015（3）：29-33.

⑦ 秦书生，杨硕．习近平的绿色发展思想探析［J］．理论学刊，2015（6）：4-11.

⑧ 尤西虎，方世南．习近平生态文明思想四维透视［J］．山西高等学校社会科学学报，2019，31（7）：1-6.

⑨ 陈俊．习近平新时代生态文明思想的内在逻辑、现实意义与践行路径［J］．青海社会科学，2018（3）：21-28，35.

⑩ 周光迅，李家祥．习近平生态文明思想的价值引领与当代意义［J］．自然辩证法研究，2018，34（9）：122-127.

重要讲话和指示、发表的文章、出版的书籍为主，都是做一些文本解读，缺乏对习近平生态文明思想的理论提升，且当前的研究成果多以论文为主，著作较少，由于论文篇幅的限制，很难面面俱到，这就难以形成系统的研究和透彻的分析；第二，党中央多次强调，“生态文明建设是一项系统工程，是一个复杂的工程”，习近平生态文明思想作为一个科学的理论体系，具有一定的整体性，但是学术界当前对于习近平生态文明思想的研究呈碎片化，大多是从具体分析的层面进行论述，缺乏对理论框架的整体考量，且学者大多是从本专业的研究视角出发，缺少学科交叉和交融。所以，在对习近平生态文明思想进行研究时，应该拓宽理论视野，从多学科出发进行共同研究。习近平生态文明思想是涉及思想观念、生活方式和生产方式多个领域的理论体系，要从多学科融合的视角对其进行分析。

总体来说，党的十八大以来我国学者对生态文明的研究日益增多，研究领域宽广，既涉及自然科学领域，又涉及人文科学领域，理论成果比较多，但是生态文明建设作为一项宏大的、系统的工程，随着实践的推进，理论上有待进一步深化研究。当前对于生态文明的有关研究过于分散，很多只是实践和技术层面的内容，缺乏系统的理论挖掘。比如，对中国式现代化进程中生态文明及生态文明建设缺乏系统的整体的把握和研究，对于生态文明建设与其他四大建设的关系没有研究透彻，对于生态危机的现实根源没有系统综合研究，对于生态文明与现代化转型的关系没有系统研究，对于建设人与自然和谐共生现代化尚未形成全面系统的研究格局，对于生态文明的高级目标和现实目标没有准确定位。本书把生态文明置入中国式现代化进程中，考察它的学理依据与现实依据，落脚点是中国现代化进程中如何在生态文明建设视域下认识、推进和实现人与自然和谐共生现代化建设目标。

三、研究思路和方法

（一）研究思路

本书以生态文明建设视域下构建人与自然和谐共生现代化为目标，通过研究国内外已有的生态文明研究成果，在对其进行梳理整理的同时，结合我国国情，以习近平新时代中国特色社会主义思想为指导，对推进中国式现代化进程中的新时代生态文明建设进行系统的剖析和研究：在宏观方面，分析构建人与自然和谐共生现代化的未来发展走向、国家政策导向，将新时代生态文明建设置于中国式现代化发展的背景之下；从总体上对全球生态危机引起的生态文明建设等问题进行系统分析，重点探讨中国特色社会主义生态文明建设的独特性，以及当前我国生态文明建设存在的问题，从而为全面构建美丽中国、构建人与自然和谐共生现代化提供具体思路和政策支持；在微观方面，对生态危机、生态环境问题的产生因素进行分析，指出当前国内外发展形势对生态的影响。

首先，对生态危机与现代化进行分析。生态危机与现代化、生态危机与工业化在外在表象上是一致的。发展现代化，不可避免地出现生态危机，现代化的发展道路决定生态危机的产生，只有解决生态危机，才能实现现代化。通过对中国特色社会主义现代化进程中生态文明建设进行分析可发现，我国在现代化发展道路上，受国情等因素的影响，生态问题也在一定程度上有了显现。

其次，对实现中国式现代化进程中的中国特色社会主义生态文明建设、人与自然和谐共生现代化发展进行论述。通过“五位一体”总体布局和“五化”协同发展可促进生态文明建设，而促进生态文明建设是为了实现社会主义现代化。生态文明建设是手段，实现人与自然和谐共生现代化是最终目的。在实现中国式现代化的进程中研究生态文明建设、研究人与自然和谐共生，是为了实现社会主义现代化。目前，中国特色社会主义已经进入新时代，国家发展呈现阶段性特征，而进行生态文明建设，构建人与自然和谐共生现代化，能解决好在社会发展中出现的不公平正义、不平衡充分问题。因此，唯有走中国式现代化道路、加快生态文明体制改革、改革创新技术水平、提高整体综合国力、建设美丽中国，才能形成人与自然和谐共生的现代化建设新格局。

再次，对中国特色社会主义生态文明建设存在的问题及根源进行分析。生态文明建设存在很多问题，在社会经济发展上，可以说在未全面建成社会主义现代化强国的进程中生态文明建设一直会存在问题，只有不断解决问题，才能够逐渐实现人与自然和谐共生现代化。生态文明建设是综合性系统工程，需要具备规划实施生态文明建设治理的社会基础、经济基础。在新的历史条件和时代要求下，构建人与自然和谐共生现代化、推进新时代生态文明建设必将面临一系列的挑战和困境。目前，生态文明建设尚未完全发挥出其应有的功能，一方面相关主体之间的矛盾需要解决，在经济、制度、文化等方面客观上存在建设生态文明的制约；另一方面，生态文明建设过程中“先污染、后治理”“生产、消费与资源环境”良性互动和“碎片化”的建设未形成良好的结构，未形成良好的建设体系，使生态文明建设不像经济建设那样具有自主性和吸引力，难以成为个人、企业及政府主动追求的建设目标。生态文明建设上存在一些传统思维、制度依赖问题，认真分析这些问题，可为构建中国特色社会主义生态文明以及建设人与自然和谐共生现代化提供实践基础。

此外，还对为中国特色社会主义生态文明建设、构建人与自然和谐共生现代化提供理论资源的马克思恩格斯生态思想、生态学马克思主义与中国传统文化中生态文明思想，以及中国共产党探索生态文明建设的理论与实践进行梳理、提炼和总结。马克思恩格斯生态文明思想是对黑格尔、费尔巴哈自然观的批判与超越。他们认为，黑格尔自然观中的自然是人为的抽象自然，并将这种人为的抽象自然引向让人无法理解的领域；而费尔巴哈在黑格尔的基础上，将唯物主义引进自然观，但仍然是人与自然相对立的二元逻辑。马克思和恩格斯在此基础上，以自然为第一性，将人与自然通过实践联系起来，坚持唯物主义基本原则，最终形成马克思和恩格斯的辩证唯物主义生态文明思想。生态问题在表象上是人与自然的关系复归，而实质上是人与人的关系研究。20世纪中叶以后，资本主义发达国家工业文明创造出巨大的社会物质财富，引发了严重的生态危机，生态学马克思主义是对严重枯竭的资源和污染环境问题进行理论探索，同时生态学马克思主义是西方马克思主义最重要的流派代表，源起于发达西方资本主义国家掀起保护环境的一场生态学运动——“绿色行动”，行动主要针对社会上出现的四处蔓延的生态危机现象。生态学马克思主义从历史唯物主义出发研究生态危机产生的原因，评判资本主义制度和生产方式，构想解决生态危机的社会形态是生态社会主义社会，为建设人与自然和谐共生现代化提供了理论支撑。

最后，对中华优秀传统文化的历史底蕴、文化根基为建设生态文明奠定理论基础进行分析。“天人合一”是主客未分的朴素思维方式，“主客二分”是近代思维方式，但它们都关乎人与自然的问题，建设生态文明也是解决人与自然的关系问题，朴素思维创造了人与自然完全融为一体的境界格局，近代思维则将人与自然分裂开来。生态危机是人与自然关系的分裂，研究传统文化中的价值与思维，可为生态文明提供理论资源，使中华优秀传统文化在建设生态文明中发挥应有的作用，这就需要我们从了解中华优秀传统文化有关人与自然的主要思想和生态文明建设的理论视域出发。中国共产党自建党伊始就较为重视根据地生态环境问题。中华人民共和国成立初期，我们党又开始了对建设社会主义生态文明的高度关注，认为人与自然之间不存在本质上的对立，但互相之间存在对抗。改革开放后，随着我国经济社会的不断发展，人与自然环境之间的矛盾不断凸显，我们党依据基本国情，制定并实施了中国特色社会主义生态文明建设的理论与方针，提出了现代化道路的实现路径。党的十八大以来，中国共产党领导各族人民建设社会主义生态文明，完善生态文明建设各项制度，提出绿色发展理念，树立建设美丽中国发展目标，实行最严格的生态环境保护制度，等等。这对于引导全党全社会牢固树立社会主义生态文明观念，引导节约、环保、生态意识，培养生态文化底蕴，努力实现人与自然深度融合，具有十分重要的作用，为创建社会主义生态文明的新时代新局面夯实了理论根基。

（二）研究方法

1. 文本研读法

从总体上对马克思恩格斯生态思想、党和国家关于生态文明的政策和法规，以及学者的著作、论文进行研读，提炼其基本思想理论。根据我国国情的具体实际情况，进行生态文明、人与自然和谐共生现代化建设的理论研究与实践探索。

2. 辩证唯物主义与历史唯物主义方法

根据我国实际需要，站在宏观的中国式现代化进程的全新视野下，运用辩证唯物主义和历史唯物主义世界观和方法论，对共产党执政规律、社会主义建设规律、人类社会发展规律进行系统总结，研究和丰富中国特色社会主义生态文明建设、构建人与自然和谐共生现代化的基本思路、具体对策，预见中国式现代化的发展趋势。

3. 理论研究与实证研究相结合

理论上既要系统研究当代中国生态文明理论，又要注重与其他相关理论进行比较研究。关键是将生态文明理论成果用于推动中国式现代化建设实践，需要有具体的数据材料做支撑，增强实证性、说服力和可操作性。

4. 多学科交叉研究的方法

生态文明建设以及人与自然和谐共生现代化实践需要哲学、政治经济学、马克思主义理论、法学、社会学等多学科融合，丰富中国式现代化、生态文明的理论体系。要整合多学科理论资源，从整体上推动中国特色社会主义生态文明建设和美丽中国建设。

（三）可能的创新

1. 研究视角的转换

目前对生态文明的研究成果多就环境问题论环境问题，是一种静态视角。从中国特色社会主义现代化进程的视角来分析生态文明建设以及人与自然和谐共生现代化的推进，既要有宏观视野，调整现代化发展的思路和方向，关注人的生态权益的实现，促进经济社会全面转型，又要立足于现实条件，将生态文明的要求融入经济、政治、文化、社会建设中，促进人与自然和谐共生现代化实践向前发展。

2. 体现了新的内容

中国是后发现代化国家，政府的组织和推动起着重要作用，目前针对发挥政府主导作用推进生态文明的研究成果很多。本书试图明确建设主体的职责功能，即研究现代化进程中政府、企业和公众三大生态文明建设主体的责任和义务，目的是推动生态文明建设从政府主导型向政府、企业和公众多元互动型的方向转变。不仅政府目标、制度安排、管理模式方面更加注重人与自然和谐，还要发挥市场作用，提高企业生态文明水平，并进一步完善公众参与的动员机制和鼓励机制。

第一章　生态文明的内涵及演变

生态文明理论作为被当今全球范围内世界各国的思想界、理论界和学术界高度重视的理论前沿问题，深刻反映着当代人类社会发展的时代特征和阶段性特征。在人类高度重视理论自觉的今天，研究探讨生态文明理论既是一个重大的理论问题，更是一个不可回避的重大现实问题，具有典型的时代性特征。

一、生态文明相关概念的内涵

（一）文明的含义

关于“文明”一词，在我国古代典籍中早已有阐释，最早见于《易经》，曰：“见龙在田，天下文明。”对此，唐代学者孔颖达有言：“天下文明者，阳气在田，始生万物，故天下有文章而光明也。”清代李渔在《闲情偶寄》中进一步解释：“辟草昧而致文明。”以上所谓文明，是指社会面貌的开化、进步、光明的状态。英文中的文明（civilization）一词，意思是城市的居民，其本质含义为人民生活于城市和社会集团中的能力。引申后意为一种先进的社会和文化发展状态，以及到达这一状态的过程，其涉及的领域广泛，包括民族意识、技术水准、礼仪规范、宗教思想、风俗习惯及科学知识的发展等。在现代汉语中，文明指一种社会进步状态，与“野蛮”一词相对立。在当代社会，文明已然成为人们的普遍用语且用法也最多的概念。如1961年法国出版的《世界百科全书》中提出：文明主要是指“开化的社会”“社会的高度发达”“文明事业”等。1964年出版的《英国大百科全书》中称：“文明的内容包括语言、宗教、信仰、道德、艺术和人类思想与理想的表述。”1978年出版的《苏联大百科全书》提出“文明是社会发展、物质文化和精神文化的水平和程度”。一般认为文明是指人类所创造的财富的总和，反映人类社会发展程度和进步状态。

（二）生态文明的内涵

生态文明是由生态和文明两个概念组合构成的复合概念。生态一词源于希腊文，指“家”或者“环境”。生态学最初是从研究生物个体开始。所谓生态实质上是一个包含着多方面含义的概念。一者生态是一种关系，指包括人在内的生物与环境、生命个体与整体间的一种相互作用关系。二者生态是一种学问，是包括人在内的生物与环境之间关系的系统科学，是人们认识自然、改造环境的世界观和方法论或自然科学。三者生态是指人类生存、发展与环境关系的和谐或理想状态，表示生命与环境关系间的一种整体、协同、循环、自生的良好的文脉、肌理、组织和秩序，不仅指自然界的生物或生命现象，同时还包含着非生命世界，即由生物和非生物环境之间相互联系和相互作用所构成的一个完整系统。而生态文明概念中的“生态”，主要不是从前两个方面来理解，而更多的是从后一个方面来理解。由于人类本身就是生态系统长期进化和发展的产物，且需要不断地从生态环境系统中获得维持自身生存与发展的能量和养分，以保证人类自身在生物学意义上的存在与活动。因而，人类活动必须尊重自然规律，保护并优化自己赖以生存和发展的生态环境，以促进人与自然和谐共处，实现人类社会的可持续发展。具体到生态文明的含义，作为一个内涵丰富的全新的概念，人们从不同的文化背景和不同发展阶段来界定，含义也有所不同。

1. 西方关于生态文明的内涵探讨

西方学者从提出的保护生态到所倡导的生态文明，经历了一个比较长的发展过程，他们对于“生态文明”这一概念的认识首先是从产生的重大社会现象或社会现实中发生的一系列重大事件出发的，主要是透过这些社会现象或者事件对传统工业社会进行反思，并聚焦当下频繁发生的生态危机或自然灾害及事件，从保护环境进而升华提炼出生态文明的概念。但究其内涵，由于人们立足的视角或侧重点的不同，其阐发的内涵也不尽相同。

（1）走向生态文明的经济。西方学者对生态文明的探索，首先是从经济领域及经济问题开始的。西方学者在反思现代社会发展的基础上认识到传统的工业文明是不可持续的，需要从经济到社会进行系统的根本性转型，这样才能够实现人类社会的可持续发展。因此，他们对生态文明的界定最初也是从经济的角度来界定的，并且经历了一个较为长期的过程。在欧洲这种转型被称为“生态现代化”，生态现代化的概念是德国学者约瑟夫·胡伯在 20 世纪 80 年代提出的。其核心内容是发挥生态优势推进现代化进程，实现经济发展和环境保护的“双赢”，体现了一种新的发展理念。生态现代化是现代化的一次生态革命，它包括从物质经济向生态经济、物质社会向生态社会、物质文明向生态文明的转变，自然环境和生态系统的改善，生态效率和生活质量的持续提高，生态结构、生态制度和生态观念的深刻变化，以及国际竞争和国际地位的明显变化等。在美国称为生态社会范式、生态革命等。生态社会范式是20世纪70年代由美国学者威廉·卡顿和莱利·邓拉普提出，他们主张以环境与社会的关系为基本主题考察社会现象①。无论什么名称，都表明传统的经济增长是有问题的，必须走向生态文明的经济。

（2）适合生态文明的政治。在围绕着经济问题探索解决环境危机的同时，部分西方学者也另辟蹊径，跳出经济领域寻找解决生态环境问题的途径，从而提出了“生态政治文明”。近现代工业文明的确给人类带来了物质财富的日益丰富、社会发展的巨大进步，但是同时人类对自身需求的无节制以及对自然本身的不正确认识导致的盲目开发行为，致使在20世纪60至70年代后引发了从根本上危害人类自身生存与发展的全球性生态危机。对此，世界各国尤其是西方一些发达国家在公众生态政治运动宣传下，掀起了一场轰轰烈烈、风起云涌的生态政治运动。生态政治理论者认为，人类不仅是社会的人，同时也是受自然环境限制、约束的自然人②，如果政治行为仅仅去把握人与人、人与社会间的社会属性关系，而忽略自然生态规律对人的影响，甚至违背自然生态运行规律，以人类自身生态环境及资源的牺牲为代价，来达到少数集团、阶级、国家的政治、经济利益，那么整个人类最终将自掘坟墓，走向自我毁灭的绝境。因此，要把生态环境问题提到政治问题的高度，使政治与生态环境的发展一体化，把政治与生态有机辩证地统一起来，从政治的角度寻求最终促进人类社会与生态环境持续、健康和稳定发展的路径。

（3）面向生态文明的伦理。西方关于生态文明的研究长期以来是以生态伦理学为重要理论基础的，并不断丰富和发展，其核心范畴是人与自然的关系。20世纪年60代初，美国女科学家莱切尔·卡逊以《寂静的春天》揭示了伤害自然必然危及人类自身生存的事实，提出了人与自然共存共荣的问题。1966年，奥尔多·利奥波德将伦理定义为“在生存斗争中，对行动自由的限制，反映在人类社会表现为法律、法规，用来规范人与人之间、人与社会组织如政府之间的关系。可是却没有一种伦理处理人与土地及与生长在其上的动物、植物的关系”③。之后，众多学者探讨生态伦理。生态伦理告诉人们，将自然界仅仅看作生产资源的生产、生活方式的观念必须被抛弃，取而代之的观念应是经济增长不仅存在自然资本上的极限，还存在道德的极限，它要求经济发展必须考虑人

---

① 王悠然．改变发展模式应对“人类世”生态危机［N］中国社会科学报，2015-04-15（A03）.

② 陆聂海．生态政治和政治生态化刍议［J］．理论研究，2007（2）：11-14.

③ 傅华．生态伦理学探究［M］．北京：华夏出版社，2002：247.

类的当代、后代及非人类的福祉。

2. 我国关于生态文明的内涵研究

关于生态文明的研究，由于某种原因，我国不论是学术界还是理论界都落后于西方。随着我国改革开放的大力推进和我国社会主义现代化建设的快速发展，不仅国外关于生态文明探索与研究的成果传入我国，引起国内学术界的高度关注，而且我国传统的粗放式经济发展模式也在一定程度上使我国陷入了“先污染，后治理”的发展陷阱，现实也迫切要求我们从理论上科学揭示并回答和解决这些问题。因此，我国学者开始关注并广泛研究生态文明。

对于生态文明的关注与研究，我国学者也同世界上其他国家和地区的学者一样，首先是从揭示生态文明的内涵着手的。就生态文明概念，国内许多学者从不同角度进行了界定，有学者从与物质文明、政治文明、精神文明的关系界定生态文明，认为“生态文明是指人类在改造客观世界的同时，又主动保护客观世界，积极改善和优化人与自然的关系，建设良好的生态环境所取得的物质与精神成果的总和”① “生态文明是人类在改造自然以造福自身的过程中实现人与自然之间的和谐所做的全部努力和所取得的全部成果，它表征着人与自然相互关系的进步状态”② 等，这样界定生态文明表明了现代生态文明是继工业文明之后的一种文明形态，一种社会进步的状态，是人类改造生态环境、实现生态良性发展成果的总和。强调良好的生态环境是人类生存和发展的基础，要求人类尊重自然、善待自然、保护自然。也有学者从实践的角度，以人类与生态环境的共存为价值取向来界定生态文明，认为生态文明是“把社会经济发展与资源环境协调起来，即建立人与自然相互协调发展的新文明”③ “生态文明是物质文明、政治文明、精神文明在自然与社会生态关系上的具体表现，它包含四个层次即意识文明、行为文明、制度文明和产业文明，具体表现在管理体制、政策法规、价值观念、道德规范、生产方式及消费行为等方面的体制合理性、决策科学性、资源节约性、生活俭朴性、行为自觉性、公众参与性和系统和谐性”④ 等，这样界定生态文明表明了人类在改造客观世界的各种实践中强调生

---

① 邱耕田．三个文明协调推进：中国可持续发展的基础［J］．福建论坛（经济社会版），1997（3）：24-26.

② 俞可平．科学发展观与生态文明［J］．马克思主义与现实，2005（4）：4-5.

③ 李红卫．生态文明——人类文明发展的必由之路［J］．社会主义研究，2004（6）：114-116.

④ 生态文明建设的核心是统筹人与自然的和谐发展——访中国工程院院士李文华［N］．中国绿色时报，2007-11-30（004）．

态文明是生产发展、生活富裕、生态良好的文明，以实现自然生态平衡与人类自身经济目标相统一。还有学者从追求人与自然、人与人和谐的境界来界定生态文明，认为生态文明“是指人类能够自觉地把一切社会经济活动都纳入地球生物圈系统的良性循环运动。它的本质要求是实现人与自然和人与人双重和谐的目标，进而实现社会、经济与自然的可持续发展和人的自由全面发展”①。这样界定生态文明表明这一概念要以实现人类的一切活动为目标，既要满足人与自然的协调发展，又要满足人们的物质需求、精神需求和生态需求，要求社会生态系统的良性运行、社会各种关系的相互和谐，强调生态文明是人类在改造自然的过程中实现人与自然和谐的一种发展状态。从生态学及生态哲学的视角来看，有学者认为“所谓生态文明就是人类既获利于自然，又还利于自然，在改造自然的同时又保护自然，人与自然之间保持着和谐统一的关系”②。也有学者是从文化和伦理的视角看待生态文明，认为“生态文明是指人类遵循人、自然、社会和谐发展这一客观规律而取得的物质与精神成果的总和，是指以人与自然、人与人、人与社会和谐共生、良性循环、全面发展、持续繁荣为基本宗旨的文化伦理形态”③。还有学者从广义与狭义上对生态文明加以界定。从广义看，生态文明是指人类文明发展的一个新阶段，即工业文明之后的人类文明形态。从狭义看，生态文明是相对于物质文明、精神文明和制度文明而言的，是文明的一个方面，即人类在处理与自然的关系时所达到的文明程度。学者普遍认为生态文明是人类遵循人、自然、社会和谐发展的客观规律而取得的物质与精神成果的总和。综合上述观点，本书认为生态文明作为人类文明发展的现代形态，是在对以往文明批判继承和创新发展的基础上的质的飞跃，是全新的人类社会文明形态。

（三）生态文明建设的内涵

人类文明作为一个概念有特定的内涵，但不论人们怎样界定人类文明，其中一个主要方面是必须肯定的，那就是文明本身包含着实践的内容。也就是说，自从人类社会产生文明以来，首先是与人类实践活动紧密地联系在一起的，而不是一个纯粹的概念。作为人类文明发展的全新阶段——生态文明，也同其他文明一样包含着实践的内容，但所不同的是，我们在谈人类文明发展阶段时，

---

① 廖才茂．论生态文明的基本特征［J］．当代财经，2004（9）：10-14.

② 徐春．对生态文明概念的理论阐释［J］．北京大学学报（哲学社会科学版），2010（1）：61-63.

③ 姬振海．生态文明论［M］．北京：人民出版社，2007：2.

谈到其他文明包括原始文明、农业文明及工业文明时都是站在今天看过去和现在，是已经成为现实的文明形态，而生态文明则是站在现在看未来，是一个即将发生和必然要发生的文明形态。因此，我们不仅要弄清楚生态文明的内涵，而且还必须在此基础上探讨生态文明建设的内涵。

如果说生态文明是一个全新的未来文明发展的理想状态，那么生态文明建设不仅是一个全新的概念，更是人类建立在科学理论基础上的高度自觉的实践活动。生态文明建设作为一个实践过程现在已是在实践的概念，它是与工业文明阶段所创造的文明成果密不可分的。依据生态文明的概念来研究和阐释生态文明建设的内涵，这是界定生态文明建设概念时的立足点，但很显然的是生态文明概念是对生态文明建设实践的概括和总结。在当代中国，对生态文明建设的内涵进行详细阐述的是党的十七大报告，该报告把生态文明建设作为四大文明建设即社会主义的物质文明建设、精神文明建设、政治文明建设和社会文明建设的重要内容渗透在四大文明建设之中，并通过四大文明建设成果来反映。按照党的十七大报告的阐述，所谓生态文明建设，一是"实施科教兴国战略、人才强国战略、可持续发展战略，着力把握发展规律、创新发展理念、转变发展方式、破解发展难题，提高发展质量和效益，实现又好又快发展"①。二是"全面推进经济建设、政治建设、文化建设、社会建设，促进现代化建设各个环节、各个方面相协调，促进生产关系和生产力、上层建筑与经济基础相协调"②。三是"坚持生产发展、生活富裕、生态良好的文明发展道路，建设资源节约型、环境友好型社会，实现速度和结构质量效益相统一、经济发展与人口资源环境相协调，使人民在良好生态环境中生产生活，实现经济社会永续发展"③。四是"建设生态文明，基本形成节约能源资源和保护生态环境的产业结构、增长方式、消费模式。循环经济形成较大规模，可再生能源比重显著上升。主要污染物排放得到有效控制，生态环境质量明显改善。生态文明观念在全社会牢固树立"④。根据党中央对于生态文明的系列重要阐述，本书认为，生态文明建设的内涵应内在地体现到社会生产生活的各个领域、各个方面，包含在物

---

① 胡锦涛．高举中国特色社会主义伟大旗帜 为夺取全面建设小康社会新胜利而奋斗［M］．北京：人民出版社，2007：15.

② 胡锦涛．高举中国特色社会主义伟大旗帜 为夺取全面建设小康社会新胜利而奋斗［M］．北京：人民出版社，2007：16.

③ 胡锦涛．高举中国特色社会主义伟大旗帜 为夺取全面建设小康社会新胜利而奋斗［M］．北京：人民出版社，2007：16.

④ 胡锦涛．高举中国特色社会主义伟大旗帜 为夺取全面建设小康社会新胜利而奋斗［M］．北京：人民出版社，2007：20.

质文明建设、制度政治文明建设、精神文化及生态伦理建设和社会文明建设等各个层面。

在物质文明建设层面上，建设既符合自然生态系统要求又符合当代科学技术发展的现代物质生产的技术和方法。按照马克思主义的基本思想，物质文明建设这个领域内的自由只能是：社会化的人，联合起来的生产者，将合理地调节他们和自然之间的物质交换，把它置于他们的共同控制之下，而不让它作为一种盲目的力量来统治自己；靠消耗最小的力量，在最无愧于和最适合于他们的人类本性的条件下来进行这种物质交换。① 马克思的这一思想强调了人类不仅应当利用自然为人类谋利益，而且还要合理开发利用自然资源，保护自然资源，实现人类与自然之间的物质变换。因此，现代物质文明建设一方面是建立在传统工业文明已取得的物质文明建设成就的基础上，另一方面又反思传统工业文明阶段物质生产方式，使现代物质生产方式既要遵循经济建设规律，还要遵循生态发展规律，不仅要实现物质财富的快速增加，而且还要达到人与生态环境的良性循环、和谐共处。具体到适应生态文明发展要求的中国特色社会主义现代化建设，就是要加快转变经济发展方式，使物质文明建设由主要依靠传统的第二产业带动向依靠第一产业、第二产业、第三产业及其他新兴产业一体化发展转变，由主要依靠增加物质资源消耗的粗放型生产方式向主要依靠科技进步、劳动者素质提高、创新管理的集约型生产方式转变，建立生态科技体系，发展生态产业体系，建设绿色产业基地，生产生态绿色产品，走新型生态产业化发展道路。这样不仅实现了生产物质财富本身是生态的，而且实现了生产的全过程也是生态的。

在制度政治文明建设层面上，建设符合生态系统要求的生态制度体制以及机制体系。任何文明建设之所以能够称为文明，都是由于它构建了与之相适应的运行体制机制，并在该运行体制机制内实现了物质生产和精神生产的协调发展，同时根据实践条件的变化不断增加新的运行体制机制内容，完善体制机制。工业制度文明就是在农业制度文明的基础上完善和发展。正是由于制度建立和执行的延续性、时效性，建设生态制度文明应该以传统工业制度文明为基础，同时增加生态体制机制内容，并对原有体制机制进行生态平衡设计。近些年，按照党中央建设符合生态系统要求的生态制度体系：一是要完善有利于节约能源和保护生态环境的法律和政策，加快形成可持续发展的体制机制；二是加快行政管理体制改革，建设服务型政府；三是加快以改善民生为重点的社会建设。

① 马克思恩格斯全集：第 46 卷 [M]. 北京：人民出版社，1979：328.

同时，还需要建立一些新制度来稳定和繁荣自然生态系统，如建立生态补偿制度、环境评估制度、清洁生产审核制度、排污申报制度、落后生产工艺技术设备淘汰制度等，并通过相应的配套执行措施，强化执法力度，保障规范的落实，完善生态制度体系，引导人们的思想，规范人们的行为，使人们逐步形成参与生态文明建设的自觉行为，为生态文明提供良好的制度保证。

在精神文明建设层面上，建立符合生态系统要求的生态文化观念、伦理观念、生态价值观念和生态思想观念，以及体现这些观念的生态文化产品。人类社会发展到今天，人们越来越重视理论自觉，即重视科学理论对实践的指导作用，越来越认识到不论是物质的生产、制度的设计还是人们精神生活的丰富发展，都受到人们思想观念的影响，即作为越来越理性的人类，在自己的日常工作、生活及社会活动中，对要做什么、怎样做以及产生的结果，都首先要从内心能够说服自己。因此，建设生态文明首先需要通过精神文明建设唤醒人类的生态意识，在广大人民群众中普遍形成生态自然观、生态伦理观、生态价值观、生态文明观等。

现代生态文明建设要求人们必须确立以生态为核心要素的思想观念，形成现代生态自然观、生态价值观、生态文明观。在生态自然观上，要求人类自觉尊重自然、热爱自然、珍爱生命。在现代自然界是客观自然和人化自然的统一，而人又是自然属性与社会属性的统一。因此，必须转变人和自然之间统治与被统治、征服与被征服的传统认识观念，代之以强调人与自然都是生态系统不可缺少的组成部分，人与自然是相互依存、和谐共生、共同促进的关系，人类与自然是一个相互依存、相互融合的统一整体。在生态价值观上，人类不仅要肯定人自身有价值，而且要承认自然也有价值，“自然界不仅对人具有价值，而且它自身也具有价值”①。要转变人主宰自然的观念，形成人是自然界的一部分，人要与自然和谐相处的观念。人类的价值观不能仅仅以人本身为最终目标，应以人与自然和谐共处为最终目标，因为人类对自身幸福的追求不论怎样也不能超越自然所允许的范围。因此，应站在时代的高起点上，与现代生态文明相协调，推动生态文化内容形式、体制机制、传播手段创新，在全社会唤起生态意识，使人们对自然生态系统的价值有一个全面而深刻的认识，使生态文明意识成为整个社会的主流文化意识，解放和发展生态文化生产力。

在社会文明建设层面上，建立符合现代生态系统要求的社会生态结构和社会生态体系。首先，积极建设生态城市和生态乡村。在我国当代的社会结构中，

---

① 余谋昌．生态伦理学：从理论走向实践［M］．北京：首都师范大学出版社，1999：68.

城市和乡村是最基本的社会结构，建立符合现代生态系统要求的社会结构，就要大力建设生态城市和生态乡村，通过建设生态省、生态市、生态县、生态乡镇和生态乡村，努力打造城市生活与郊野风情相得益彰的生态城市，努力打造文化特色鲜明、田园风光秀美的生态新农村，进一步体现人与人、人与社会以及人与自然的和谐关系。其次，建设良好的社会生活环境体系，包括民主、法治、安全、高效和便民的社会管理体系，形成以生态道德和生态文化意识为主导的社会潮流，形成以节约、文明、健康、科学、和谐的生活方式为主导的社会风气，以及以绿色消费为主的社会风尚和团结合作的社会环境等。

（四）人与自然和谐共生现代化的内涵

建设人与自然和谐共生现代化既是中国式现代化的重要方向和基本特征，又是生态文明建设的重要抓手和实践选择。在开启全面建设社会主义现代化国家新征程的关键时刻，我们党在纪念马克思诞辰 200 周年大会上指出“学习和实践马克思主义关于人与自然关系的思想”，强调“要坚持人与自然和谐共生，牢固树立和切实践行绿水青山就是金山银山的理念”。① 党的十九届五中全会将“建设人与自然和谐共生的现代化”② 作为社会主义生态文明建设和全面建设社会主义现代化国家的重要任务、内在规定和战略目标。就理论渊源而言，人与自然和谐共生是马克思主义人与自然关系思想与中国传统天人关系学说相融合的结晶。马克思提出自然是人的无机身体思想，“自然界，就它本身不是人的身体而言，是人的无机的身体。人靠自然界生活”，并用“完成了的人道主义=自然主义”③ 表述人与自然的统一关系。《易经》《道德经》《齐民要术》等经典著作中论述的天人关系学说都具有“把天地人统一起来、把自然生态同人类文明联系起来，按照大自然规律活动，取之有时，用之有度”④ 的生态观念。基于马克思主义人与自然关系思想与传统天人关系学说二者的思想共性，以习近平同志为核心的党中央创造性地提出“人与自然和谐共生现代化”的思想战略，将生态文明建设的理论依据、文化传承及价值取向融合在新话语体系中。

随着“人与自然和谐共生的现代化”建设战略的提出，理论界也紧随其后，对其内涵、特征及实现路径等进行了深入研究。部分学者从不同角度阐释人与

---

① 习近平．在纪念马克思诞辰 200 周年大会上的讲话［M］．北京：人民出版社，2018：21.

② 中共中央关于制定国民经济和社会发展第十四个五年规划和二〇三五年远景目标的建议［N］．人民日报，2020-11-04（1）．

③ 马克思．1844 年经济学哲学手稿［M］．北京：人民出版社，2000：81.

④ 习近平．推动我国生态文明建设迈上新台阶［J］．资源与人居环境，2019（2）：6.

自然和谐共生现代化的内涵与特征。方世南（2018）认为，促进人与自然和谐共生现代化的概念本质上是绿色发展推动的绿色现代化，由此呈现出以绿色发展促进资源节约型、环境友好型、人口均衡型和生态健康安全型社会等一系列新特征。① 冯留建、张伟（2018）认为，促进人与自然和谐共生现代化的内涵体现为以人与自然和谐共生作为现代化的驱动力和核心准则、以现代化作为构建人与自然和谐共生的参考框架，具有总体布局长远性、思想内涵科学性、思想方法辩证性和发展战略创新性等基本特征。② 叶琪、李建平（2019）将内涵概括为以人民为中心、以绿色发展方式为主要手段、以实现社会主义现代化强国为重要内容，具有传承性、超越性、长远性和系统性特征。③ 从以上部分文献来看，理论界对“人与自然和谐共生的现代化”内涵的分析已有一定深度。

此外，部分学者还对促进人与自然和谐共生现代化的建设路径进行了阐述。燕芳敏（2019）主张从以发展方式的绿色转型为核心、以培养生态价值观为文化支撑、以完善和实施生态文明制度体系为保障、以多元主体共治的生态环境治理体系为基础四条路径出发建设人与自然和谐共生现代化④。韩晶、毛渊龙、高铭（2019）提出从绿色发展理念出发，通过加强生态伦理道德建设、提升生态生产力、推进经济体制改革来推进人与自然和谐共生的现代化建设。⑤ 除此之外，还有学者从生产力⑥、生态责任⑦等角度论述促进人与自然和谐共生现代化建设路径的研究方案。

从上述分析来看，人与自然和谐共生是客观存在的一般规律，是指人与自然之间具有系统发生和协同进化的关系（可将之简称为“生态化”或“绿色化”）。现代化是人类社会不可跨越的发展阶段，主要是指从农业社会向工业社会的转变。工业化构成现代化的基础和核心。从总体上说，建设富强民主文明和谐美丽的社会主义现代化强国，要求将生态化（美丽中国）作为现代化的一

---

① 方世南．建设人与自然和谐共生的现代化［J］．理论视野，2018（2）：5.

② 冯留建，张伟．习近平人与自然和谐共生的现代化论述探析［J］．马克思主义理论学科研究，2018（4）：72.

③ 叶琪，李建平．人与自然和谐共生的社会主义现代化的理论探究［J］．政治经济学评论，2019（2）：114.

④ 燕芳敏．人与自然和谐共生的现代化实践路径［J］．理论视野，2019（9）：44.

⑤ 韩晶，毛渊龙，高铭．新时代 新矛盾 新理念 新路径——兼论如何构建人与自然和谐共生的现代化［J］．福建论坛（人文社会科学版），2019（7）：12.

⑥ 郑志国．论人与自然和谐共生的现代化生产力［J］．华南师范大学学报（社会科学版），2018（9）：119.

⑦ 张苏强．人与自然和谐共生现代化建设的生态责任论析［J］．浙江工商大学学报，2019（6）：68.

个方面。建设人与自然和谐共生的现代化，要求将生态化作为整个现代化的总体规定。这不仅意味着生态化是现代化的重要任务和战略目标，而且意味着生态化是现代化的基本原则和重要方向。建设人与自然和谐共生现代化，就是要实现生态化和现代化的交融，实现社会主义生态文明建设和社会主义现代化建设的统一。

当前，学界对“人与自然和谐共生的现代化”思想的阐释已较全面和丰富，但仍存在进一步拓展的空间，主要体现在以下两个方面：第一，既有研究侧重分析“人与自然和谐共生的现代化”的思想内涵，但对“人与自然和谐共生”与“现代化”之间的内在关联性研究明显缺乏，“人与自然和谐共生的现代化”的新时代创新意义尚未充分彰显；第二，既有研究虽然认识到生态文明建设是实现人与自然和谐共生现代化的基本途径，但对生态文明在推进现代化建设中的方案、作用及目标等尚需进一步深入探究。有鉴于此，本书着重从生态文明建设与“人与自然和谐共生现代化”的生态意蕴以及中国式现代化之间的内在关联性出发，解读我们党关于“人与自然和谐共生的现代化”重要论述的思想内涵，并重点探讨习近平生态文明思想在推进人与自然和谐共生现代化建设中的指导方略，从而为中国生态文明建设与中国式现代化建设的有机融合提供理论支撑。

二、生态文明的历史演变

人类从动物界独立化出来以后，通过自身的实践活动不仅使自然界深深打上了人类的烙印，而且使自然界出现了人化过程。这两者内在的统一就是我们所说的人类文明发展过程，其中，生态文明作为人类文明的重要组成部分，伴随着人类文明发展的全过程。回顾人类生态文明演化的历史足迹，有助于我们深刻把握现代生态文明是社会文明发展的历史必然性，有助于我们了解现代生态文明是社会文明进步的产物，有助于我们自觉树立现代生态文明观念，有助于我们建设人与自然和谐共生现代化，有助于我们推进美丽中国目标的实现。通俗来讲，在人类社会发展的过程中，即自然界人化过程的不同阶段，产生了不同类型的人类生态文明。从纵向的生态文明发展水平来看，人类生态文明的演变经历了由低级向高级、由简单向复杂的曲折的进化过程，先后经历了原始生态文明、农业生态文明、工业生态文明及现代生态文明等发展阶段，不同发展阶段所呈现的人类文明特点是截然不同的。

（一）原始生态文明时代人类对自然的过分依赖与畏惧

人类自起源开始经历了上万年的原始社会阶段。这一阶段，由于生产力发展水平极其低下，早期人类只能本能地依赖自然界所提供的物质条件而生活。当时人类以成居的方式聚集在某一个自然资源相对丰富的地区，劳动主要使用简单的石块和木棒等石器工具，依靠采集和渔猎两种基本生产活动，利用自然界提供的现成产品而生活。而“这两种活动都是直接利用自然物作为人的生活资料。采集是人类运用四肢和感官向自然索取现成植物性的食物。渔猎则是人类向自然索取现成的动物性食物，这种活动比采集更为困难复杂，单靠人体自身的器官难以胜任，必须更多地制造和运用体外工具”①。首先是运用作为运动器官延伸的体外工具，维护原始人类自身的生存与发展。同时，原始人自身基于能力低下与简单狭隘的社会关系，无法从自然界中独立出来并与自然力抗衡。“人们对自然界的狭隘关系制约着他们之间的狭隘关系，而他们之间的狭隘关系又制约着他们对自然界的狭隘关系。”② 因此，“原始人的精神生产能力与其物质生产能力同样低下，他们没有文字和用文字记载的历史，其主要的精神活动是原始宗教活动。其表现形式为万物有灵论、巫术、图腾崇拜等，并在此基础上产生了对自然神的崇拜”③。远古时代的图腾崇拜体现了人类在面对自然时的软弱无力和依附顺从以及对自然力的盲目膜拜。“在自然和集体面前显得软弱无力的原始人，把自己跟他的动物祖先，跟自己的图腾等同起来，通过复杂的并经常是备受折磨的仪式，归根到底扩大着他对自然和社会环境的依赖。”④ 正是由于人类还无法真正地从自然界中分离出来，通常把这一阶段的人类文明称为“原始文明”或“渔猎文明”或“原始绿色文明”。

在这一阶段，虽然人类对于生态文明的概念与意识尚未提出和形成，但已经初步具备了生态文明的雏形。一是发明了取火和养火。我国古籍中记载：“上古之世……民食果、蚌、蛤，腥臊恶臭而伤害腹胃，民多疾病。有圣人作，钻燧取火以化腥臊，而民悦之，使王天下，号之曰燧人氏。”⑤ 恩格斯指出：“摩擦生火第一次使人支配了一种自然力，从而最终把人同动物界分开。”⑥ 二是创造了简单的语言文字。在原始社会后期，随着生产生活的发展丰富以及人与人之间交往的日趋频繁，口头语言已不能满足人类的需要，这样就逐渐产生了记

---

① 李祖扬，邢子政．从原始文明到生态文明——关于人与自然关系的回顾和反思［J］．南开学报（社会科学版）1999（3）：37-44.

② 马克思恩格斯全集：第3卷［M］．北京：人民出版社，1960：35.

③ 李祖扬，邢子政．从原始文明到生态文明——关于人与自然关系的回顾和反思［J］．南开学报（社会科学版）1999（3）：37-44.

④ 泰纳谢．文化与宗教［M］．北京：中国社会科学出版社，1984：15.

⑤ 张岱年．中国哲学大纲［M］．北京：中国社会科学出版社，1982：173.

⑥ 恩格斯．反杜林论［M］．北京：人民出版社，1970：112.

录语言的符号和文字。文字的产生，扩大了语言在时间和空间上的交际，促进了人类文明的发展。三是产生了原始宗教活动。原始宗教活动表现形式为万物有灵论、巫术、图腾崇拜等，以及对自然的崇拜。人类从自然界中分化出来，并非人类有意识的自觉行为，而是由于不可抗拒的自然力量。因此，当人与自然的关系问题出现在人类面前时，他们并没有将自身与自然对立看待。恩格斯指出："在原始人看来，自然力是某种异己的、神秘的、超越一切的东西。在所有文明民族所经历的一定阶段上，他们都用人格化的方法来同化自然力。正是这种人格化的欲望，到处创造了许多神。"① "原始人在自然界之外构想了一个超自然世界，认为自然界的秩序来自超自然力量的支配和安排，许多自然事物和现象，如日月星辰、风雨雷电、山河土地、凶禽猛兽等，均为超自然神灵的体现。"② 这种原始宗教活动表明，人类已经意识到自然界对人类生活有重要意义，并初步认识到自然界的价值。由此可以看出，在原始生态文明阶段，人类在处理与自然的关系时处于直观的、素朴的、自然的、原始的混沌状态，人类将自然神化，顶礼膜拜、感恩、祈求、恐惧混为一体，完全是一种依赖关系。因此，马克思在谈到古代人类和自然界的关系时，指出"自然界起初是作为一种完全异己的、有无限威力和不可制服的力量与人们对立的，人们同自然界的关系完全像动物同自然界的关系一样，人们就像动物一样慑服于自然界。因而，这是对自然界的一种纯粹动物式的意识。"③ 可以说，这一时期人类无法抵御各种自然力的肆虐，慑服于自然威力之下，是自然的"奴隶"。

在原始生态文明时代，尽管人类对自然界的认识和改造作用是极为有限的，但随着人类适应自然环境能力的不断增强，还是不自觉地在某种程度上对自然界造成了影响和破坏，如限于自身活动范围内的过度采集和对同一种狩猎对象的过度捕杀，破坏了人类自身的食物来源，也使得人们的生存受到了一定的威胁。为了解决自身生存与发展所面临的现实性困境，人类一方面通过频繁的迁徙来寻求新的食物来源，另一方面凭借自身的实践经验，尝试改进原有的生产生活方式，逐步形成了新的生产方式和生活方式。例如：在长期采集的过程中发现植物的再生现象，从而通过自己尝试种植这些植物；把自己狩猎来的暂时吃不完的动物圈养起来，逐渐形成了养殖业。随着人类普遍掌握的这些生产和生活技术，极大地增强了人类对自然资源的利用能力，实现了人类历史上第一

---

① 马克思恩格斯全集：第 20 卷［M］. 北京：人民出版社，1971：672.

② 李祖扬，邢子政. 从原始文明到生态文明——关于人与自然关系的回顾和反思［J］. 南开学报（社会科学版），1999（3）：37-44.

③ 马克思恩格斯选集：第 1 卷［M］. 北京：人民出版社，1995：81-82.

次生态文明的转型——从原始生态文明到农业生态文明。

（二）农业生态文明时代人类对自然的初步认识与开发

人类生态文明在距今大约一万年前实现了第一次转型与发展，由原始生态文明发展到农业生态文明。人类进入农业生态文明时代的标志是农业生产方式的出现，即原始农业和畜牧业的产生。农业生产方式的出现，变革了人类自身获得食物的方式，即从食物的采集者转变为食物的生产者，人类不再单纯依赖现成食物，而是通过创造条件，把自己所需要的植物和动物种植或圈养驯化，让植物和动物得以生存和繁衍，改变其属性和习性，进而成为人类获取食物的稳定和主要来源，从而也改善了人与自然的关系。同时，人类对自然力的利用也开始扩大到若干可再生能源，如畜力、风力、水力等，加上各种金属工具的使用，大大增强了改造自然的能力，自然界的人化过程得到更进一步发展。

在农业生态文明时代，以农耕和畜牧为主的农业创造了包括两河流域的巴比伦文明、印度河流域的哈拉巴文明、中美洲的玛雅文明、黄河流域的中华文明，以及古埃及文明和古希腊文明等人类光辉灿烂的古代文明。表现在生态文明方面：一是对自然界的认识大大提高，人与自然的关系由过去对自然的崇拜转变为对自然的依赖。因为农业生产，人们不仅要了解农作物的生长、生产情况，还需要通过对自然现象长期观察和经验总结，了解天文、地理等各方面的知识。对这些方面的不断探索和总结，极大地提高了人类的文明程度。二是出现了社会分工。农业生产方式的兴起，开创了人类以自然力进行粮食生产，开发利用自然资源，获取生存与生活资料的新时代。不仅使人类生产劳动能力得到大大提高，使社会生产第一次出现剩余劳动成果，而且促使人类社会出现了体力与脑力的分工，有了专门的智力劳动者，大大提高了精神生产能力。三是形成了朴素的生态文明观念。在农牧业生产中，由于人类同大自然保持着直接的接触，人们意识到只有依赖自然才能获得生存，所以古代农业文明容易形成尊重自然规律、人和自然和谐共处的思想。中国许多古籍都有阐述保护自然资源和生态环境的重要性记载。如《六韬虎韬》的“神农之禁”中说：“春夏之所生，不伤不害。谨修地理，以成万物。无夺民之所利，而农顺之时矣。”《逸周书·大聚》言周公闻《禹禁》：“春三月，山林不登斧，以成草木之长；夏六月，川泽不入网罟，以成鱼鳖之长。”① 孟子指出：“不违农时，谷不可胜食也。数罟不入池，鱼鳖不可胜食也。斧斤以时入山林，材木不可胜用也。谷与鱼鳖不可胜食，材木不可胜用，是使民养生丧死无憾也。养生丧死无憾，王道之始

① 张岱年．中国哲学大纲［M］．北京：中国社会科学出版社，1982：475.

也。”（《孟子·梁惠王上》）荀子也说：“怪王之制也草木荣华滋硕之时，则斧斤不入山林，不夭其生，不绝其长也。尾矍、鱼鳖、鱼酋孕别之时，网署毒药不入泽，不夭其生，不绝其长也。春耕、夏耘、秋收、冬藏四者不失时，故五谷不绝而百姓有余食也。池、渊沼、川泽，谨其时禁，故鱼鳖优多而百姓有余用也。斩伐养长不失其时，故山林不童而百姓有余材也。”（《荀子·王制》）在这种生态意识影响下，我国自周朝起几乎历代都制定保护自然资源和生态环境的制度和法令，对维护自然环境起到了积极作用。四是初步对人与自然关系进行哲学上的探讨与思考。随着古代自然科学的产生和发展，人类征服自然的力量与能力也不断提高，人们开始从自然本身去说明自然，用物质性的实体去表达万物统一的根源。从最早的哲学家泰勒斯提出“水是万物的始基”命题，到作为自然哲学终结者的德漠克利特提出“原子”学说，都遵循着用自然本身来说明自然的思想轨迹。可以说，古希腊自然哲学思潮的兴起，把人从用超自然原因解释自然的神秘主义造成的恐惧中解脱出来，使人对自然的认识由感性直观上升到理性思辨的高度，表明人们已意识到人在自然中应有的地位，开始对人与自然关系进行哲学上的探讨与思考。

在农业生态文明时代，人类和自然处于初级平衡状态，人类生态文明尚属于人类对自然认识和变革的幼稚阶段。“尽管农业文明在相当程度上保持了自然界的生态平衡，但这只是一种在落后的经济水平上的生态平衡，是和人类能动性发挥不足与对自然开发能力单薄相联系的生态平衡，因而不是人们应当赞美和追求的理想境界。”① 这一时期人们改造自然的能力仍然有限，力求顺从自然、适应自然，所以仍然肯定自然对人的主宰作用。“这样的耕种方式，使被遗弃的土地得到休养生息，植被可以恢复，叶落归根，使休生地再度肥沃起来，土地不会遭到根本的破坏。加之当时人口稀少，因此可以说刀耕火种的粗放农业技术是一种没有超过自然力负荷的不带掠夺方式的生产方式。”② 从总体上看，农业生态文明尚属于人类对自然认识和变革的幼稚阶段，即“靠天吃饭”，也可以通俗地说是“面朝黄土，背朝天”，故誉为“黄色文明”阶段。

但是，农业生态文明时代，为了发展农业和畜牧业，人们通常采用砍伐和焚烧森林的方式来开垦土地和草原，把焚烧山林的草木灰作为肥料。这样耕种过分使用土地，若干年之后，天然肥力用尽，收成下降，人们就要被迫弃耕、

---

① 李红卫．生态文明——人类文明发展的必由之路［J］．社会主义研究，2004（6）：114-116.

② 章海荣．生态伦理与生态美学［M］．上海：复旦大学出版社，2005：50.

迁徙。这种不断地砍伐、焚烧、开垦，会导致千里沃野变为山穷水尽的荒凉之地。对此，恩格斯指出："我们不要过分陶醉于我们对自然界的胜利。对于每一次这样的胜利，自然界都对我们进行报复。每一次胜利，起初确实取得了我们预期的结果，但是往后和再往后却发生完全不同的、出乎预料的影响，常常把最初的结果又消除了。美索不达米亚、希腊、小亚细亚以及其他各地的居民，为了得到耕地，毁灭了森林，但是他们做梦也想不到，这些地方今天竟因此而成为不毛之地，因为他们使这些地方失去了森林，也就失去了水分的积聚中心和贮藏库。"① 有的学者在研究这种现象时认为，"文明之所以会在孕育了这些文明的故乡衰落，主要是由于人们糟蹋或者毁坏了帮助人类发展文明的环境"②。因此，农业生态文明时期，存在的最严重问题就是森林植被破坏以及随后导致的土地破坏，人类对部分地区自然环境的破坏是巨大的。而环境迅速恶化是造成一些人类文明衰落的一个重要原因。由于人类对自然的过度索取，农业生态文明尽显穷途日暮。

（三）工业生态文明时代人类对自然的依赖扭曲与矛盾

随着人类社会的不断向前发展，当历史的指针指向18世纪60年代时，以英国纺纱机和蒸汽机的运用为标志的资本主义生产方式的产生，人类生态文明开始从农业生态文明发展到工业生态文明，这是人类生态文明发展史第二次重大转型。

工业生态文明是人类主要依靠和运用科学技术，以控制和改造自然取得空前发展的人类文明时代。近代工业生产方式同古代农牧业生产方式的重要区别就在于广泛采用机器生产。马克思和恩格斯在《共产党宣言》中这样描述，"蒸汽机和机器引起了工业生产的革命。现代大工业代替了工场手工业；工业中的百万富翁，一支一支产业大军的首领，现代资产者，代替了工业的中间等级"③"自然力的征服、机器的采用、化学在工业和农业中的应用、轮船的行驶、铁路的通行、电报的使用、整个大陆的开垦、河川的通航，仿佛用法术从地下呼唤出来的大量人口——过去哪一个世纪料想到在社会劳动里蕴藏有这样的生产力呢?"④，并就其创造的巨大物质财富给予高度评价："资产阶级在它的不到一百年的阶级统治中所创造的生产力，比过去一切世代创造的全部生产力还要多，

---

① 马克思恩格斯选集：第4卷［M］. 北京：人民出版社，2012：383.
② 卡特，等. 表土与人类文明［M］. 北京：中国环境科学出版社，1987：5.
③ 马克思恩格斯选集：第1卷［M］. 北京：人民出版社，2012：273.
④ 马克思恩格斯选集：第1卷［M］. 北京：人民出版社，2012：277.

还要大。"① 人类在只有400年左右的工业文明时代内，确实取得了巨大成就，远远超过了过去一切世代的总和。②

工业生态文明时代，人类在创造极大物质财富的同时，也把人类生态文明发展到了一个新的阶段。一是工业生态文明的出现使人类和自然的关系发生了根本性改变。在农业生态文明时代，由于生产力发展水平比较低，尽管农业生产也尽可能地采用了科学技术，但一般来说，农业生产方式只是引起自然界自身的变化，它的产品是在自然状态下出现的生物体，因此人们力求顺从自然、适应自然。而在工业生态文明时代，由于广泛采用先进的生产技术，工业生产的结果产生了自然界依靠自身能力不可能产生的人工制成品。同时，人类利用现代科学技术，极大地提高了人类认识自然和改变自然的能力，使人类的活动范围扩张到地球的各个角落，并且不再局限于地球的表层，已深入到地球的内部以及拓展到外层空间，使人化自然得到了前所未有的拓展。这表明，工业文明的出现使人类和自然的关系发生了根本的改变。人类对自然界展开了无节制的开发、掠夺与挥霍，自然界成了人类征服的对象，人类成为主宰和统治地球的唯一物种。因此，"人们就认为自己是自然的征服者，人和自然只是利用和被利用的关系"③。二是人类精神生产力作用显现。随着人类社会物质财富的日益丰富，人们的思想文化生活也日益丰富多彩，西方各种思想快速发展，在不断满足人民日益增长的文化需要的同时，极大地丰富和完善了人与自然的关系，推动人们的思想观念发生深刻的变革。与此同时，世界人口迅速增长，人类社会进入更加繁荣文明的时期。

然而，工业生态文明阶段，人类与自然的矛盾尖锐对立，大自然向人类敲响了警钟，出现了一系列生态危机事件，并且严重地威胁着人类自身的生存。现代人在改造自然界的实践活动中，任意地把废气、废水、废物排放给自然界，根本不顾及生态环境自身的净化能力，结果导致淡水资源严重短缺、资源枯竭、森林锐减、草场退化、土地侵蚀和荒漠化，人类任意地掠夺自然、榨取自然，根本不去考虑自然资源的有限性和再生能力，必然导致全球性的大气严重污染、温室效应、臭氧层变薄、酸雨污染等环境污染日益加剧。美国著名社会学家、未来学家阿尔温·托夫勒认为："可以毫不夸张地说，从来没有任何一个文明，

---

① 马克思恩格斯选集：第1卷［M］．北京：人民出版社，2012：277.

② 李祖扬，邢子政．从原始文明到生态文明——关于人与自然关系的回顾和反思［J］．南开学报（社会科学版），1999（3）：37-44.

③ 李红卫．生态文明——人类文明发展的必由之路［J］．社会主义研究，2004（6）：114-116.

能够创造出这种手段，能够不仅摧毁一个城市，而且可以毁灭整个地球。从来没有整个海洋面临中毒的问题。由于人类贪婪或疏忽，整个空间可能突然一夜之间从地球上消失。从未有开采矿山如此凶猛，挖得大地满目疮痍。从未有过让头发喷雾剂使臭氧层消耗殆尽，还有热污染造成对全球气候的威胁。"① 托夫勒的描述使人类认识到，如果我们无视自然的承受能力来谋求人类自身的发展，那么就必然导致日益严峻的全球性生态环境问题。而且，这是工业生态文明自身无法解决的一个矛盾。工业生态文明的时代已经走到了尽头，人类再也不能继续按照这条道路走下去了。

总之，从历史发展的角度看，发展现代生态文明，是不同的文明形态的兴衰替代序列发展的必然趋势。

三、现代生态文明中的人与自然和谐关系

现代生态文明转型的历史使命之一就是消除工业生态文明中人类对自然界的不公正、不友好的对立行为，抛弃那种只注重经济效益而不顾人类自身生态需求和自然界进化的工业文明发展模式。正确处理人与自然的关系，将人类的长久生存建立在与自然和谐发展的基础上，实现人类的全面发展以及人与自然的和谐发展，从而树立起人与自然和谐统一的整体观念。也就是说，现代生态文明要强调人与社会、经济、自然协调发展和整体生态化，真正采用可持续生态发展模式，使人类的生产和生活愈来愈融入自然界物质大循环中，真正实现人与自然共同发展的和谐状态。

（一）现代生态文明的标志

纵观世界范畴，文明不是一朝一夕形成的，它是一个历史的产物，是人类智慧与创造财富的结晶。也就是说，文明是人类社会实践活动中进步、合理成分的积淀，文明的发展水平标志着人类社会生存方式的发展变化。现代生态文明作为对传统工业文明的"扬弃"，是立足现在看未来，是我们对于人类社会未来发展的理想状态，它并不排斥现代化工业文明所创造的科技和工业成果，甚至需要依靠这些成果来实现其生态性，即生态系统的生态价值、经济价值和精神价值的统一。现代生态文明的本质就是人们通过实践活动在实现人化自然的过程中，所形成的既有利于人自身的生存与发展，又有利于自然进化发展的生态环境成果。

判断人类社会是否进入生态文明时代，关键就是要找到进入这一时代的一

---

① 托夫勒．第三次浪潮［M］．黄明坚，译．北京：中信出版社，2018：160-195.

些显著标志。本书认为，现代生态文明的标志，应当从自然良性循环的应然状态、正在建设中标准状态和未来发展的目标状态等三个方面来判断。否则，研究现代生态标志就有可能陷入片面，从而导致生态文明建设流于形式。首先，现代生态文明的标志是恢复自然应有的活力和能力。现代生态文明的标志有许多种，从人类自身的要求或可控性上看，主要有两大标志：一是恢复自然的生物多样性。根据1992年在巴西里约热内卢签署的《生物多样性公约》，生物多样性“是指所有来源的形形色色的生物体，这些来源包括陆地、海洋和其他水生生态系统及其所构成的生态综合体，它包括物种内部、物种之间和生态系统的多样性”①。二是自然环境的人口承载量。大多数学者认为，人口的激增是导致生态危机的主要因素之一，人类自身的生产要与经济社会的发展相适应，与环境的承载相协调。如果人类自身的繁殖能力超过了自然的负荷，那么不仅对自然来说是一种负担，对人类自身来说也是一个包袱，会严重制约人类自身素质的提高。同时，在一定条件下还将祸及自身。对世界人口的社会控制是衡量现代生态文明的标准之一。为此，1974年的联合国世界人口与发展大会，呼吁控制人口增长并向人口的零增长努力。其次，是现代社会提出的、被绝大多数国家和地区接受和认可的标志。这个标志是人类通过反思，基于环境问题已成为威胁人类生存问题而达成的共识。1972年联合国在斯德哥尔摩召开的人类环境会议提出，“现在已达到历史上这样一个时刻：我们在决定世界各地的行动的时候，必须更加审慎地考虑他们对环境产生的后果。由于无知或不关心，我们可能给我们的生活和幸福所依靠的地球环境造成巨大的无法挽回的损害。反之，有了比较充分的知识和采取比较明智的行动，我们就可能使我们自己和我们的后代在一个比较符合人类需要和希望的环境中过着较好的生活”②。以此为标志，绿色运动越来越成为国际性的强大浪潮。“在生态运动的强大压力下，环境问题成为社会中心问题，促使社会政治从只处理人与人之间的社会关系，发展到也处理人与自然的生态关系，环境问题进入政治结构，使政治开始带有生态保护的色彩。”③ 世界各国之间的生态外交活动越来越频繁，一系列国际环保协议被签订，同时世界各国保护环境的环保联盟正在取代军事联盟，这也是冷战结束以后全球政治生活出现的一个明显的转变。最后，是未来人类社会发展应达到的目标标准。一是联合国环境与发展委员会在1987年发布的研究报告《我

---

① 万以诚，等．新文明的路标［M］．吉林：吉林人民出版社，2000：283.
② 余谋吕．当代社会与环境科学［M］．辽宁：辽宁人民出版社，1986：3.
③ 余谋吕．文化新世纪［M］．黑龙江：东北林业大学出版社，1996：92.

们共同的未来》，是人类建构生态文明的纲领性文件。总结并统一了人们在环境与发展问题上所取得的认识成果，使它们构成了一个具有内在逻辑联系的有机整体，从而为人类指出了一条摆脱目前困境的有效途径。该报告首次提出“可持续发展是既满足当代人的需要，又不对后代人满足其需要的能力构成危害的发展”①。这是一个包容性极强的概念。二是联合国召开的两次关于环境与发展的首脑会议所制定的议程。1992年6月，联合国在巴西里约热内卢召开的环境与发展首脑大会，把“可持续发展思想”由理论变成各国人民的行动纲领和行动计划，制定了实现可持续发展的《二十一世纪议程》及《联合国气候变化框架公约》，这不仅使可持续发展思想在全球范围内得到了最广泛和最高级别的承诺，而且还为生态文明社会的建设提供了重要的制度保障。2002年，联合国在南非的约翰内斯堡又举行了可持续发展的世界首脑会议，进一步要求各国采取具体步骤，更好地完成《世纪议程》中的指标，可以说这两次联合国关于环境与发展的首脑会议是人类建构生态文明的重要里程碑。

（二）现代生态文明的主题

现代生态文明是建立在工业生态文明实践基础上，以可持续发展理论为指导，与工业生态文明相比更进步、更高级的人类生态文明形态。如果说以农业生产为核心的文明是农业生态文明，以工业生产为核心的文明是工业生态文明，那么现代生态文明作为一种更高级形态的文明，则必须摆脱以实业为标志来界定的全新的文明形态。也就是说，不能简单地认为以生态产业为主要特征的文明形态就是现代生态文明。当然，以传统工业生态文明为参照物，站在今天人们的认识高度和思维高度，现代生态文明必然要求人类彻底改变工业生态文明时代高消耗、高污染的产业，逐渐形成有利于生态环境、可持续发展的生态农业、生态工业、生态服务业等产业体系。但是，现代生态文明不仅仅是一个经济概念，还是一个政治概念、伦理概念，更重要的是它还是一种社会形态。因此，现代生态文明时代的主题就是建构新体制机制以及更新人们思维观念和伦理规范，正确处理人类生存环境与发展之间的内在关系。

现代生态文明是对农业生态文明和工业生态文明的“扬弃”，仿佛是对原始生态文明的“回归”。人与自然和谐发展是现代生态文明的核心。与以往的农业生态文明、工业生态文明一样，现代生态文明无疑也主张在改造自然的过程中发展社会生产力，不断提高人们的物质生活水平，不断丰富人们的精神文化生

① 世界环境与发展委员会．我们共同的未来［M］．王之佳，等译．吉林：吉林人民出版社，1997：52.

活，提高人们的生活质量。它们之间的区别在于现代生态文明表现出强烈的亲生态性，强调尊重和保护自然环境，强调人类在改造自然的同时必须尊重和爱护自然，而不能随心所欲、盲目蛮干、为所欲为，具体表现在以下三方面。一是与农业生态文明有本质的区别。农业生态文明尽管也有亲生态性，但农业生态文明表现出的亲生态性完全出于自发的意识，是在人类无法完全认识自然，没有能力摆脱对自然依赖的情形下，表现出的一种低级的没有生态科学依据的亲生态性。而现代生态文明的亲生态性是以生态科学为依据，建立在已有的科技和工业成果的基础之上，表现出一种自觉的高级的亲生态性。因此，生态文明不是对农业文明的简单回归和再现，而是基于生态科学和生态价值观，对农业文明的“扬弃”。二是与工业生态文明既有联系又有区别。从联系上看，现代生态文明是在反思工业生态文明的基础上呈现的更高的社会文明形态，它是建设在工业生态文明基础上的，而不是要从根本上抛弃工业生态文明。也就是说，它不割断生态文明发展的历史，而是在以往生态文明的基础上继续向前发展。从二者的区别看，现代生态文明是要树立把精神和物质、价值和事实、主体与客体、人类与自然重新统一起来，实现精神与物质的并重和平衡结合，价值与事实的相对应和有机关联，主体与客体的相对区分和相互和谐，人类与自然的和谐共生的生态价值观念，要在遵循客观生态规律的基础上发展发达的科技和产业体系，创造丰富的物质财富。现代生态文明批判对物质世界简单化标准化的认识，强调生态的多样性和其价值的多重实现，同时改变“大量生产—大量消费—大量废弃”的生产活动方式，形成遵循生态规律的生产生活方式。三是现代生态文明仿佛要“回归”原始生态文明，而实质上不是要回归到原始自然。人类生产生活要建立在高度发达的基础上，人们的价值观不是对自然的威力束手无策、畏惧胆怯，而是人类在不断认识自然、适应自然的过程中，不断修正自己的错误，改善与自然的关系，定位和认清自己在自然界中的位置，强调人与自然环境的相互依存、相互促进、共处共融，在把握和运用自然规律的基础上形成人与自然和谐相处，即一方面是要实现人的全面发展，另一方面则是要完善自然本身。

（三）现代生态文明的主要特征

现代生态文明是人类社会继原始生态文明、农业生态文明、工业生态文明之后进行的一次新选择，涉及生产方式、生活方式和价值观念的变革，是不可逆转的发展潮流，是人类文明形态和文明发展理念的重大进步。当前，人类逐步迈开了由工业文明向生态文明转型的步伐，开始进入由工业文明向生态文明转型的过渡期。认识和分析现代生态文明的主要特征，加深对生态文明的理解，对于在过渡期内顺利实现现代生态文明所要求的目标，使人类文明朝着生态文明的方向更好更快发展具有重要意义。

1. 现代生态文明的人本性与和谐性

文明反映着人类与自然的矛盾，只要文明存在一天，这对矛盾也就必然存在，这对矛盾既可以处于相对和谐的状态，也可以处于对抗冲突状态。为了求得这对矛盾的相对和谐，人类只有不断推进文明向前发展。从这个角度讲，文明的发展就是人类生态系统的发展。发展到今天，现代生态文明在反思以往文明的基础上，所要解决的根本问题就是在更高境界上处理人类与自然的矛盾问题。首先是要树立以人为本的生态文明思想。处理人类与自然的矛盾的主体是人类，是人类对自然的态度，主动权掌握在人类手中，根本目的是实现人的全面而自由发展。以人为本的生态文明思想是一种以人为主体和中心的生态文明发展观。它确立的是人与自然辩证统一、和谐相处的理念，追求的是自然、经济、社会的全面、协调和可持续发展，要解决的是人类无限发展的需求和自然资源有限性这样一对基本矛盾。它的着眼点是人类对自然的呵护，需要在发展中不断提高人的素质和发挥人的才能，其最终目的是人类的生存与发展，改善和提高全人类的生存环境和生活质量，即人的多方面需要的良好满足和人的全面发展。现代生态文明是社会和谐和自然和谐相统一的文明，是人与自然、人与人、人与社会和谐共生的文化伦理形态，是人类遵循人、自然、社会和谐发展这一客观规律而取得的物质与精神成果，生态的稳定与和谐是自然环境的福祉，更是人类自己的福祉。其次是要树立生态文明价值观。和谐性是生态文明的本质特点，生态文明追求的是人与自然之间生态关系的和谐。其核心思想是人与自然之间生态关系的和谐同人与人之间社会关系的和谐是互为中介、相辅相成的，人与人之间社会关系的和谐是人与自然之间生态关系的和谐之基础和前提。换言之，人与自然之间生态关系的和谐归根结底取决于人与人之间社会关系的和谐。为此，要树立以人与自然和谐发展为目标，通过人的解放和自然解放，实现人与自然的生态和解，以及人与人的社会和解，建设人与自然和谐发展的社会的生态文明价值观。确立以辩证思维来思考人与自然之间的辩证关系，以人与自然的和谐为核心价值的新思维方式。培养适度消费、绿色消费和科学消费的科学、文明、健康的消费方式。树立注重精神价值，追求精神的愉悦和心灵的感悟，充满着对自然的尊敬，对生命的热爱，对人与自然和谐的守望与期盼的幸福观。

2. 现代生态文明的整体性与可持续性

现代生态文明是立足于系统整体的全面的社会形态。自然、经济、社会三者是一个不可分割的系统整体，不论是经济、政治，还是科技、生活方式，都为可持续发展提供了有力的理论支持和方向引导。生态文明的对象是整个地球生态系统，不论是眼前的利益还是长远的利益，不论是局部利益还是整体利益，都必须立足于对自然的保护，把经济发展、精神文化的繁荣和社会的进步与生态环境保护结合起来，在整体发展中正确处理眼前利益与长远利益、局部利益与整体利益的关系。将科学技术进步与人类伦理结合起来，从人类社会发展和整个自然的角度，正确发挥科学技术在推动人类社会发展上的作用，在保护环境与实现经济社会和生态环境可持续发展的同时，推进人与自然和谐共处、良性发展。同时，科学技术的进步、科技伦理的形成也将潜移默化地影响人们的思维方式和生活习惯，使其形成与现代生态文明发展相协调、和谐发展的思维方式和生活习惯，从而推动现代生态文明的发展进程。

现代生态文明观是一种全面的发展观。现代生态文明始终把人类社会系统的整体性最优化作为发展的最高目标。它所关心的不是人类局部的、暂时的利益，而是人类社会系统的整体的长远利益，包括人类社会发展的政治、经济、文化等诸多方面，涉及人与自然、人与社会、人与人，以及个人自身的和谐统一。同时，现代生态文明不仅关注空间维度的代内公平，而且关注时间维度上的代际公平，并以关注下一代为重点。

现代生态文明以整体人类社会与生态系统的关系为中心，以自然、社会、经济复合系统为对象，以各个系统相互协调共生为基础，以生态系统承载力为依据，以人类持续发展为总目标。因此，可持续性是现代生态文明的重要特点。从目的上看，发展是为了满足人们的需要，而且这种需要不仅仅是物质需要，还包括各个民族的价值及社会、文化和精神需要等。发展是整体的、综合的与内生的，经济只是发展的手段。这就要求人类活动必须限制在自然可承载能力的范围之内，人类要保护好生态系统的再生能力，使整个生态系统始终处于一种良性的循环发展过程中。

3. 现代生态文明的基础性与文化性

生态文明关系着人类的繁衍生息，是人类赖以生存发展的基础。它同社会主义物质文明、政治文明、精神文明一起，关系着人民的根本利益，关系着巩固中国共产党执政的社会基础和实现中国共产党执政的历史任务，关系着全面建设社会主义现代化国家的全局，关系着事业的兴旺发达和国家的长治久安。作为对工业文明的超越，生态文明代表了一种更为高级的人类文明形态，代表了一种更为美好的社会和谐理想。生态文明应该成为社会主义文明体系的基础、人民享受幸福的基本条件。

作为人类社会进步的必然要求，建设生态文明功在当代、利在千秋。只有追求生态文明，才能使人口环境与社会生产力发展相适应，使经济建设与资源、环境相协调，实现良性循环，保证一代一代永续发展。

生态文明的文化性是指一切文化活动包括指导我们进行生态环境创造的一切思想、方法、组织、规划等意识和行为都必须符合生态文明建设的要求。培育和发展生态文化是生态文明建设的重要内容。应该围绕发展先进文化，加强生态文化理论研究，大力推进生态文化建设，大力弘扬人与自然和谐相处的价值观，形成尊重自然、热爱自然、善待自然的良好文化氛围，建立有利于环境保护、生态发展的文化体系，充分发挥文化对人们潜移默化的影响作用。

第二章　现代化进程中生态危机的衍生

生态危机是整个自然生态系统的危机，它是在世界现代化的历史进程中出现的。现代化一词来源于“现代”。马克思、恩格斯虽然没有提出现代化的概念，但是他们对现代的理解非常深刻。马克思、恩格斯把他们生活的19世纪称为“现代”，他们划分不同时代的根据是生产方式的变化，他们认为资本主义大工业生产方式是划分前现代和现代的依据。在马克思、恩格斯看来，16世纪大工业的兴起促进了资本主义生产方式的形成，在科学技术的作用下，这种大工业的社会化生产方式创造的生产力比过去世代创造的生产力总和还要多还要大；由于市场的形成，改变了以前各个国家闭关自守的状态，通过贸易往来和市场交易，形成了世界历史。马克思认为资本主义工业生产方式的兴起是现代社会建立的标志，也可以说，马克思认为“现代”就是资本主义时代。随着工业革命和科学技术的发展，资本主义生产方式不断扩张，人类由传统农业社会进入现代工业社会，这就是现代化的过程。工业文明的全球扩张，极大地改善了人类的生产条件，极大地丰富了人类的物质文化生活，但也使人类的可持续发展面临种种新的问题，出现了全球性的危机。诸如贫富分化问题、核武器的威胁、有毒化学物质的危害、全球环境恶化等，其中，生态危机作为全球危机的重要方面，同样也是现代社会发展的负面效应。

研究生态危机在现代化进程中的演变历程，就要了解自然生态系统的特点，了解生态学基本知识。早在1866年，德国生物学家恩斯特·海克尔在其出版的《生物体普通形态学》一书中首次提出了“生态学”的概念，“我们把生态学理解为关于有机体和周围环境的全部科学，进一步可以把全部生存条件考虑在内”①，认为生态学是研究物体与其周围环境（包括非生物环境和生物环境）相互关系的科学。海克尔建立生态学概念后，在人们熟悉的亨利·戴维·梭罗、

① 徐恒醇．生态美学［M］．西安：陕西人民教育出版社，2000：133.

奥尔多·利奥波德、蕾切尔·卡逊等众多学者的作品影响以及许多科学家的努力下，学者将人文因素纳入生态学的研究领域当中，生态学逐渐成为一门重要的基础学科，大众的生态环境保护意识越来越强。至此，生态学发展到人类生态学阶段。生态学的范围也由此变大，有关全球性、区域性生态引发的人与自然相互作用而产生的问题被定义为人类生态学。人类生态学的产生，对自然生态系统的整体性、复杂性、开放性和自我修复性等自然属性特征的研究，决定了生态危机产生后，对自然生态系统进行整体性修复的困难程度有多大。正如王如松院士指出的，“复合生态系统理论的核心是生态整合，通过结构整合和功能整合，协调三个子系统及其内部组分的关系，使三个子系统的耦合关系和谐有序，实现人类社会、经济与环境间复合生态关系的可持续发展”①。考察现代化进程中的生态文明建设，从一般意义上讲，是以现代社会全球发展总趋势中的生态文明建设为研究对象；从特殊意义或者具体意义上讲，是以中国由传统社会向现代工业社会转变与发展过程中的生态文明建设为研究对象。

一、生态危机是现代化发展的文明困惑

文艺复兴是近代早期思想文化的启蒙运动，在中世纪神学对人类的长期压制后，人类的自我意识开始觉醒。17 至 18 世纪，理性的地位得到进一步的发展，法国唯物论用“自然界的齐一性”否定了上帝，人的理性获得了独立的地位，理性推动了生产力的发展。1816 年德国哲学家黑格尔的《逻辑学》揭示了宇宙的奥秘，1859 年英国学者达尔文出版了《物种起源》，让整个人类开始思考人类对于自身的认知，大量理性文化构建起来。就像恩格斯所说，在当时人们都想建立属于自己的理论体系。

自从人类社会进入农业文明时代以来，文明的发展经常是在矛盾与冲突中进行的，并带来文明发展的悖论。现代文明的成就是史无前例的，现代文明的发展本性使一切国家的文明都有了同质化发展的趋向。但是迄今为止，最先进的现代文明也是在发展的矛盾与冲突中行进的。现代工业文明的确给人们带来了丰富的物质财富和良好的生活条件，但并没有自然而然地提升人的幸福感，也没有带来人与自然的和谐发展。现代科学技术的高速发展的确也给人们提供了增加物质财富和提升物质生活条件的手段，但并没有像人们所期待的那样，同时带来人的自由全面发展，带来人与自然、人与人的和谐统一。在现代社会

---

① 王如松，欧阳志云．社会-经济-自然复合生态系统与可持续发展［J］．中国科学院院刊，2012，27（3）：173-181.

中，所有国家，无论是发达国家还是发展中国家，都面临着“自然环境、社会进步与文化如何和谐发展”这一全球性问题的困扰，其中全球生态危机是最凸显的问题。现代文明社会遭遇生态危机困境，人类必须重新思考自身与自然的关系，直面风险和挑战，寻找机遇，使人类文明走上新的发展道路。

（一）现代自然环境之痛：生态危机的问题凸显

人类要满足自己的需要，必须对自然界进行有目的的改变。在原始社会和农业文明的条件下，受科学技术条件所限，人的本质力量没有得到充分发挥，人们对自然界的改造范围和广度深度也比较有限。英国学者戴维·佩珀认为，“我们今天为破坏所付出的代价，都是因为在资本主义经济中存在一种不可抗拒的力量，在这种力量的驱使下，人类开采资源的时候从来就不考虑在未来人类生产力对资源的影响，只是为了它现在的价值”①。所以，尽管在农业文明时期也出现过局部的环境恶化，甚至造成了诸如古巴比伦文明、古罗马文明的衰落，但是并没有出现过大规模的生态环境问题及风险。随着现代科技革命的发展，机器化大生产逐渐代替了工场手工业，人们进入工业化时期。人类在工业主义和资本主义的相互交织下，在科技革命的创新推动下，对自然的开发利用越来越深入，以至于生产力的运用影响到了全人类的利益，因而对生态环境的破坏越来越严重，形成了一系列的全球问题，环境污染、资源匮乏、粮食危机、生态破坏等，出现了前所未有的全球性生态危机，这些危机直接威胁着全人类，影响着全世界。

1. 环境污染和风险日趋严重

人类进入工业化和市场化为中心的现代社会以来，由于科技革命和人的主观能动性的大大发展，人们对自然的开发利用逐渐超过了环境自身的承载能力，因此导致20世纪出现了大规模的环境污染事件，如20世纪40至50年代在早发现代化国家发生的著名的“八大公害事件”，其中，1930年比利时有毒烟雾事件，1943年美国洛杉矶的光化学烟雾事件，1948年美国宾州多诺拉烟雾事件，1952年英国伦敦毒雾事件等都是由于工业排放、汽车尾气等造成的大气污染事件，给人类社会带来了历史上从未有过的新的疾病和灾难，甚至短期内造成大量人员伤亡，并引发了大规模的环境保护运动。环境保护运动的兴起，使越来越多的人认识到环境问题关乎每个人的切身利益，拥有一个安全的生存环境不

---

① 佩珀．生态社会主义：从深生态学到社会正义［M］．刘颖，译．山东：山东大学出版社，2005：340-341.

仅是幸福的必要条件，而且应该是人们的基本权利。从此，人们有了自觉保护环境的意识。

但是，随着工业化的进一步发展，20 世纪 70 至 80 年代在世界各地又陆续发生了一系列公害事件，其中，最具有代表性的就是美国三英里岛核电站泄漏与乌克兰切尔诺贝利核电站泄漏事件。这些环境污染事件不论从污染的范围与严重性、民众受伤害的程度，还是所造成的财产损失来看，都到了前所未有的程度。尽管如此，上述一系列公害事件相对而言还属于独立的环境污染事件，影响大多还是局限在一定的范围。随着工业化迅速由发达资本主义国家向全世界推广，以及发达国家将污染性企业转移到发展中国家和地区，环境问题也开始由区域性的环境灾难扩张为全球性的环境污染，呈现出范围扩大、难以防范、危害严重的特点。无论是发达国家，还是发展中国家，都面临全球环境风险加重的趋势。

“风险”一般指相对可能的损失、毁坏、危害与灾难的起点，特别强调危险的可能性与不确定性。英国学者安东尼·吉登斯区分了两种风险：一种是外部风险，一种是人为风险。吉登斯认为现代风险一般是指人类活动引起的风险，是我们所有人必须面对的，比如生态灾难和核战争的风险。如果说现代风险更多地表现为“人造风险”，那么现代环境风险则是由人为原因引起的不确定性的事故或灾害，并对生态系统结构和功能造成损害，损害结果的累积将最终波及整个人类、社会与自然环境。它的呈现过程缓慢、潜伏周期长、致害程度大、影响辐射面广。而一旦潜在的环境风险转化为现实压力，便难以防范和破解，从而演化为严峻的生态灾难。

风险社会最大的特点在于风险的高度普遍性。风险无时无刻不存在于人们的日常生活中，尤其是生态风险，全球的每个国家、每个人都可能成为生态风险的受害者，这主要是工业化的全球扩张导致的。风险社会本质上是无阶级差别的社会。全球环境风险所造成的破坏不会针对任何特定人群，而是人类整体。任何人在风险社会下都无法获得补偿。德国学者乌尔里希·贝克指出，“在现代化风险的屋檐下，罪魁祸首与受害者迟早会同一起来”①。在这个意义上，西方发达资本主义国家虽然对第三世界国家采取环境殖民主义，但最终也会承担同样风险。

---

① 贝克．风险社会：新的现代性之路［M］．张文杰，何博闻，译．南京：译林出版社，2004：198.

2. 能源资源危机加深

自然资源是人类生产生活的重要基础资源。现代社会工业化、城市化的快速发展离不开对自然资源的开发利用，但是随着人类对自然资源开发力度和强度的加大，世界性资源危机已经呈现，并日益严峻。

一是淡水资源危机严重。根据2012年发布的第四期《世界水资源发展报告》，地球表面超过70%的面积为海洋所覆盖，淡水资源十分有限，而且在空间上分布非常不均，其中只有2.5%的淡水资源能够使用。① 美国学者彼得·罗杰斯研究指出，“到2025年，全球半数以上的国家将面临巨大的供水压力（淡水供应量无法满足民众日益增长的用水需求），甚至出现供水不足。到21世纪中叶，世界上3/4的人口将面临严重的淡水资源短缺”②。淡水资源不仅贫乏，而且有效利用率低。由于受地质条件和技术难题的限制，到目前为止，比较容易开发利用的淡水只占淡水总储量的0.34%，其他如深层地下水、海水和冰雪固态水等很难被人们直接利用。此外，淡水污染也非常严重。发展中国家至少3/4的农村人口和1/5的城市人口常年不能获得安全卫生的饮用水。③ 每年约有350万人的死因与供水不足和卫生状况不佳有关，这主要发生在发展中国家。④ 与水有关的灾害占所有自然灾害的90%，而且这些灾害的发生频率和强度呈上升趋势，对人类经济发展造成严重影响。对人类而言，淡水资源是一种不可替代的非常重要的资源。淡水危机将会产生严重的社会后果，不仅会使人受淡水资源缺乏的痛苦，而且还会直接威胁人的身体健康甚至生存。此外，淡水的缺乏还会引发和加剧地区冲突。⑤

二是能源危机非常严重。工业革命以来，世界经济迅猛发展，人们生活质量在不断提高的同时，人类对化石能源，如煤炭、石油、天然气等的需求和消耗日益增多。比如，2000年工业产品较20世纪初增加了50倍，全球石油消耗量比1900年增加了30倍。化石能源的一大缺陷就是，开采使用之后会减少且不

---

① 第四期《世界水资源发展报告》发布［EB/OL］.（2012-03-13）. 新华网 . http：//news. xinhuanet. com/energy/2012-03/13/c_ 122828879. htm.

② 环球科学：决战淡水危机［EB/OL］.（2008-09-16）. 人民网科技论坛 . http：//news. xinhuanet. com/tech/2008-09/16/content_ 10052474. htm.

③ 信息革命与当代10大生态危机［EB/OL］.（2013-06-24）. 国家林业局网 . http：//www. eedu. org. cn/Article/es/esbase/resource/201306/86056. htm.

④ 世界水资源现状［EB/OL］.（2012-03-13）. 新华网 . http：//news. xinhuanet. com/world/2012-03/13/c_ 111646253. htm.

⑤ 严耕，杨志华 . 生态文明的理论与系统建构［M］. 北京：中央编译出版社，2009：7.

可再生。当前全球主要化石能源——煤炭、石油、天然气在2050年前将被罄尽的看法已被公认，全球能源危机日益加剧。1820年之后的100年，以煤炭为主要能源的国家都面临着煤炭资源逐渐枯竭的现实。① 世界上煤的资源尚能满足100至200年的需求，但其低碳排放的清洁利用技术还需花力气开发。② 按目前的消费速度，地球上的石油只能够使用50年左右，煤炭也只能使用80年到100年，原子能大概能使用60年到70年。而且，在能源消耗的过程中，能源价格将越来越高，因能源而引发的战争将越来越频繁。当前可利用的能源，除化石能源外还有水力、风能、核能、页岩气、潮汐能等。但是，许多能源利用起来不仅成本高且受多方面限制。比如，太阳能是清洁能源，但由于太阳能电池价格高、效率低且占地面积大，因而难以大量开发利用。风能也是如此，受气候、地域和投资限制。可见，全球面临的能源危机形势是非常严峻的。

除上述提到的水资源及化石能源危机外，还包括粮食危机、耕地减少等各种资源问题，都严重影响着我们的经济社会发展，因为自然资源事关每个国家的经济社会持续健康发展，尤其是当前愈演愈烈的能源危机也易造成严重恶果：一方面，能源匮乏会成为经济社会进一步发展的瓶颈。能源是国民经济的发动机，缺乏能源就如无米之炊，不仅会使我们陷入生存困境，还会严重影响国民经济众多部门的健康正常发展。另一方面，能源危机还会引发国际冲突。经济社会的发展离不开能源的消耗，在能源资源一定的情况下，必然会引起世界各国对能源的争夺，由能源的争夺引发的冲突甚至战争就不可避免，将严重影响世界的和平和稳定。

3. 生态系统明显失衡

地球的森林、湖泊、海洋、大气层等构成了全球生态系统。全球生态系统具有强大的调节能力，可使地球的环境更加稳定。在全球生态系统的调节下，地球的昼夜温差和区域温差不会太大，紫外线强度被削弱，降雨分布均匀，洋流活动呈现出一定的规律性。然而，人类活动慢慢侵蚀着全球生态系统，破坏着全球生态系统的调节能力，这不仅会使生态系统遭到严重破坏，造成生态失衡，还会严重影响人类的生存和生活质量。

首先，生态严重超载。生态超载指的是人类需求超过了自然生态系统再生的能力。世界自然基金会（WWF）《地球生命力报告2008》指出，人类对地球

---

① 能源替代：工业革命的“核心动力”［EB/OL］.（2013-12-02）. 经济参考网 . http：// jjckb. xinhuanet. com/dspd/2013-12/02/content_ 479599_ 6. htm.

② 樊东黎 . 世界能源的现状和未来［J］. 金属热处理，2011，36（10）：119-131.

自然资源的需求不断增加，超出了地球承载力的近1/3，全球3/4以上的人口目前生活在“生态负债”国家，这些国家的国民消费量已经超出了其国家的生物承载能力。2014年8月，世界自然基金会（WWF）、全球生态足迹网络（GFN）公布的各国生态债务情况显示，如果各国都像美国人一样生活，需要3.9个地球；如果像英国人一样生活，需要2.6个地球。① 在1961年时，人类的生态足迹仅为地球生态承载力的3/4，那时的大多数国家都呈现生态盈余的状态。然而到了20世纪70年代，地球可再生自然资源总量已无法满足世界持续增长的经济和不断膨胀的人口，人类开始越过临界点：消耗的自然资源开始超出地球再生资源量。不难发现，生态超载的后果已经在很多领域凸显出来——水资源稀缺、荒漠化、水土流失、农田生产力降低、物种急剧减少。现在，大气中的二氧化碳浓度已经濒临警戒值，人类开始为自己的过度消费买单。如今，世界人口的86%都居住在那些预算透支的地区——向自然索取的资源远远多于当地生态系统可再生的资源。人类活动对自然资源和生态系统的需求要大约1.5个地球才能够满足。②

其次，生态失衡严重。人类对自然的过度开发使得生态系统退化和生态条件恶化，造成生态失衡。全球生态失衡主要表现为以下几个方面：一是土地荒漠化问题严重。为了生存，人们大量放牧，过度砍伐森林和开垦土地，加大了土地的负担，造成了荒漠化。全球陆地占地球面积的60%，其中沙漠和沙漠化面积占29%。全球共有干旱、半干旱土地50亿hm^2，其中33亿hm^2遭到荒漠化威胁，致使每年有600万hm^2的农田、900万hm^2的牧区失去生产力。③ 荒漠化已经不再是一个单纯的生态问题，它成为严重的经济和社会问题。二是水土流失严重。据联合国粮农组织估算，全世界约有2500万km^2土地遭受水土流失，占陆地总面积的16.7%，每年流失土壤260亿吨。④ 全球的农地每年因土壤侵蚀损失300万hm^2，由河流输送入海的泥沙，从以前的每年100亿吨到20世纪增

① 各国生态债务表公布 中国生态足迹超承载力2.2倍［EB/OL］.（2014-08-19）. http：//www.yicai.com/news/2014/08/4009233.html.

② 8月19日地球超载日：人类生态足迹透支地球年度“预算”［EB/OL］.（2014-08-19）. http：//news.xinhuanet.com/world/2014-08/19/c_ 1112137798.htm.

③ 信息革命与当代10大生态危机［EB/OL］.（2013-06-24）. 国家林业局网. http：//www.eedu.org.cn/Article/es/esbase/resource/201306/86056.htm.

④ 于义恒. 信息革命与生态文明之谈［J］. 生物技术世界，2013（3）：28.

至250亿吨以上，每年农耕地的土壤流失量约200亿吨。①

此外，生物多样性减少。人类与地球上的其他生物都是自然生态链条上的一环。随着人类对自然资源的过度开发利用，以及气候变暖、森林锐减，地球上许多生物面临着灭绝的命运。生物多样性的减少破坏着生态系统的自然平衡，将使人类处于一种越来越孤立的状态。有专家分析，地球上有1000万种物种，而我们每年约有3万种物种灭绝，也就是说每一天就有近100个物种在地球上消失，而这一步伐正在加快。② 据预测，如果按现在每小时3个物种灭绝的速度，到2050年地球上1/4到1/2的物种将会灭绝或濒临灭绝。③

最后，全球气候变暖严重影响生态系统的稳定。工业革命以来，人类消耗了大量的煤炭、石油和天然气等能源，因此产生了大量二氧化碳、甲烷和一氧化二氮等温室气体，改变了地球的碳循环和生态系统能量转换形式，导致全球气候变暖。根据国际能源署发布的数据，2012年全球的二氧化碳排放量上升了1.4%，创下316亿吨的最高纪录。④ 政府间气候变化问题小组预测，预计2100年，全球气温将上升约1.4℃~5.8℃。20世纪全世界的平均温度大约攀升了0.6℃。⑤ 这将对人类的居住环境造成灾难性的影响。无论是发达国家还是发展中国家都关注全球变暖问题。全球变暖的负面影响表现为：一是导致物种迅速减少。气候变化过快，物种不能迅速迁徙和适应，将导致许多物种的消失，随着物种消失，依赖于大量物种才能够发挥功效的生态系统将失衡或者退化，其中恶果之一就是传染病更加容易传播。同时，全球气候变暖将导致海洋酸化，从而导致海洋生态系统的崩溃。最新的迹象表明：海洋酸化反过来也会导致海洋对碳性物质的吸收功能减弱。这就意味着大气中二氧化碳的积累速度有可能加快，从而加速全球变暖。二是导致更频繁的气候灾害，如干旱、洪水和热浪等，导致更多的人员死亡、财产损坏和农作物损失。三是全球变暖会使海平面升高，对一些岛国和沿海地区极为不利。此外，全球变暖使冰川后退、极地冰

---

① 信息革命与当代10大生态危机［EB/OL］.（2013-06-24）. http://www.eedu.org.cn/Article/es/esbase/resource/201306/86056.htm.

② 人类也许将要孤独——灵长类家族濒危［EB/OL］.（2000-12-13）. http://www.people.com.cn/GB/channel2/570/20001213/347534.html.

③ 全球爆发绝种危机 2050年一半物种或消失［EB/OL］.（2008-02-28）. http://www.china.com.cn/news/txt/2008-02/28/content_10990193.htm.

④ 国际能源署：2012年全球CO_2排放增长1.4%［EB/OL］.（2013-06-15）. http://www.mofcom.gov.cn/article/i/jyjl/l/201306/20130600163368.shtml.

⑤ 全球变暖与气候变化［EB/OL］.（2015-01-10）. http://www.un.org/zh/development/progareas/global/warm.shtml.

川收缩，并危及北半球和热带的森林等脆弱的自然系统。地球上的冰川在迅速消融，如果温室气体还一如既往地持续排放的话，在21世纪内大部分冰川或者说全部冰川都将消失。研究显示：随着全球增温，世界范围内90%的冰川已经出现明显消融。喜马拉雅山冰川在旱季为许多亚洲国家中的数十亿人口提供水源，它的消融会引发洪水与严重的水荒。安第斯山冰川的融化引发了当地的洪水灾害。然而，随着冰川消亡——在今天的玻利维亚和秘鲁都已经显而易见——所引发的最直接的问题，无论从现在还是从长期来看，就是水资源短缺。① 现代社会在让人们享受现代文明的同时，也带来了巨大的负面影响，资源匮乏、环境污染和生态破坏等全球性生态危机，严重破坏了人们的生存环境和生存条件，危害着人类的健康和发展，成为全世界各国人们共同关注的难题。

（二）现代社会进步之殇：疏离自然的负面效应

社会是由人组成的共同体，人和社会都是自然界长期发展的产物，社会和人、自然界有着最为密切的关系。人类社会虽然是在自然进化的基础上产生的，但人类社会却又不是自然实体的简单延续和翻版。人类社会不但与本来的自然有别，而且在存在性质、发展规律上也有根本上的不同，另外还应当把人类社会看成是自然本身的一种否定形式的存在，人类社会在需要方面也是正好相反的。这是因为社会关系形态、人的存在形态、人与自然关系的形态是这样极其密切而又不可分割的联系状况，造成了认识社会与自然、社会与人的关系问题上的困难。它常常使人陷入不是把它们直接混同起来，就是绝对地对立起来的观点之中；进而在对“社会”的理解上，也总是或者把它简单地归到自然一类存在中去，或者把它看作具有独立性的人格实体。② 因此，人类社会从诞生始就创造了自己的存在方式，形成了自己的运动规律，社会与自然的关系也就随之发生了根本的变化。自然界已经不再是外在于人类社会的存在，而是作为人的生存环境被包括在社会存在的组成之中，并受制于人类社会规律且随着社会发展而不断变化。

1. 人类社会发展中的负面效应

伴随着人类社会发展的步伐，人类社会已经跨越了三道历史门槛，或者是经历了三种社会形态，即原始社会、农业社会和工业社会。原始社会时期，人类与自然的关系是一种完全的依赖关系，依赖并顺从自然，体现出一种天然的

---

① 马格多夫，等．资本主义与环境［J］．武烜，刘仁胜，译．国外理论动态，2011（10）：10.

② 高清海．哲学的奥秘［M］．长春：吉林人民出版社，1997：293.

和谐。随着金属工具的出现和畜力的加入，打破了原来靠天然自然条件的生活方式，通过金属工具人类开始进行农、耕、牧、渔等有目的的生产活动，简单地对自然进行改造，逐渐摆脱对自然的依赖，对自然规律和现象的认识也逐步深化。进入农业社会，因农业生产活动对自然资源的利用是有限的，人类对自然的改造和破坏没有超出自然界的承载能力范围，自然可以进行自我承受，具有再生能力，这时候的人类与自然处于一种较低的平衡状态。但随着古埃及、波斯帝国、玛雅文化以及黄河流域文明的兴起，部分地区出现了过度垦殖、肆意放牧以及乱砍滥伐等对自然有目的的改造、利用活动，使区域内生态环境破坏严重。以蒸汽机、纺织机的发明和使用为标志的工业革命的到来，使人类社会进入工业社会时期，社会生产力得到迅速发展，科学技术日新月异，人类开始征服自然。这一时期，人类不仅逐渐破坏着自然的生态系统，也不断影响着人类社会所处的自然环境。生态危机成了工业社会的发展危机。

现代文明社会的发展是一个不可逆的社会发展过程，所有的国家或早或晚都要进入现代文明社会。现代社会具有负面效应，将人类生存带入了挑战与机遇并存的复杂格局。社会发展既大大地改善了我们的生活条件，同时也严重破坏了我们的生存环境；社会发展既丰富了人类的物质生活，提供大量的物质资料，同时也物化了人的精神世界，人类的物质追求变得强烈起来。工业社会时代，是以市场竞争和自由贸易为特征的发展模式，大规模的大生产提高了生产产品的效率，生产成本降低了，大量低成本产品被生产出来，使得人们在市场上能够得到大量的商品，人们的物质要求逐渐得以满足；同时，商品低成本优势充斥着市场，消费水平也急剧增高。大规模生产虽极大地改善了人类的生产、生活条件，但自然资源被肆意掠夺，工业化在全球无序扩张，人与自然之间的生态平衡被打破了，出现了生态危机。

因此，我们必须针对现代社会的这一性质，对工业化在全球的无序扩张、对社会发展进行扬弃，为社会发展、人类发展寻找一条未来之路。法国学者塞奇·莫斯科维奇曾说，在20世纪末我们的意识正在发生改变，我们的研究正在从社会转向自然，改变社会和自然的现状是我们面临的任务，因为自然是社会历史的基础。

2. 工业化生产方式的负面效应

英国《经济学人》刊发的相关报告中指出，从18世纪到20世纪，人类经历了二次工业革命。18世纪晚期的工业革命以工厂制下的机械化制造业彻底将以家庭为主的生产方式瓦解；20世纪早期的工业革命以大规模自动化流水线制造业为主，正向着数字化、定制化的未来主流生产方式转变。纵观人类社会发展史，资产阶级革命的胜利巩固了工业革命的成果，以工业化为主导的资本主义生产方式进行全球无序扩张，同时采用市场竞争和自由贸易为两翼的社会经济发展模式。第一次工业革命的标志是以蒸汽机为动力的革命，机械化生产方式是主要的生产方式；第二次工业革命是以电力和燃气为动力的革命，形成大批量自动化生产线集中生产工业产品的生产方式，大量汽车、轮船、飞机等新的交通工具的普及使人类社会快速进入石油时代；随着互联网技术与新型可再生能源的融合，第三次工业革命到来了，但这种融合是现在发达国家所追求的能源转换方式，将会对现有的经济生产方式、运营方式和社会生活方式进行革命性的更替，创造出人类很难想象和预见的产品形式。

什么样的生产力决定什么样的生产方式。美国学者约翰·贝拉米·福斯特认为，“资本主义生产方式是由两部分人构成：一部分是要满足处于社会顶端的少数人的控制欲望，少数人拥有着资本主义社会的绝大部分话语权，控制着资本主义的生产方式，是牟取暴利的主要方式；另一部分是绝大部分为维持生计而工作的占人口大多数的工薪阶层”①。在资本主义社会里，资本家为了达到追求利润的目的，不择手段地进行资源控制，在资本逐利性的驱使下进行激烈的市场竞争。而进行技术革新和对资本的不断投入，使地球的基本生态循环发生矛盾，引起生态危机。福斯特认为，“人类正在有限的自然空间里进行着无限扩张的生产，这本身就是相互矛盾的。加剧这种矛盾，全球的自然环境就会发生潜在的难以预知的灾难性变化”②。就在这样的观念支撑下，现代社会的生产方式使人类与自然界越来越疏离，为了市场的扩张和生产力的超增长，必须持续不断地将自然界作为生产资源来开发利用，控制自然资源。第一，现代的生产方式促使全球市场贸易和往来，不同地区、不同民族迅速联系在一起，这样就使得自然资源将由不发达地区流向发达地区，资源被少数人占有；第二，规模化、流水线式的生产提高了工作效率，降低了生产成本，市场扩张、国际竞争形成新的格局，垄断、寡头企业形成，尖端技术被掌控。因此，现代工业社会无序的生产方式注定了产生全球生态危机，在资本主义制度下这种生产方式被无限放大，内部不可能产生出生态文明的社会，资本主义的生产方式必然被生态文明社会所催生的新的生产方式更替。

---

① 福斯特. 生态危机与资本主义［M］. 耿建新，译. 上海：上海译文出版社，2006：2-3.

② 福斯特. 生态危机与资本主义［M］. 耿建新，译. 上海：上海译文出版社，2006：60.

3. 工业化生活方式的负面效应

在现代技术和市场经济催生下的生产方式是生产的大量化，在刺激着大量消费的同时也带来大量废弃物。资本家为了实现资本增值，满足追求更多的剩余价值的欲望，不惜浪费资源，继续扩大生产规模，于是市场上低成本产品增加，人们购买欲望上升。只有刺激人们的购买欲望，生产出来的产品交易出去才能得到利润，否则就会产生大量积压，引起经济危机。“刺激消费—生产扩产—低价产品—刺激消费”，这种恶性消费循环成为人们的生活方式。在宣扬保护人权、保护物质财富的大旗下，“提前消费就是享受”“消费越多得到越多”的观念成为代表身份、地位、品位的象征，成为这个社会普遍认可的主要标准在发挥着作用，消费主义自然盛行。古典经济学预设经济是可以无限增长的，根据是自然资源是无限的且不可耗尽的，显然这种预设是错误的，这是以英国古典经济学家亚当·斯密和大卫·李嘉图为首宣扬的理论。社会要发展，就必须刺激消费。早在 1972 年罗马俱乐部的哲人在《增长的极限》中就提出，世界人口如果按照当时的趋势增长，在粮食、资源方面的使用时间极限不会超过 100 年，这个行星就会达到增长的极限，更可怕的后果就是人口和工业化的生产力会因为资源的消耗出现突然或者是不可控制的退化。也就是说，如果人类一味追求经济的无限增长，提倡无限制地“大量生产—大量消费—大量废弃”，不考虑自然资源的有限性和不可再生性，不考虑自然环境对污染的承受能力，导致自然资源突然或不可控制地衰退是不可避免的。

《寂寞的春天》① 形象地表明人类无控制地、盲目地作用于自然的结果，不但会造成资源匮乏，而且会造成生态破坏。人类会面临一个没有声音没有色彩的死寂的环境。而资源的殆尽、生态的破坏意味着人类难以生存。② 人类这种变相的生活方式尤为突出，当前社会消费不足与消费异化共存，占有财富多的去大量无节制地消费，占有少量财富的为了满足自身的欲望也进行消费。制度的不完善、收入分配差距的拉大，加大了人与人之间的矛盾。弱势群体没有足够的钱去消费，广大民众尤其是贫困国家、地区的民众面临着各种生存问题，如

① 《寂静的春天》开篇讲了一个寓言故事，美国中部的小镇，过去这里的一切生物与周围环境生活非常和谐。由于农田里长期使用农药和杀虫剂而污染了环境，并经过食物链而引发动物的中毒和死亡，也威胁到当地人的健康和生命。农夫述说着他们家庭的多病……这是一个没有声息的春天。《寂寞的春天》于 1962 年发表于《纽约人》杂志。当时美国总统肯尼迪指示科学咨询委员会设立了农药委员会，1964 年美国议会通过了《联邦杀虫剂、杀菌剂、灭鼠剂修正案》。《寂寞的春天》被称为“改变了美国的书”。

② 卡逊．寂寞的春天［M］．吕瑞兰，译．北京：中央编译出版社，2011：1.

社会保障、教育、住房、医疗等民生问题。这些基础保障由于国家、地区的经济不发达，民众无法得到保证，基本生存变得困难，真正在生存上需要的却得不到，而发达国家、地区的人们依靠国力、资本运作占有大量财富，在豪车、豪宅、飞机轮船、奢侈品方面进行消费，这种消费异化现象的出现，严重影响了社会风气。

4. 资本主义社会制度下的负面效应

资本主义制度下，资本家为了追求剩余价值的增长和利润的最大化，占有自然资源成为首要选择，其目的是使自然界服从于个人的需要，满足资本逐利的本性。资本主义体制机制下的“人类中心主义”占据社会主流思想，控制着人类的生产生活方式，人类变相地变成自然的主宰者和征服者。在宣扬保护物质财富是为了满足人们日益增长的物质需要的同时，堂而皇之大肆开发、利用和掠夺自然资源，严重扭曲人的价值观与行为方式，以此来巩固资本主义制度。西方经济学范式下的“理性经济人”假设学说，是说人要在一定的约束条件下实现自己的效用最大化①。这其实就是让人们在资本主义制度下实现自己的价值。这样的理论通过统治者的教育已经在人们心目中根深蒂固，但在资本主义制度下的人又得具备“和谐社会人”特征。“绿色自然人”的多元化属性被人类普遍接受并深受其影响，各国各级政府也将“人类中心主义”思想和“理性经济人”假设制度化，这样就成了工业制度的理论基础。因此，从制度本身的确立及理论构成来看，会使人在生产、生活活动中不自觉地从“人类中心主义”和“理性经济人”的视角进行社会生产活动，在不知不觉中维护资本主义制度。

生态学马克思主义认为，生态危机的重要根源是资本主义制度的合法性外衣。制度被一件合法的外衣紧密地包裹着，人们看不到衣服的里面。德国哲学家尤尔根·哈贝马斯认为，资产阶级在早期就意识到资本主义意识形态在接近崩溃的边缘，难以通过资本主义制度约束群众对资本主义社会的忠诚，难以通过资产阶级政治秩序得到公众的认可和服从。为了继续统治人们，就要通过一种新的手段获取群众的支持，巩固现有的统治秩序。在宣扬自己的合法性时，就要采用非政治性的社会补偿来实现，即资本主义许诺为人们提供大量的商品和财富，只有这样才能提升自身的社会地位、生活品质，并引导人们提高对经济增长和物质生活水平的追求，刺激其进行消费，用这种手段来维持其存在的“合理性”，维持和巩固资本主义制度的统治地位，同时也弱化群众对资本主义

---

① 高清海．哲学在走向未来［M］．长春：吉林人民出版社，1997：40.

社会的政治意识。这件合法的外衣被精心地包装之后，资本主义生产体系必然要不断向外扩张，实现对人们的承诺，同时也要通过对自然界进行无止境的无序开发来为维护自身的“合理性”提供经济增长的物质财富以满足群众，但这样做会导致资本主义制度和有限的自然生态系统之间出现矛盾和冲突。长此以往，就会产生资本主义制度与生态危机的恶性循环。资本主义制度具有与生俱来的负面效应，连同它的生产方式一样，对自然生态环境都有负面影响。

5. 科学技术异化带来的负面效应

德国哲学家恩斯特·卡西尔从科学技术与文化形态的关系上将人类的文化大致分为三个阶段：以神学为主的神话信仰阶段；形而上学阶段以哲学反思为主；实证阶段以经验科学为主。在第一阶段，以神学为主，哲学从属于神学，文化表现为一种神话形式；在第二阶段，以哲学为主，科学从属于哲学，文化以一种哲学形式出现；在第三阶段，以科学技术为主，其他技术为范型，科学技术以文化为主导。

当今社会发展经济增长保持强劲势头。从社会历史发展来看，科学技术推动作用越来越显著，然而科学技术在促进经济社会发展的同时，对人类所处的自然环境的破坏程度也随着技术的进步在加大，成了与人相敌对的力量，成为科学技术的异化。生态学马克思主义认为，异化的科学技术是导致自然环境系统破坏和生态危机的社会根源，同时也认为生态危机不能仅仅归因于科学技术本身，技术是由人来创造和使用的。加拿大学者威廉·莱斯认为，人类征服自然、控制自然，科学技术仅仅是手段，只有在制度和社会生产关系下，科学技术才依附于“控制自然”的观念，对自然环境造成消极的生态后果。同样，美国学者奥康纳·詹姆士认为，资本主义技术发展创新具有很高的水平，但就是这样的技术也不能将人类从资本主义制度的苦役下解救出来，人类还是盲目地从事着生产生活，这种盲目使人类的命运面临岌岌可危的境地。这样看来，科学技术在资本主义制度和生产关系下成为当今生态危机的根源之一。

（三）现代文化发展之悟：文明和谐的深刻反思

文化与文明的关系实质上是一种创造与被创造的关系，文明是文化创造的结果，没有先进的文化就不能创造出高级的文明。在人类文明的历史演进中，生态文明是人类向高级文明进军的目标，也是建立在深刻文化反思基础之上的，生态文明阶段必然要有与之相应的文化形态。人类文化是人类生存意识表现出来的形式，人类文化对社会的前景、变迁的道路和规律等诸多问题的理性思考，体现着人类对整体的未来和归宿的生存焦虑。

人类文化在其本源意义上就是具有生命属性的，是随着人类发展而发展起来的。人类文化和自然属于同生共长，失去自然，人类文化就会失去生命根基，失去根基的文化就会把人类与自然割裂开来，从而将人类引向危险乃至死亡的境地。

1. 从理性到反思理性的转化

文艺复兴是近代早期思想文化的启蒙运动，在中世纪神学对人类的长期压制后，人类的自我意识开始觉醒。17 至 18 世纪，理性的地位得到进一步的发展，法国唯物主义者用“自然界的齐一性”否定了上帝，人的理性获得了独立的地位，理性推动了生产力的发展。1816 年德国哲学家黑格尔的《逻辑学》揭示了宇宙的奥秘，1859 年英国学者达尔文出版了《物种起源》，让整个人类开始思考人类对于自身的认知，大量理性文化构建起来。就像恩格斯所说，在当时人们都想建立属于自己的理论体系。理性启蒙、理性独立、理性崇拜，这是近代西方 19 世纪理性的三部曲。

进入 20 世纪，物理学面临的危机表明人类远没有达到对自然的至上认识。黑格尔的《逻辑学》有它的玄思和幻想成分，《物种起源》也显示出了假说的成分，这些都促使哲学家开始反思理性的能力。当人们正确运用理性对自然环境进行创造活动时，理性创造总是给人类带来正效益。机械的理性被人类大量运用，开发自然资源，改造周边环境，满足人类自身的利益，结果酿成了能源危机、环境破坏。理性地运用促使人类发明技术、发展工业，极大地满足人类的需求，但结果人类却成为技术、工业的受害者，对理性的反思引来自然的报复。莱斯认为，控制自然是生态危机的真正根源，因为控制自然的观念在人们心目中已经积淀了千百年，并随着人类社会的发展一代一代地流传下来，要想改变自然环境现状，就要改变这千百年来流传下来的人类的传统观念。20 世纪人类的生产力取得了巨大进步，但生产力的运用却影响到了全人类的利益，形成了一系列的全球问题，如环境污染、资源匮乏、粮食危机、生态破坏等，这些危机直接威胁着全人类，影响着全世界。

面对 20 世纪一系列全球问题，哲学家和思想家高声地呼唤着一种全人类意识，要求人们自觉地把自然看作是具有生命的全球系统。罗马俱乐部的哲人也呼吁，必须发展一种世界意识，这种意识要让每一个人都认识到自己是自然生态系统的一员。人类的生存单位由基本单位个体移向了全球。苏联文学家辛吉斯·艾特玛托夫呼吁，应该用概括的世界和人类的范畴对现实中的具体历史进行解释。

2. 从人征服自然到人与自然的和谐相处

理性文化占据主导，是人类运用理性文化不断改造自然，向自然索取、征服越来越多财富的过程。随着科学技术的大力发展，科学技术对自然施加的影响也越来越大。在科学技术的进步下，人类发现了新的物质力量及其在时空中的各种组合和天体运动，自然法则发生了改变，自然界原有的生物被人们抛在九霄云外。人类文化中的自然变成一个沉默的世界，成为仅供人类征服并满足自身需求的场所。奥地利心理学家西格蒙德·弗洛伊德对人类的心理进行分析时得出，人类文化的根本就是要征服自然；英国著名博物学家托马斯·亨利·赫胥黎的“天论”也同样要求人类同自然作斗争；马克思则把人与自然视为“正”“反”两个方面，人类通过社会劳动实践形成人与自然的“合”，社会劳动实践将自然变为人化的自然。当我们运用反思现代工具在理性控制下征服自然时，这种反思的思想也为人类提供了启迪。思想家提出了还自然的魅力的主张。法国学者塞奇·莫斯科维奇认为，从思辨的角度讲，生物学是生命文化的表象，自然所表现的魅力是来自人类创造的魅力，当人类努力去实现自然魅力的时候，其实人类是在拯救自己的生命魅力。可喜的是，哲学家、思想家提出的树立“人与自然新关系”的意识正在全球逐渐普及。许多国家、地区制定了相对完善的环境保护法律，引导人类从征服自然转到人与自然和谐相处。

3. 从物质力量到精神文化的构建

在人类还不知道如何合理驾驭、利用强大的生产力和技术的时候，人类被生产力和技术引导到了不断追求物质享受的道路上而不能驻足。世界许多地区为了单纯追求经济增长与科学背道而驰，人类需要重新认识自己并进行自我确认，确认自己不能随心所欲地去追求物质享受和满足自己的价值标准。时代的进步、社会的发展，人们意识到了人类面临的生态危机背后是人类的精神危机。生态危机说到底是人的问题，正像英国历史学家汤因比和日本作家池田大作所说，人类要获得人生的意义不是依靠体制和技术的革新实现的，要从根本上改革人的精神，只有这样人类才能自觉地认识自己获得幸福本质的意义。文化危机的真正意义，是文化和生命之间渐行渐远。处于文化危机中的人们对生命失去了敬畏之心，人类文化与生命不再是一个共同体，生命价值得不到人们的尊重和提升，在人们的文化中也构建不起来对文化的反思，树立不起来人对生命的尊重、人与自然的和谐是为了保护人类生存环境的观念。重视精神文化，是为了塑造人类的新灵魂，而这需要人类文化融入自然之中，重新构建人与自然、社会的关系，更好地发展人的精神文化。

二、生态危机的实质与特征

关于生态危机发生的原因，观点各异，不同的学者站在不同的角度分析了生态危机的根源，并为此进行了争论。有些学者认为片面的经济增长观是生态危机产生的根源；有些学者认为人类中心主义世界观是生态危机产生的根源；有些学者认为社会政治制度是生态危机产生的根源；还有些学者认为科学技术的发展和人性的贪婪是生态危机产生的根源。不同学者根据生态危机产生的根源的不同而提出了不同的解决办法。在此基础上，结合生态危机的系统性、复杂性和不可逆性的特征，本书认为生态危机是现代工业化无序扩张的直观后果，是伴随着市场经济无限制发展和追求生产力无限增长的现代社会全球化的结果。

（一）生态危机的实质追问

实质是指一事物本身所固有的性质，是决定事物性质、面貌和发展变化的根本特性。对生态危机实质的追问也就是探究生态危机发生的原因。由于生态危机具有复杂性和全面性，因而对生态危机原因的分析也是见仁见智。

1. 生态危机源于科学技术的发展

许多学者将科学技术看作是生态危机的根源，认为科学技术给人们生活带来了福音，提高了生活质量，增强了物质财富，但也促使人们更快速地消耗自然资源，产生了严重的环境污染和生态破坏。巴里·康芒纳指出，“新技术是一个经济上的胜利——但它也是一个生态学上的失败”①。当前的空气污染、水污染和土壤污染是科学技术发生作用的直接反映，人类尚未认识到未来的风险。美国学者弗·卡普拉提出：“科学技术严重地打乱了，甚至可以说正在毁灭我们赖以生存的生态体系。”② 阿尔·戈尔对科学技术批评道：“我们成为某种技术自大狂的牺牲品，这种心态诱使我们相信自己的新力量是无限的。我们大胆设想，所有技术引起的问题均可以通过技术来解决……技术自大狂诱使我们看不见自己在自然秩序中的位置，自以为什么都能心想事成。”③ 技术根源论的看法是，科学技术是一把双刃剑，它一方面提高了人类生活质量，促进了人类物质文明；另一方面却导致人类开发自然资源速度过快，排放废弃物过多，严重污染和破坏了生态环境。

---

① 康芒纳．封闭圈［M］．侯文蕙，译．兰州：甘肃科学技术出版社，1990：120.
② 卡普拉．转折点［M］．卫飒英，李四南，译．北京：中国人民大学出版社，1989：16-17.
③ 戈尔．濒临失衡的地球［M］．陈嘉映，译．北京：中央编译出版社，1997：177.

2. 生态危机源于片面的经济增长

这一观点认为，生态危机完全是经济的无限增长和人类对物质财富的过度消费导致。以亚当·斯密和大卫·李嘉图开创的古典经济学和以威廉·阿瑟·刘易斯和华尔特·惠特曼·罗斯托为代表的发展经济学都曾预设经济是可以无限增长的，而他们做出这种预设的根据是，自然资源是无限的且不可耗尽的，自然环境可以为经济无限增长提供永久性支撑。

然而，罗马俱乐部的研究对此提出了质疑。他们在1972年发表的第一份全球问题研究报告《增长的极限》中提出，“如果在世界人口、工业化、污染、粮食生产和资源消耗方面按现在的趋势继续下去，这个行星上增长的极限有朝一日将在今后100年中发生。最可能的结果是人口和工业生产力双方有相当突然的和不可控制的衰退”①。罗马俱乐部认为，地球上的资源是有限的，不能支撑经济的无限制增长。如果人类一味追求经济的无限增长，提倡无限制的高消费，根本不考虑自然资源的有限性和自然环境对污染的承受能力，那么就不可避免地导致自然环境的衰退。

3. 生态危机源于人类中心主义

美国环境伦理学家卡洛琳·麦茜特提出了“自然之死”与“人类之死”关系的理论。她认为，古代有机论自然观中，自然被看作众生的母亲，而近代机械论自然观中，自然成为被驾驭的对象，这必然导致自然之死。卡洛琳·麦茜特认为自然之死必将产生剧烈的反弹，结果是人类也将死去。②

古希腊时代“主客二分”的思想经过中世纪神和人、灵魂和肉体的对立发展到近代的明朗的主客二分。以培根、笛卡尔、康德和黑格尔为代表，认为人是世界的中心，是自然界中唯一具有价值的存在物，只应对人讲道德，对其他生物不应该讲道德。在这样一种伦理观之下，人对自然的理解就成了片面的、单一维度的存在物，人的自然观表现为一种功利主义的自然价值观。人类为了获得更多的利益，对自然进行前所未有的盲目无限制的开发，从而造成自然之死，这一价值观被称为“人类中心主义价值观”。如诺顿的强化的人类中心主义和弱化的人类中心主义、墨迪的前达尔文式的人类中心主义等。人类中心主义价值观受到非人类中心主义者（包括生命中心主义、自然中心主义和生态中心主义）的强烈批判和谴责。代表人物有利奥波德、史怀泽、罗尔斯顿、C. D. 斯通、阿尔奈·内斯、P. 辛格等。他们认为人类中心主义价值观导致人对自然的

---

① 米都斯，等．增长的极限［M］．李宝恒，译．长春：吉林人民出版社，1997：17-18.

② 麦茜特．自然之死［M］．吴国盛，等译．长春：吉林人民出版社，1999：2.

无度索取，造成了环境的污染和生态的破坏。

4. 生态危机源于资本主义的弊端

马克思、恩格斯认为，在资本主义制度下，为了追求剩余价值增长和利润最大化，自然界成为人的对象和有用物，自然界成为服从于某些人需要的工具。这一私有制度下，所有的东西都被看作某种商品形式，随着土地变成房地产、森林变成木材、资源变成矿产……整个自然界被纳入成本损益表中以追求经济超额增长，这最终导致人与自然的对抗。

生态马克思主义者以马克思主义的立场和观点分析资本主义制度，从对资本的分析和批判入手，指出资本主义制度是造成生态危机的根源。他们认为，资本的第一个原则就是效用原则，正是这一原则使自然界和世界上任何其他存在物都仅仅是有用性的存在物。资本的第二个原则就是资本的增值原则。这一原则决定了资本对自然界的开发利用是无限的，因为资本追求的是无限的增值，由此资本逻辑必然带来对自然界的伤害，生态危机是资本主义制度的危机。生态马克思主义者坚持，只要资本逻辑还发挥主要作用，只要是为了获取利润而生产，生态危机就不可能消除。在分析生态危机的根源在于资本主义制度及其生产方式时，生态马克思主义者也分析了资本主义制度带来的技术异化和消费异化问题，认为这加剧了资本主义生态危机的爆发。

5. 生态危机是人性的危机

这一观点从讨论人的内在本质切入来认识生态危机。对于什么是人的本质，人类的认识有一个历史演变过程。现代社会是从反对中世纪宗教神学，倡导文艺复兴中不断形成的。现代社会人的本性就是追求个人的幸福和快乐。

从彼得特拉、薄伽丘、爱拉斯谟、蒙田到霍布斯、爱尔维修、费尔巴哈等都认为人的基本特征是追求物质的富足和欲望的充分满足。可以说，现代性对于发掘人的本性，满足人的合理需要具有积极意义，它肯定了人的自然本性和人具有追求幸福的权利，但是人的自然本性中又具有贪婪的一面。万俊人（2000）将人的合理正常的欲求称为需要，把无限贪欲称为欲望，认为欲望既无合理性也无正当性。[①] 人的本能欲求，既有合理的需要，也有不合理的贪欲。

现代性具有“欲望”战胜“需要”的特征。现代人亲吻和拥抱了“欲望”这个魔鬼，认为欲望是资本主义发展动力的来源。欲望的本质就是无尽的贪婪，人追求欲望的贪婪本性在资本主义现代社会充分暴露，所以埃里希·弗洛姆无

---

① 万俊人. 道德之维：现代经济伦理导论［M］. 广州：广东人民出版社，2000：115.

不感慨地说，“贪婪地谋取、占有和牟利成了工业社会中每一个人神圣的、不可让渡的权利”①。因此，现代社会，人类为了满足自己的无限欲望，对自然资源进行疯狂掠夺，认为人类开发利用自然越多，越证明人类的能力和价值，越具有幸福感。

以上对生态危机根源的种种观点和主张，有利于我们更加深入地理解和思考生态危机问题。但是，上述观点中有从表象出发来认识的，把生态危机的外在表现当成生态危机的实质特征来理解，有一定的局限性。因此，从根本上说，现代工业生产方式的无限扩张导致了当前的全球生态危机。

（二）生态危机的显性特征

生态危机是整个生态系统的危机，研究生态危机的特征，一定要以生态学理论为基础，了解生态系统的特征。生态学是德国生物学家恩斯特·海克尔于1866年提出的概念，是研究生物体与其周围环境（包括非生物环境和生物环境）相互关系的科学。生态学经过19世纪下半叶的萌芽阶段后，20世纪上半叶进入经典生态学发展阶段，这一时期的生态学主要研究生物与自然环境之间的关系。到了20世纪下半叶，人文因素被纳入生态学的研究中，生态学发展到人类生态学阶段。学者把人与自然相互作用而产生的全球性、区域性问题理解为全球性、区域性生态问题，把研究这些问题的综合性学科定义为人类生态学。②

生态系统具有系统整体性、复杂性、开放性和自我修复性的特点。中国科学院王如松院士指出，“相比于物理系统，生态系统具有无穷维的组织关系数，具有模糊、不可观、不可控的内部结构，具有多变的外部环境，具有粗糙、不确定、不完全的参数，在一定阈限内按照非中心式自我调节的调控方式，表现出熵减的有序演替方向”③。这些特点决定着生态危机的特征。

1. 生态危机的系统整体性

生态系统具有系统整体性，主要体现在生态系统中任何一个物种的变化都会带来整个生态系统的变化，即生态系统中不存在孤立性的事件，牵一发而动全身。每一个事物与其他事物都有联系。因而，生态危机也是具有系统整体性的。也就是说，没有一个生态危机是孤立存在的。生态危机是由于生态系统整体的结构和功能出现了变化，而不是某个方面出现了问题。因而，生态危机一定是系列性的，会造成一系列的反应。比如，全球气候变暖会造成冰川融化、

---

① 陈学明．西方马克思主义教程［M］．北京：高等教育出版社，2001：406.
② 余谋昌．生态学哲学［M］．昆明：云南人民出版社，1991：12.
③ 曹凑贵．生态学概论［M］．北京：高等教育出版社，2002：25.

海平面上升、生物多样性减少、极端天气频发等一系列后果。自然系统的破坏超出自身承载力，引起从局部到全球的连锁反应。因此说，生态危机具有系统性和整体性，生态危机的负面影响也一定是系统性的，具有“蝴蝶效应”。

2. 生态危机的复杂性

生态系统具有复杂性，因此生态危机也具有复杂性。一是生态危机的表现形式是复杂的。现代化学制品大量使用，而大量化学元素在处理不当的情况下进入自然环境，就会造成污染情况的复杂性，既可以表现为气候变暖，也可以表现为蓝藻暴发、水体污染，还可以表现为土壤流失、物种减少等。二是生态危机的后果不可预测，具有复杂性。一个危机可能带来一系列危机，具有难以预料的复杂性。

3. 生态危机的不可恢复性

自然生态系统是一个动态的开放式的系统，自然生态系统只有通过和外界环境不断交换，维持自身的物质、能量和信息的守恒，才能维持自身的生命力，保持可持续的发展；同时，在与外界环境进行物质交换和能量流动的过程中，整个系统还会受到星际环境的影响。自然生态系统通过这些能量、物质的交换在一定限度内可以保持自身能量和物质的平衡与稳定，维持在可运行的状态当中。一旦超出自然生态系统可承受的限度，外部环境发生变化，自然生态系统自身的调节功能就会降低，自然环境就会发生变化，而系统内能量与物质不平衡，就会引发生态危机。这一特征决定了自然生态系统产生生态危机时具有不可恢复性。一旦生态危机达到一定量时，自然生态环境必然会出现质的变化。比如，水土流失、沙漠化等生态退化一旦发生很难恢复，从而造成更大的生态灾难。

4. 生态危机的人为性

生态危机产生的直接原因是人类的生产生活活动，人从自身的利益出发去征服自然。古代人认为，人的自身不属于自己，而是属于所在的“城邦”；中世纪人们则强调人的自身不属于自己，而是属于上帝；现代则变成人的本身就是以自我为中心，不属于任何人。这种以普通人为主体的社会格局在显示自身强大力量和优越性的同时，也暴露出了大量的矛盾。诸如，利益的多元化，使人们制造更多的矛盾冲突；对物质生活高消费观念的追求，也就产生了过度浪费，把人变成奴隶，成为物质的附庸，使人陷入极度空虚的精神世界；人类极端的反理性主义，造成难以遏制的物欲横流。如此等等，引起全球性的社会问题，环境污染、能源危机、粮食匮乏、生态失衡等均是其表现。无视自然资源的有限性和有些资源的不可再生性，导致自然资源消耗过快。

（三）生态危机的扩张结果

要想深入探寻当前生态危机的深层原因，就必须要深入现代工业文明社会中去探讨人类文明与自然的关系。人类社会的发展历史就是人与自然关系的历史。正如汤因比指出的，人类是生物圈中的一种，人类生存必须顺从自然法则，但是人类是生物圈中比较特殊的力量，人类能够通过科学技术对生物圈进行改变，甚至伤害。可以说，文明从产生之日就具有某种远离自然的特性。因为文明本身就体现为人类根据自己的需要改造自然的结果；而人类文明所创造出来的科学技术、物质财富等各个因素，又加剧了对自然的改造。但是，人类文明又是自然长期进化的结果。在农业文明时期，由于人类还不能大规模地将机器运用于自然中，因而人类对自然的损害还是局部的。但是，到了现代工业文明时期，文明与自然的关系发生了改变。现代工业文明破坏了生物圈的生态平衡，人与自然界处于激烈对抗和冲突的状态。汤因比指出："英国的工业革命打破了生物圈力量的平衡，使人类与生物圈的关系发生了颠倒。人类开始真正成为生物圈的主宰。"[①] 工业化和社会化大生产是现代工业文明的主要特点，由于其最早在西方发达资本主义国家产生，因此资本主义的扩张本性使得工业文明逐步全球化。当前现代工业文明已经席卷全球很多国家，无论是不发达的资本主义国家还是现实社会主义国家，只要是致力于现代化的发展，无论是否愿意，都不可避免进入现代工业文明时代，从而导致全球生态危机。可以说，生态危机是现代工业化无序扩张的后果。

1. 现代工业文明的内在逻辑

人与自然主客二分法是现代工业文明的哲学基础。17 世纪上半叶，由于现代物理学的发展，近代机械论自然观逐渐成为主流哲学观。法国学者勒内·笛卡尔是机械论自然观的典型代表。他认为一切由物质构成的东西都像一只时钟，人与动物都是由物质组成，在这个意义上，二者都是机器，但是笛卡尔接着指出，宇宙由两种东西组成，除物质性的东西以外还有精神性的东西，即意识或灵魂。人是一切由物质构成的东西当中唯一具有灵魂的，是世界上除神以外最有灵性的存在，因而比外在物质世界的存在更优越。包括动物在内外在的物质世界，即自然界是一个不会自我运动的、死的，可以被人类干预和支配的机械的世界。这一自然观为人类支配自然提供了理论依据。随着文艺复兴和启蒙运

---

① 王治河．后现代主义词典［M］．北京：中央编译出版社，2003：513.

动的展开，人的地位更加突出。正如古希腊哲学家赫拉克里特所言“人是万物的尺度”，被用来强调人的意志、尊严和独特地位，人从神的奴隶变成唯一具有理性、主观能动性、创造性的存在，变成“自然界的中心、宇宙的中央”，其他都成为人作用的对象。人是主体，一切自然物是客体，这就形成了主客二分的思想，这一思想发展到极端就为人类走向极端中心主义提供了支持，最终造成了人与自然之间的对抗。现代理性精神的张扬使得现代工业文明高效改造自然界。农业文明时期，人类对自然了解的范围和程度都是有限的，因而自然在某种程度上具有神秘色彩。工业文明时期，科技的发展、理性精神的张扬，逐渐排除了自然的神秘性。世界的祛魅就是“把魔力从世界中排除出去”①，并使世界理性化。工业文明下，人类需要理性地思考如何提高效率，而机器化生产、高效率的要求就是标准化和批量化，最终就是要体现为科技理性。科技理性使我们生活在一个机器化的社会和工业化秩序当中。在科技理性支配下，人对大自然的态度由畏惧转变为无限制地改造，人类由地球的守护者变成自然的“终结者”。

现代工业文明追求无限经济增长的经济主义发展观。现代工业文明同前现代社会相比，创造了丰富的物质财富，开创了市场经济制度和民主法治制度，大大提高了效率，使得人类相信历史和文明将一往无前地进步。人们对无限增长的经济发展观的迷恋，体现为对知识的无限追求，对财富的无限积累，以及对幸福的永不满足。人类自诞生之日，为了维持自己的生存，不断地学习各种知识来面对神秘的自然界。工业革命之后，知识成为科学技术和经济增长的关键因素。人类认识到只有通过科学技术对自然界实现无限的探索，才能获得无限的经济增长。只有这样，才能永无止境地追求物质财富的增长和物质生活条件的改善，而创造、占有、消费越多的物质财富就越能体现人生的价值和意义。现代工业文明对经济增长、物质财富和幸福的无限追求，必然导致有限的自然资源的枯竭和有限的生态系统遭到破坏。

现代工业文明的生产生活方式是“大量生产、大量消费、大量废弃”。在现代技术和市场经济制度的支撑下，生产效率不断提高，为了实现资本的增值，需要不断扩大生产，于是生产的产品越来越多。只有将产品交易出去，才能得到利润，否则就会因为产品过剩而引发经济危机。因此，为了将商品卖出去，必须激发人们的消费欲望，使消费成为人们的生活方式。当前，“提前消费就是

---

① 韦伯. 新教伦理与资本主义精神［M］. 于晓，陈维纲，等译. 上海：生活·读书·新知三联书店，1987：79.

享受”“用过就扔”，消费代表身份、地位、品位，以消费的商品作为群体认同的主要标准等观念已在现实中发挥着作用。为了促进消费，生产的产品也越来越不耐用；为了促进消费，生产的产品的功能不断开发，新产品迅速上市。大量生产、大量消费的一个结果必然是大量废弃。“大量生产、大量消费、大量废弃”的现代生活方式逐步形成。但是，这一生活方式的延续是建立在人类无限开发利用自然界的资源和能源的基础之上的，当人类的生产和消费的无限欲望遭遇到生态的约束时，就容易出现各种危机。危机反过来会伤害人类自身，甚至导致人类灭亡。

2. 资本主义与工业生产方式的扩张

现代工业文明最初是从发达资本主义国家那里发展起来的，因而一般称作资本主义工业文明。虽然现在工业文明已扩展至全球很多国家，其中也包括社会主义国家。但是，不可否认，资本主义制度加剧了现代工业生产方式的扩张，这是资本主义制度本身具有的扩张本性造成的。

资本主义工业文明的制度认为保护每个个人的自由和权利，无止境地发财致富是一项基本人权。为此，资本主义制度要求尽可能通过自由交易、自由竞争的市场去配置资源，通过技术和管理创新来激励经济增长。在这种制度下，为确保经济增长和资本增值，就必须让所有人都养成“大量生产、大量消费、大量废弃”的生产生活方式。为了延续资本主义的生产生活方式，资本主义必须不断前进和扩张。因为一旦停止追求利润，危机就会来临，资本主义制度就会崩溃。正如约瑟夫·阿洛伊斯·熊彼特所指出的，“资本主义是一个过程，静止的资本主义本身就自相矛盾”。可以说，工业文明的高速发展是伴随着资本主义生产方式的不断扩张而实现的。资本主义生产方式的本质就是追求无限制的经济增长。

马克思、恩格斯深刻分析了资本主义生产方式的全球扩张本性。他们认为资本主义生产方式把单个国家的历史活动纳入“世界历史性的共同活动”，因为“它使每个文明国家以及这些国家中的每一个人的需要的满足都依赖于整个世界，因为它消灭了各国以往自然形成的闭关自守的状态”①。由于资本主义生产方式揭示了现代社会的经济运动规律及发展趋势，马克思预见到，那些经济落后、工业不发达的国家将会以工业发达国家作为自己发展的未来目标。

资本主义制度的扩张逻辑从根本上决定了资本主义制度在生态上的不可持

① 马克思恩格斯选集：第1卷［M］. 北京：人民出版社，2012：194.

续性。地球生态系统具有有限性，而资本主义制度具有无限扩张和利润冲动。当无限的获利冲动与有限的生态系统相遇时，危机就不可避免地发生了。因此，资本主义制度加剧了现代工业文明的扩张，全球性生态危机的出现正是现代工业化生产方式扩大到全球的结果。

生态危机是现代工业文明的危机，这是由现代工业社会的内在逻辑所决定的。现代社会具有导致全球生态危机的趋势，但趋势不等于命运，也就是说工业文明并不意味着就会出现生态崩溃的恶果。因为人类是会反思的有智慧的动物，只要我们能够找到问题的根源，有一种自觉的意识去寻找避免危机的方法和途径，采取及时有效的行动，那么就可能会延缓或者避免全球生态危机的恶化，使危机出现新的转机。

3. 自然生态系统与社会制度的反思

生态危机是由于人类活动超出自然生态系统的承载能力，进而使外在环境发生变化、自然系统无法进行自我恢复，最终导致自然生态系统失衡。人类生活在生物圈中，就必须遵守自然法则，按照自然规律去进行生产生活。但人类的文明从一开始就有着某种远离自然的特征，而且这种特征越来越明显。文明是根据人类自己而创造出来的，人类需要运用这种文明去改造自然界。人类文明的进步，带动了科学的发展、技术的革新，大大提升了人类的劳动生产力，改变了原有的生产方式，加快了对自然资源的掠夺和破坏。为了追求更多的物质财富，人类与自然界已经越走越远，直到自然环境的恶化以及大气变暖、土地荒漠化、能源匮乏等问题的出现。人类所赖以生存的环境发生了变化，人与自然的关系逐渐引起人类的关注，开始为所生存的环境着想，开始反思人与自然之间的关系。

在人类社会发展进程中，社会制度是影响生产方式、生产力的直接的外部力量。封建社会制度下人类以自给自足的自然经济为主要的生产方式进行生产活动，人类对自然的改造能力有限，人类能够按照自己的想法对周边的自然环境进行小范围的改造；封建社会制度下的人与自然能够和谐相处，人类改造自然的能力有限；自然界是一个有机的整体，人类在此时对自然界既能开发利用又能合理保护。到了资本主义制度下人类进入机械大生产时期，人类成为自然界的征服者，人们的自然观、价值观和历史观均发生了变化，人们的思维方式中带有机械论的色彩；为了满足维持制度的长久，对制度下的人们许诺更多的物质生活条件，致使机械化大生产大肆掠夺自然资源，最终招致自然的惩罚；大自然中其他生物的生存环境变小，生物多样性锐减，自然灾害频繁发生，引发全球性的生态危机。

生态危机是人类在改造自然时形成的，对思维方式的反思是人类对自然进行改造活动的反思。哲学本体论主张的主客二分法是现代工业文明时代提出的人与自然的关系，人与自然是主体和客体的关系，坚持人类中心主义，认为世界的中心要以人为中轴线，所有社会关系要以人为主，这样就导致人要满足自身所需，一切都要从人的利益出发，为人的利益服务。人与自然之间是对立的，直接的后果就是自然环境无法承受人的物质欲望。对思维方式的反思，就是对人与自然关系的重新梳理。要有人与自然都是主体，二者是有机整体的意识，强调整体的协调性。

三、生态文明的自省与自觉

历史具有客观规律性。历史灾难往往是以历史的进步为补偿的。面对工业文明时代导致的全球生态危机给人类带来的历史灾难，人类如何将它转换为巨大的历史进步已经成为我们面临的重要挑战。历史推出了生态文明的历史任务，要求我们从更高的层次上重新思考并建构新的人与自然之间的关系。生态文明是全面反思工业文明发展道路的理性选择，是在充分吸收工业文明积极成果的基础上对工业文明的超越。无论是从广义而言，还是从狭义来说，生态文明都具有价值合理性、社会正当性和历史必然性。生态文明既是人类对工业文明进行深刻反思的成果，也是人类文明发展理念、模式和形态的重大进步。

（一）追求自然和社会整体利益以实现文明创新

生态文明的核心问题是人与自然的关系问题，认识不清这个问题或者不转变观念，生态文明就不可能实现。① 关于人与自然的关系，长期以来一直存在着谁是主体、谁是中心的争论，对此问题的不同回答，形成了“人类中心主义”与“非人类中心主义”的两种认识论。近代以来兴起的各种“人类中心主义”（前述）都只承认人类的主体性，认为自然是纯粹的客体。人是自然的主宰者和征服者。与此相对的“非人类中心论”认为人类应该意识到人只不过是大地、森林和动植物、河流、岩石等自然物的一种，因而在看到人的价值的同时，也要认识到其他自然物的价值。“非人类中心论”认为人类必须承认动植物的权利和非人类生命的内在价值，应把人类的道德关怀扩展到非人类领域。非人类中

---

① 杨谦，曾静．从自然观的历史嬗变谈“美丽中国”生态文明的构建［J］．甘肃社会科学，2013（6）：23-26.

心论包括动物解放或动物权利论（以辛格、雷根为代表）、生物中心论（以施韦泽、泰勒为代表）和生态中心论（以利奥·波德、阿伦·奈斯为代表）。“非人类中心论”实质是将人与自然视为一个浑然一体的整体，并主张以这一整体为中心。

生态文明的自然观是超越“人类中心主义”与“非人类中心主义”观点的自然观。认为人本身是自然界的产物，人与自然是不可分离的有机整体，人类既不能主宰自然，也不能受自然的奴役，而是必须建立一种和谐共生的关系。

1. 树立系统整体的生态价值观

首先，必须认识到地球上任何物种的存在都对其他物种的生存创造着积极的意义，都对维护整个生态系统的稳定和平衡发挥着重要作用。而整个自然生态系统的稳定平衡对人类生存具有极其重要的环境价值。因为人是自然发展到一定阶段的产物，人的生存发展需要适宜的自然环境，如可供人类生存的土地、清洁的水、洁净的空气、适宜的温度湿度、多样化的生物等，这些都是稳定的自然生态系统带给我们的，必须重视生态环境的这一根本价值，我们称之为环境价值。其次，人是主体，人从自然界中获取自身生存发展所需的资源，就必然要消耗自然界中的资源。这就是我们所说的生态环境的资源价值。由此可见，环境价值和资源价值（使用）二者是不同质的价值，对于人类生存发展会产生悖论。人要实现整体的生存，就要保存生态的环境价值，因而要对自然进行保护；另外，人要实现局部和个体的利益，在生存竞争中具有主动地位，又必须不断消耗能源，满足自己的各方面需要，但这样做的最终结果是对自然的破坏。看似悖论，其实是统一的。这就要求我们树立人与自然是对立统一的观念。既要对自然进行开发，又要进行合理适度的开发，不能无限制地开发自然，不能无限制地使私利膨胀，开发的标准就是保持自然生态系统的稳定和平衡。为此，必须转变人定胜天的理念，转变无限制地追求发展的理念，树立经济、社会与生态平衡的整体系统的生态价值观。

2. 生态文明是多样性和整体性的统一

生态文明不仅把包括人类在内的自然界视为一个有机的系统，而且认为社会也是一个有机的系统，人类是这个世界的一部分，且人自身也是一个有机的系统，是一个自我运行的系统。需要指出的是，虽然生态文明自然观强调整体性思维，但这种思维并不是一种极端的整体主义，它同样承认并努力维护世界和生态价值的多样性。事实上，“最大限度地自我实现就需要最大限度地多样性和共生"①。因为"各不相同的地区、千差万别的生活经历理应导致全球范围内多姿多彩的文化经历和各具特色的生活方式"②。

因此，生态文明是多样性与整体性的统一。生态文明的价值观强调尊重多样性，同时生态文明更加强调整个人类、整个地球的整体性与统一性。"没有胸怀全球的思考，便不能树立环保的严正性与完整性。全球责任并非限于考虑全球性的利弊得失，它也意指应用一种整体思维方式，改变公共政策和公民行为中屡见不鲜的支离破碎、见木不见林的思维方式。"③ 生态文明的整体性要求从根本上反对对任何地区的人民进行经济剥削或政治压迫，这种情况不仅从人道主义角度看是无法接受的，而且从务实的现实角度看也将无法维系环保的严正性与完整性。生态问题不再局限于特定的区域、特定的国家之内，生态危机是全球性的。因此，建设生态文明也需要从整体、从全球的角度来考虑问题。④

（二）突破发展困境以实现社会全面转型

现代工业文明引发了文明的困境，社会发展出现了各种矛盾和问题，要解决这些问题，必须从文明整体转型的角度，超越现代工业文明，建立生态文明。工业文明以大工业和城市化为主要特征，以"大量生产、大量消费、大量废弃"为主要的生产生活方式，以物的依赖和金钱至上为主流价值观。生态文明必然呈现出与工业文明不同的思维方式、发展方式与生产生活方式，是所有文明要素的整体转型。

1. 思维方式的转换

现代工业文明时代的哲学本体论主张主客二分法，人与自然是主体和客体的关系，强调人与自然的对立。因而，这一价值观强调人类中心主义，认为人是世界的中心，一切从人的利益出发，为人的利益服务。这不符合生态文明的要求，而且现实中人体现为单个个人或者利益群体，个人和群体的利益又是各不相同的，因而以人为中心实质是以个人或少数利益群体为中心，这是工业文明时期的哲学基础。

生态文明的世界观是"人—自然—社会"有机统一的世界观。人与自然都

① 纳什. 大自然的权利［M］. 杨通进，译. 青岛：青岛出版社，1999：185.

② 科尔曼. 生态政治：建设一个绿色社会［M］. 梅俊杰，译. 上海：上海译文出版社，2006：117.

③ 科尔曼. 生态政治：建设一个绿色社会［M］. 梅俊杰，译. 上海：上海译文出版社，2006：132.

④ 王宏斌. 生态文明：理论来源、历史必然性及其本质特征——从生态社会主义的理论视角谈起［J］. 当代世界与社会主义，2009（1）：165-167.

是主体，二者是有机统一的。世界是有机联系的统一整体，整体与部分的关系中，整体决定部分，更加强调事物之间的联系，以整体性为特征，追求人与自然和谐发展。价值观上，生态文明强调整体的系统的价值观。思维方式不是一种线性思维，而是整体性动态性的生态学思维，用整体性方式观察、认识整个世界，分析并解决现实中的各类矛盾。

2. 经济发展方式的转变

18世纪工业革命以来，随着科学技术和机器化大生产的发展，西方资本主义进入经济快速增长时期。传统经济增长方式的显著特征是“资源—产品—废弃物—污染治理”的线性增长。这一增长方式的结果就是经济增长得越快，产品生产得越多，消耗的资源就越多，产生的废弃物就越多，对环境的污染就越严重，生态的退化甚至人类的健康就越受到影响。20世纪六七十年代，大规模环保运动在西方发生，人们开始质疑经济无限增长的合理性。因为地球上的资源是有限的，就这一点来说，经济无限增长是不可能实现的，但经济发展是可持续的。因此，生态文明必须通过生产方式的变革来实现。

生态文明社会，应是发展非物质经济，建立循环低碳绿色的经济增长方式。所谓非物质经济，就是“指以服务、信息技术和知识为基础的经济，即经济增长而物质流不增加的经济”①。这主要包括信息业、文化艺术业、生态旅游业等各种现代服务业。这种非物质经济如果按照有利于人与自然和谐发展的生态规律来进行发展的话，就会大大推动经济社会的整体发展。工业文明时期的物质经济是不可持续的经济，因为人们对物质的追求就像“吸食可卡因和尼古丁一样，是会上瘾的”，在物质资源有限的情况下，是无法满足人们无限的需要的。② 而非物质经济的特点是节能和环保，因而可以通过发展生态学指导的非物质经济使发展得以持续，人民福利得以提高。这就意味着经济活动应实现根本的转变。

3. 生活方式的改进

现代工业文明社会的主流价值观是物质主义和享乐主义，这一价值观与“资本逻辑”是一致的，即认为拥有越来越多的货币及货币的物质形式是自我价值实现的唯一标志。在这一主流价值观下，消费主义自然盛行。认为消费是经济发展的主要动力，鼓励高消费。消费得越多，就越幸福。在这样的价值观、消费观指导下，人们就是大量购买商品、大量消费和大量丢弃的生活方式。据

---

① 卢风．生态文明新论［M］．北京：中国科技出版社，2013：129.

② 艾尔斯．增长范式的终结［M］．戴星冀，黄文芳，译．上海：上海译文出版社，2001：162.

统计，占世界人口20%的富人，消耗着80%以上的不可再生资源和其他资源，因此也丢弃了高达80%的废弃物。这种生活方式不符合生态学规律，如果全球几十亿人都按照这样的方式追求人生的意义和幸福，那么世界就会走向毁灭。

生态文明追求一种可持续的生活方式。必须反省物质主义和消费主义的非生态性质，摒弃这一价值观，实现可持续的消费。一是适度合理消费，反对过度的物质消费。我们需要物质消费，但不需要物质主义消费，更加反对奢侈浪费。生态文明的消费是满足多样化的需求，是对商品和服务选择多样化的需求，对商品质量和数量多样化的需求，但不是以炫耀物质财富的方式显示自我的需求。二是绿色可持续消费。优先购买绿色产品，即进行不污染环境，不破坏健康的消费，对自身、对当代人和后代人、对自然都负有责任的消费。因为生态文明的消费不仅仅是个人的事情，它不仅体现社会责任感，而且有利于对生产产生良性作用。三是从崇尚物质消费转向崇尚精神消费。人的自我价值实现不应体现为金钱的获取和物质财富的获得，丰富的精神生活不可或缺。我们应当像哥伦布探索世界一样去探索内心的“新大陆”，丰富我们的精神生活。英国经济学家E.F.舒马赫指出：“人的需要无穷无尽，而无穷无尽只能在精神王国里实现，在物质王国里永远不可能实现。”① 可见，物质享受是个永不满足的过程，而精神享受和生态享受容易实现。物质基础只是实现自身价值，使人类获得快乐和幸福的条件，而不是根本。我们应当更多地关注精神需求，因而应当更多地进行精神性消费和观念性消费，以满足人们的文化和精神需求。这样的生活方式让人生更加充实丰盈，是更符合人的本性、更符合自然本性、更适应时代潮流的有更高生活质量的生活方式。而物质的永不满足的消费带给人类的是贪婪、奢侈、不满足、失衡等各种负面影响。

4. 社会制度的改造和更新

面对工业文明引发的生态环境问题，20世纪70年代初以来，资本主义国家采取了建立健全严格的具体生态环境制度，调整各项政策等措施，在生态环境保护与治理方面取得了很大成效。当前，可以说欧美资本主义国家的生态环境得到了很大改善，但这是否意味着现代资本主义其实是能够解决生态环境问题的呢？本书认为，我们必须承认当代发达资本主义国家生态环境有了极大改善这一事实，但是这既与发达资本主义国家的发展阶段、资源禀赋和科技条件有关；又与他们借助全球化市场进行大规模的传统经济和产业转移有关。当然，

① 舒马赫．小的是美好的［M］．虞鸿钧，郑关林，译．北京：商务印书馆，1984：12.

大规模的环境保护运动也迫使发达资本主义国家调整他们的经济政治制度，积累了丰富的环境立法、行政管治、公民参与等方面的有益经验，但这并不能代表资本主义具有解决生态问题的天然合理性和有效性。因为建立在不平等的世界经济政治秩序和特定历史机遇前提下的“生态化道路”的普遍性是有限的，不仅缺乏历史正义、社会正义、环境正义与生态正义意义上的论证与辩护，而且很难在现实实践中加以简单模仿。[①] 它们的最大局限在于无法超越资本主义所固有的“资本的逻辑”，因此资本主义只能在本国内和一定程度上改善生态环境问题，但不能解决生态环境问题。必须通过社会主义制度的确立，用社会主义的方式解决生态环境。

在马克思、恩格斯看来，资本主义私有制是资本主义社会人与人、人与自然不和谐的根源，要达成人与人、人与自然的和谐，必须消灭资本主义制度，建立共产主义社会。马克思、恩格斯认为，人与人之间的关系和人与自然之间的关系是密不可分、相互制约的。马克思主义不仅追求人与人、人与社会关系的和谐，也追求人与自然关系的和谐。20 世纪 70 年代发展至今的生态学马克思主义继承了马克思主义的生态思想并对之进行了发展。他们认为资本主义社会的生态危机根源于资本主义制度。在资本主义制度下，资本为了实现其不断增值的目的，资本家为了获取更多的剩余价值，在无限扩张的本性下不断地扩大生产，目的不是满足人们自身的物质文化需要，而是获得更多的交换价值，也就是获取更多利润，这就造成了“劳动的异化”和“人的异化”，最终造成有效需求不足，出现生产过剩的危机，并引发资本主义经济危机。美国生态学马克思主义者詹姆斯·奥康纳在这一基础上，阐述了资本主义的生产力和生产关系与“生产条件”之间的“资本的第二重矛盾”。这里的生产条件既包括劳动力条件，也包括土地、交通和基础设施，更包括自然环境。资本的逐利和无边界扩张的本性，必然会导致对自然资源需求的无限扩大，从而造成资本与自然之间的矛盾。同时，由于市场竞争的压力，注定资本为了获得利润，一定会将生态环境质量的维护成本“外部化”：在国家之间，表现为少数发达国家对广大发展中国家的“污染输出”；在一个国家内部，表现为少数富裕群体对广大民众生态环境权益的侵害。这既有主动为之的主观因素，也有不得不为之的客观必然。或者说，这既是自发的行为，也是明知故为的行动。更需要说明的是，在资本主义条件下，生态不公正所引发的人与人、人与自然的关系是造成不公正

---

① 郇庆治．“包容互鉴”：全球视野下的“社会主义生态文明”［J］．当代世界与社会主义，2013（2）：14-22.

的社会生产和经济关系的前提。“资本逻辑”产生的矛盾不仅会产生经济危机，同时必然导致生态危机，最后导致社会危机。由此可以说，生态环境问题是资本主义制度的固有本质。资本主义制度不可能彻底消除和根本解决包括自己国家的生态危机在内的全球生态环境问题。为此，必须改造和更新资本主义制度，即以一种不同于资本主义的更理性的方式来调节人与自然、人和人之间的关系。

人类追求生态文明，需要社会制度的改造和更新，至少要从以资本主义制度为主导的人类发展路径中摆脱出来，采用一种不同于资本主义的更理性的方式来调节人与自然之间的物质变换。在新的生态理性引导下，对资本主义市场关系、生产关系和财产关系进行生态重构，对资本主义物质主义和大众消费主义文化进行生态重塑。将满足人们的全面健康发展作为生产活动的根本目的，实现生态可持续发展；抑制资本崇拜和贫富差距扩大，建立公平公正的社会。

（三）尊重自然以促进人类自我觉醒

汤因比在《历史研究》中强调，“文明起源与生长的法则是人类对各种挑战的成功应战。一个文明如果能够成功应对来自生态环境的挑战，那么它就可能走向繁荣和发展，反之则会导致衰落和灭亡”①。人类社会的历史就是人与自然的关系史。人类从动物中脱离出来，逐渐发展为有思想且能把自己的想法诉诸自然界时，人类就步入了文明时代。随着人对人自身认识的深化，人对自然的认识也逐步深化。原始社会时期，人对自身对自然都知之甚少，人类处于自发地服从和畏惧自然界时期；农业文明时期，人们利用自己的智慧和经验提升了工具的效用，人对自然的认识进一步加深，人在自然中的自由度有所提升，但总体上人类改造自然的能力有限，人类仍处于受自然剥削的地位；工业文明时期，随着科学技术的发展，人们对自然界的认识有了前所未有的提升，人类活动超过了自然所承受的能力，人类面临严重的生态灾难。现代工业文明由于缺乏生态的自觉，正面临着衰落的趋势，历史提出了推进生态自觉，建立生态文明的任务，这是人类遵循自然规律的必然结果。

1. 原始社会时期人类完全受制于自然

几百万年前的原始社会时期，生产力水平极其低下，人类主要就是通过采集和渔猎直接利用自然物来生存，可以说离不开自然的恩赐。

同物质生产力水平的低下具有一致性。原始社会的精神生产能力非常低下，其主要的精神活动是原始宗教活动。表现形式为图腾崇拜、原始巫术和万物有

---

① 汤因比．历史研究（上）［M］．曹末风，等译．上海：上海人民出版社，1986：74-98.

灵论等。人类把自然当作神秘力量，自然完全成为人类的主宰，人类成为自然的奴隶，人与自然之间处于一种绝对权威和绝对服从的原始的低层次的和谐关系，但是这种人与自然的紧密关系不是人类主动追求的结果，是生产力极其低下的状态下人对自然的畏惧的外在表现和被动应对。

2. 农业文明时期人类获得了初步自由

大约一万年前的农业文明时期，由于铁器的使用，人改变自然的能力有了质的飞跃，人类主要通过农耕和畜牧来创造适当的条件，使人们所需要的植物和动物得以不断繁衍；人类对自然力的利用已经扩大到风力、水力、畜力等，大大增强了改造自然的能力。人在自然中获得了一定的自由空间。

农业文明时期，人们以自给自足的自然经济为主要生活方式，基本靠天吃饭，对自然的依赖仍然非常强。因此，人们对历史遗留下来的经验和常识非常看重，人们习惯于一成不变地按照先辈留下的传统去生活，对土地有一种天然的依恋。所以，古代农业文明时期人与自然能够和谐相处，人们把自然界看作一个有机的整体，形成了对自然既开发利用又保护爱护的思想。

因此，农业文明时期人类对自然的改造虽然有了一定的自由度，能够对自然环境按照自己的想法进行小范围改造。但由于这一时期生产力发展和科学技术发展比较慢，人们对自然的改造能力有限，人类和自然处于初级平衡状态，但这只是一种落后的经济水平上的生态平衡，人类对自然的认识还不成熟，人们总体上还是受约束的，没有实现物质和精神的真正解放。

3. 工业文明时期人类成为自然的征服者

300 多年前的工业文明，由于蒸汽机的使用，人类改造自然取得巨大成功。工业文明开启了人类的现代化生活。工业文明的迅速扩展，极大地提高了人类改造自然的能力和强度，人在自然中的自由空间越来越大。

工业文明的出现彻底改变了人与自然的关系。人类不再惧怕自然，发现了自身潜在的力量，从弗朗西斯·培根宣扬“知识就是力量”开始，人类开始了凭借知识和理性对自然界展开进攻的进程，人类觉得自己再也不用敬畏自然界了，人类有办法应对自然界的任何难题。

工业文明时期，生产的机械化带来了思维方式的机械化，人们的自然观、历史观和价值观都带有机械论的观点。人们把社会、自然和人都看作机械，看到了它们的静态结构。在工业文明下，人是自然的征服者，人与自然之间是利用和被利用的关系，人们把自然看作是原料库和垃圾箱，认为自然是无限的；同时，人们忘记了自然规律，为了满足自己的欲望不断对自然进行无限的开发和利用，最终招致了自然的惩罚，出现了生物多样性锐减、全球气候变暖、自然灾害频繁发生等全球性生态危机。生态危机实质是工业文明的危机。历史提出了生态文明的要求。

4. 生态文明时期人与自然和谐发展

生态文明时期，人类对自然的认知应该达到一个新的高度。生态文明要求在对工业文明的积极成果进行继承的基础上，转变工业文明时代人类对待自然生态系统的态度和行为，自觉地以促进人与自然和谐为目标和使命，以生态价值观规范人类的行为，通过积极的科学的实践活动，谋求人与自然的和谐共生和协同进化。因此，“生态文明是一种更高层次的绿色文明，是对初始的低级的绿色文明的否定之否定，是对黑色文明的扬弃，是人类社会向更高文明状态发展的使然”①。

四、现代化进程中的生态文明

（一）生态文明的自然维度

1. 生存环境需要生态文明

适宜的自然环境需要维护自然生态系统的稳定和平衡，只有保持可供人类生存的土地、生存的空间、所需要的生存能量等，才能使人类的生存得到保障，因此必须重视生态环境这一根本价值，使自然环境可供人类持续使用。自然界是人类获得资源能量和生活资料的源泉，而获取资源来维持自身的生存和发展，满足自身的消费和欲望，必然要以消耗自然界的资源能量为代价。这就要求人类在满足自身利益的情况下，要对自然进行有标准的有限度的开发和利用。这个标准和限度就是要以生态文明的标准和限度来实施对自然界的开发和利用，维持自然生态系统的稳定和平衡。无论世界各地的生活是什么样的，文化是什么形式的，人的生存都需要从自身做起、从国家做起，实现人类整体生存环境的需要。

2. 现代人类社会需要生态文明

人类社会发展到今天，面对全球性的生态危机给人类带来的历史灾难，人类如何将生态危机转换成为我们发展的机遇，解决生态问题成为我们的头等大事，生态危机所产生的灾难往往是以历史的进步为补偿的。以前的哲学家几乎把某种经济形式描写成一成不变的，所不同的是，大卫·李嘉图只把表现纯粹

① 廖福霖．生态文明建设理论与实践［M］．北京：中国林业出版社，2003：33.

资产阶级关系的规律描写成整个人类社会的发展规律，而托马斯·罗伯特·马尔萨斯则把整个以阶级统治和阶级剥削为基础的经济规律描写成人类社会永恒的发展规律。实际上，资本主义的生产活动既受它本身的内在规律所支配，同时也受外部环境的影响。资本主义这样发展生产力，好像无视自然界这个有限的社会基础，又好像无视这种生产力的局限性，自然的有限性好像根本就不存在，只是为了满足生产而生产。其实这是资本主义社会中最深刻、最隐秘的内容，只有这样才能维持资本主义制度。现代社会的发展，需要出现更高级的生产力来解决全球性的生态危机。

（二）生态文明的社会维度

生态危机似乎成为现代化进程中不可逾越的鸿沟。要解决这一问题，必须实现社会全面转型，转变已有的思维方式、经济增长方式、生活方式，同时还需要社会制度的改造和更新，以突破社会发展困境。德国学者尤根·莫尔特曼在《创造中的上帝：生态的创造论》一书中指出，生态危机是人类社会在进行着最后的生产活动，也是最后对地球破坏的时代，人类要克服并战胜生态危机，人类必须与自然进行彻底的关系转变，人类要将人类对地球的主宰地位转变成人与自然融为一体，要将对自然的破坏行为转变为自然的自身修复，不仅是为了自然环境，更是为了人类自身的发展。①

1. 转换人类思维方式

人类的思维方式是人类认识世界的一种高级反映形式，人类通过思维方式改变着人类对自然界的认识。当人的思维决定要从自身利益出发去获取和满足自己时，无视了自然界的存在，对自然环境、自然资源造成破坏时，人类的思维方式起到了推波助澜的作用。在思维方式转换上，人类不仅要用智慧的思维去观察，也要用自然思维去认识和感知，通过分析问题，来解决现实中的各类矛盾，加强生态文明世界观的引导，使人类的思维方式得到转换。

2. 转变经济增长方式

经济增长一直是人类在社会活动中追求的目标之一。传统的经济增长方式是线性增长，即“资源—产品—废弃物—污染治理”。线性增长的好处在于能直观地了解增长的速度、产品的产量。这种经济增长方式的缺点就是增长速度越快，产品越多，消耗资源越多，相应所产生的废弃物也越多，治理污染的难度

---

① 莫尔特曼．创造中的上帝：生态的创造论［M］．隗仁莲，等译．上海：生活·读书·新知三联书店，2002：38-39.

也越来越大、成本也越来越高。随着西方绿色环保运动的兴起，线性增长的经济发展模式遭到人们的质疑，人们开始质疑这种经济无限增长的可能性、持续性，因为就地球而言，自然资源和能源资源是有限的，增长不可能具有无限性，因此就必须要进行经济增长模式的变革。要通过非物质经济增长方式来实现经济增长方式的转变，转变线性增长模式。非物质经济就是“以服务、信息技术和知识为基础的经济，即经济增长而物质流不增长的经济”①。同时，循环经济也是发展的路径之一。循环经济鲜明的特点就是，提高资源利用率、循环率，在生产和再生产的各个环节充分高效地利用，形成“资源—产品—废物—再生资源”的循环型生产模式，达到低消耗、高产出、低排放、节约资源、保护环境的目的，最后将人、资源环境、社会经济统一在人民群众满意的和谐社会之中。

3. 改进人们生活方式

人类生活方式的改进可以大大降低废弃物的排放。在现代工业文明社会中，物质主义和享乐主义成为社会主流价值观。换言之，拥有大量货币及货币形式是实现自我价值的唯一标志。在这种价值观的支配下，人类生活方式向着高消费、大量占有的方向发展，使资源的消耗变大，大量废弃物产生，严重污染生态环境。对物质财富的追求，人的需要是无穷无尽的，而要想满足人的物质追求，只能在精神王国里实现，物质王国的有限性决定其永远不可能实现。只有改进这种奢侈的生活方式，人类才能持续生存。在未来的生活方式发展中，要以生态的生活方式去追求自我价值的实现。一是对消费要有适度性，在考虑自然承载能力的同时进行适度消费，节俭为主；二是注重产品的环保性，应遵循循环再利用的原则，尽量减少废弃物；三是要保持可持续的消费观，达到社会公平，不能以牺牲他人为代价进行自身满足；四是要倡导人们注重精神文化生活，通过提高人们的道德和精神情操，转变消费理念。

4. 改造和更新社会制度

20 世纪 70 年代以来，人们开始对生态环境进行治理和保护。资本主义国家建立健全生态环境制度，严格执法，取得了很大的成就。但这种成功是将本国内污染大、消耗资源多的企业转移到别的国家生产而产生的，借助全球化市场将环境风险转移，尽管这样做能解决自身问题，但自然资源还是大量减少，危机在局部形成。在马克思和恩格斯看来，人与自然的不和谐，就是资本主义私

---

① 卢风．生态文明新论［M］．北京：中国科学出版社，2013：129.

有制造成的，就是人与人、人与自然不和谐的根源，要使人与自然和谐，就必须消灭资本主义，建立共产社会主义。资本主义所有制，资本的逐利性，资本主义的生产方式、生活方式从头到脚都是生态危机的制造者，必须对资本主义制度进行改造和更新，撕开虚伪的外衣，构建一个更能够调节人与自然关系的社会制度，用更理性的方式来调节人与人、自然、社会的关系。

（三）生态文明的文化维度

自然界在机械化大生产之前，一直保持着自己的调节功能，整个自然界在自然系统体系中自我循环，按照自己的运行轨迹存在于茫茫宇宙之中。当人类智慧终于冲破自然枷锁的时候，这个星球终于也发出了自己的声音，如臭氧层减少、海平面上升、气候变暖、冰川融化等。自然界有着最朴实的文明可当人类的世界创造了属于自己的文明时却在不经意之间破坏了一个自成体系的天然文明。当这两个文明发生碰撞的时候，人类才感到自己所创造文明社会的渺小，小到不堪一击。人类破坏自然社会从18世纪开始延续到现在，仅仅三个世纪就要面对地球这个星球的惩罚。是人类重新梳理文明的时候了，正如马克思在写给恩格斯的信中所说："文明，如果它是自发的发展，而不是自觉的，则留给自己的只是荒漠。"① 尊重自然、爱护自然，自觉将人类推向生态文明的轨道，沿着符合自然规律的轨道行驶，人类会走得更远。

1. 放眼未来，关注生活

当代著名哲学家高清海认为，人类的目光不能仅仅局限于利弊得失。在整个人类的发展历程中，人类的目光要放眼未来，关注人类未来的发展。我们坚信，人类的发展不论经历多少痛苦和罪恶，多少冲突与矛盾，总是日益前进的。随着人类的生活条件越来越好，社会方向也会趋向合理化发展。发展的车轮谁也阻挡不了，面临的各种问题都会找到办法解决。我们没有理由悲观、自责，应当信任人类自己会找到办法来解决面临的问题，但这一定要以提高人的自觉意识和自觉行动为前提条件，以敢于与丑恶势力作斗争的决心和勇气为必要条件。这样人类就会保持积极乐观的态度，奋发向上。

2. 社会发展，循序渐进

社会发展进程永远都是从初级到高级循序渐进的一个过程。把生态文明与工业文明相对比可发现，生态文明是工业文明的高级文明形态。正如郇庆治指

---

① 马克思恩格斯选集：第1卷［M］. 北京：人民出版社，2012：256.

出的，“现代工业文明与城市文明是生态文明的对立面或超越对象”①。生态文明的文明形态也应该是从低到高的一个发展轨迹。人类社会是在曲折中前进发展的，有的学者认为生态文明的社会形态具有乌托邦色彩。诚然，发展到生态文明社会需要历史的时间去衡量，但人类社会必须要有更高的目标追求，更理想的生活状态。只有这样，人类在发展的历史长河中才不会迷失在现实的雾霾之中，才能有前进的动力，并制定与之相匹配的政治、经济、文化、社会、生态文明建设等制度、措施。马克思说：“一切社会变迁和政治变革的终极原因，不应当到人们的头脑中，到人们对永恒的真理和正义的日益增进的认识中去寻找，而应当到生产方式和交换方式的变更中去寻找。”② 生产方式和交换方式是社会发展重要的衡量要素，只有生产方式的改进、交换方式的转变，才能使人类社会不断地进行技术创新、理念创新、观念创新，才能够为人类自己制定的目标奋斗并使之实现。

---

① 郇庆治．社会主义生态文明：理论与实践向度［J］．汉江论坛，2009（9）：11-17.

② 马克思恩格斯选集：第3卷［M］．北京：人民出版社，2012：654.

第三章　建设人与自然和谐共生现代化的理论渊源

马克思和恩格斯在黑格尔、费尔巴哈人与自然相对立的二元逻辑基础上，以自然为第一性，将人与自然同实践联系起来，坚持唯物主义基本原则，最终形成辩证唯物主义生态文明思想。生态学马克思主义从历史唯物主义研究生态危机产生原因，评判资本主义制度和生产方式，构想解决生态危机的社会形态是生态社会主义社会。中国传统文化的历史底蕴、文化根基为建设生态文明奠定了必要的理论基础。“天人合一”是主客未分的朴素思维方式，“主客二分”是近代思维方式，但二者都是讨论人与自然的问题，建设生态文明也是解决人与自然的关系问题。

我国正处于社会转型之中，但并不会自动成功地转成一个经济社会进步和生态良好的现代化社会。这一巨大的现代化实现过程，既需要马克思主义理论的指导，又需要中国传统文化的浸润，还需要借鉴资本主义的优秀成果。同样，我们要想解决现代化进程中的生态危机，实现人与自然的和谐共生，首先应该到马克思、恩格斯那里去寻找思想资源；其次，随着资本主义的发展、生态危机的凸显，马克思的后继者运用马克思、恩格斯观察和思考问题的立场，将马克思主义与生态学相融合，创立了生态学马克思主义理论，为当前生态文明建设提供了理论支持；最后，中华文明自古以来就十分关注人与自然的关系，在实践中形成了中国传统的丰富的生态文明智慧。此外，由于先发国家较早经历了环境问题，因而它们对生态文明建设探索的理论成果也可以为我们建设生态文明提供有益的借鉴。

一、马克思主义经典作家的生态文明思想

马克思、恩格斯在对资本主义进行批判，对未来社会进行预见的过程中，已经敏锐地觉察到资本主义发展所带来的人与人、人与自然的不和谐，并揭示了现代资本主义生产方式导致了人与自然之间关系的对抗，提出只有建立社会

主义社会，才能实现人与人之间、人与自然之间的“和解”。马克思恩格斯生态思想主要体现在《1844年经济学哲学手稿》（1844）、《德意志意识形态》（1845）、《英国工人阶级状况》（1845）、《资本论》（1867）、《反杜林论》（1878）和《自然辩证法》（1925）等著作中。马克思、恩格斯虽未形成自觉的生态学理论，但他们揭示了人与自然之间的辩证统一关系，并指出人与自然之间的关系本质上是人与人之间的社会关系。他们对资本主义制度进行批判，指出由于资本主义私人占有制的存在，人与自然之间的物质变换出现断裂，导致人与自然关系的紧张。人与自然之间矛盾的解决要以人与人关系的解决为前提，而这只能通过变革资本主义制度、建立社会主义社会来实现。

（一）人与自然的辩证统一关系是核心观念

马克思、恩格斯对人与自然关系的认识是在批判地吸收古代和近代自然观的基础上形成的。古代自然观是与当时的自然科学不发达紧密联系在一起的，古希腊思想家认为，整个自然界的运动是受理性引导的，具有目的性的生命运动。16世纪40年代，以哥白尼的《天体运行论》为标志的近代自然科学的出现，使得近代自然观逐步取代了直观猜测的古典自然观。但是，由于自然科学的发展还处在初期阶段，除了力学其他学科还远未达到完善，因此机械论自然观替代了古典自然观，认为宇宙是一部巨大的机器，甚至人与动物都是机器，强调对自然界的各种事物进行分门别类的研究，分析其局部静态的结构，这对于认识自然界有重要意义，但是把整个自然界看作是静止不变的东西，看不到自然界是一个有机整体，也认识不到自然界是处在运动变化发展中的，可以说陷入了一种形而上学的思维方式之中。19世纪中期之后，随着地质学、化学、生物学、细胞学等各种自然科学的发展，形而上学的自然观受到冲击，近代机械论自然观重新被有机论自然观所替代，而这种自然观与古典自然观不同的是其是建立在以实验为依据的严格的科学研究之上。但是，这种有机论自然观的自然却是离开人谈论的自然，是与人无关的自然存在，并没有从主体出发来认识自然界，因此无法认识到现实的人的实践活动对自然的影响。费尔巴哈看到了人的存在，但却看不到人的实践活动，因而认识不到人与自然之间的联系，认为自然界是与人分开的，人以外的自然存在。黑格尔虽然从主体出发来理解自然，但是却认为自然界是精神和观念的展现，自然的发展是人的精神思辨活动的表现，而不是人的实践活动的结果。马克思、恩格斯在批判吸收上述各种自然观思想的基础上提出了唯物主义自然观的思想，既看到了自然界是永恒发展的活物，又认识到人可以通过自己的实践活动对自然进行改造，从而摆脱了僵化的思维方式，把现实的人与现实的自然统一起来。马克思恩格斯的生态思想主要包括以下几点内容。

1. 人与自然的统一性在于人与自然不可分割

首先，人类是随着自然界的发展演变而出现的。人是自然界发展的产物，是直接的自然物。人“自身的自然”与它“外在的自然”一起构成了完整的自然界。其次，马克思指出，人是自然界的一部分。“自然界，就它自身不是人的身体而言，是人的无机的身体。人靠自然界生活。这就是说，自然界是人为了不致死亡而必须与之处于持续不断地交互作用过程的、人的身体。”① 最后，自然界对人的生存和发展具有重要意义。马克思承认自然具有先在性和客观性。他指出：“没有自然界，没有感性的外部世界，工人什么也不能创造。”② 人的物质生活的丰富和精神生活的充实都离不开自然。因此说，不是自然界依赖人，而是人依赖自然界。

2. 人与自然统一于人化的自然界

人与自然界之间是辩证统一的关系。马克思、恩格斯认为自然界具有先在性和对人的制约性。人是有生命的自然存在物，人通过实践劳动来实现人与自然之间的物质变化，使生命得以维系。一方面，人必须不断地从自然界获取各种物质；另一方面，人的活动产生的各种排泄物必须通过能量流动返回到自然。人与自然之间的这种物质与能量交换关系是永恒的，必然的。因此，人始终要受到自然的制约。马克思反对离开人谈自然界。马克思、恩格斯理解的自然不包括洪荒的、与人无关的自在自然，而是指现实的、人化的自然。马克思指出：“被抽象地理解的、自为的、被确定为与人分隔开来的自然界，对人来说也是无。”③ 在马克思看来，人既受自然的制约，又具有能动性，表现在人能根据自己的需要和目的将自己的本质力量物化到对象中，从而达到改造自然的目的，这就是自然的人化。只有通过实践（劳动）活动对自然进行合目的的改造，使自然成为打上了人的实践活动印记的“属人的自然”，即人化自然，对人来说才是有意义的，这一部分自然在整个自然界中处于很小的一部分，但恰恰是这一部分才真正与人的社会生活和历史发展紧密联系。可见，马克思的自然概念具有社会性，正如德国哲学家施密特指出的：“把马克思的自然概念从一开始同其他种种自然观区别开来的东西，是马克思自然概念的社会—历史性质。”④ 由

---

① 马克思恩格斯选集：第1卷［M］. 北京：人民出版社，2012：55.

② 马克思恩格斯选集：第1卷［M］. 北京：人民出版社，2012：52.

③ 马克思恩格斯文集：第5卷［M］. 北京：人民出版社，2009：220.

④ 施密特. 马克思的自然概念［M］. 欧力同，等译. 北京：商务印书馆，1988：2.

此，人与自然的统一性不是体现在自在自然或客观自然，而是统一于人化的自然。

3. 自然的人化与人的自然化是内在统一的

在马克思看来，自然的人化是人类对自然有目的的有意识的改造活动，这是人与动物的根本区别。第一，自然的人化能为人类的生存和发展提供物质基础。人类通过实践劳动同自然界进行物质变换，从而实现自然的人化。马克思指出，劳动“是不以一切社会形式为转移的人类生存条件，是人和自然之间的物质变换即人类生活得以实现的永恒的自然必然性”①。人类通过劳动从自然界获取生存发展所需的物质，从而使人类生命得以延续和发展。第二，自然的人化体现人的目的，实现人的需要。马克思指出：“最蹩脚的建筑师从一开始就比最灵巧的蜜蜂高明的地方，是他在用蜂蜡建筑蜂房以前，已经在自己的头脑中把它建成了。”② 即人类按照自己的目的使自然发生改变。第三，自然的人化能提高社会生产力。人类在改造自然的过程中创造了大量的物质财富，又通过科学技术改进了生产工具，提高了社会生产力，推动着人类历史向前发展。

自然的人化与人的自然化是同一个过程。人在对自然进行改造的同时，也改造着自身的自然，增强了自身的本质力量。人的自然化，就是人必须将自然规律内化为自身的知识和能力，通过改变人自身的自然使人的活动符合自然规律，即合规律性。马克思指出，人通过“所处的自然环境的变化，促使他们自己的需要、能力、劳动资料和劳动方式趋于多样化”③。马克思所说的人的需要和能力的多样化过程就是人类为了遵循自然规律，使自身发生有利于改造自然的改变的过程，这就是人的自然化的主要内容。马克思指出，人的自然化与自然的人化二者是统一的，如果只强调自然的人化，就会出现当前所说的生态环境危机，造成人与自然的对抗；如果只强调人的自然化，就会出现人受制于自然，甚至被自然所控制的情况。二者的统一体现在人类的生产劳动是既合目的性又合规律性的统一。

4. 人与自然的统一是通过人的实践活动实现的

马克思、恩格斯认为，人类通过实践活动（劳动）与自然界进行物质交换。“劳动首先是人和自然之间的过程，是人以自身的活动来中介、调整和控制人和自然之间的物质变换的过程。”④ 劳动过程“是制造使用价值的有目的的活动，

---

① 马克思恩格斯文集：第3卷［M］. 北京：人民出版社，2009：58.
② 马克思恩格斯选集：第2卷［M］. 北京：人民出版社，2012：170.
③ 马克思恩格斯选集：第2卷［M］. 北京：人民出版社，2012：240.
④ 马克思恩格斯选集：第2卷［M］. 北京：人民出版社，2012：169.

是为了人类的需要而对自然物的占有，是人和自然之间的物质变换的一般条件，是人类生活的永恒的自然条件”①。

人类通过劳动使自然界发生了变化，提升了人类认识和改造自然的能力。但是，我们不能忘记人类对自然的改变是受自然规律制约的，否则我们人类就会自食苦果。因此，我们不仅应该认识到社会规律，还要认识到自然规律。人与自然之间的辩证统一关系是建立在人类遵守自然规律的基础之上的。

（二）对资本主义生态危机的制度批判

马克思、恩格斯让我们认识到人与自然具有辩证统一性，但是人类又是怎样造成了对自然的破坏呢？马克思创造性地提出物质变换（也可称之为新陈代谢）这个概念，认为人通过实践活动对自然进行改变，但这种改变是通过持续不断与自然进行物质变换和能量循环来进行的，而且这种改变必须以人与自然之间的物质变换和能量平衡为准则，否则就会出现生态问题，破坏人类的持续发展。马克思一方面赞扬和肯定了资本主义生产力的提高对人们生活水平的提升，另一方面又批判了资本主义生产方式对自然造成的恶劣后果。马克思指出，资本主义对剩余价值的追求，必然导致对自然资源的过量开发和滥采滥用，人从自然界中的获得远大于对自然的反馈，这使得人与自然的物质变换处于一种断裂与异化状态，人与自然关系不和谐，造成了环境恶化。马克思、恩格斯详细描述了资本主义生态恶化现象，并通过对资本主义制度的考察分析，找到了资本主义社会生态恶化的社会根源，即资本主义制度。为此，马克思、恩格斯从以下几点进行了批判。

1. 资本的逐利本性对自然过度利用和破坏

马克思认为，在资本主义社会中，资本占据统治地位，资本的本质不是“物”，而是一种社会关系，它控制着人与世界的关系。马克思从未掩藏过对资本作用的肯定，但也从未掩饰过对资本的批判。马克思尖锐地指出：“资本来到世间，从头到脚，每个毛孔都滴着血和肮脏的东西。”② 资本的本性决定了“资本逻辑”，即无限追求资本的增值，不断地把剩余价值资本化。马克思主义立足于资本批判的高度揭示出资本主义生态问题与资本逻辑的内在联系。在资本逻辑的支配下，自然界成为被利用和被掠夺的对象，自然界只有不停地为获取利润而服务才有价值，除此之外资本看不到自然的任何价值。生态环境的恶化实质上是资本同自然关系的恶化，换句话说，生态危机的实质是资本逻辑的统治。

---

① 马克思恩格斯选集：第2卷［M］．北京：人民出版社，2012：174.

② 马克思恩格斯选集：第2卷［M］．北京：人民出版社，2012：297.

资本家是资本的人格化身。资本的本性决定资本家只关心经济效益和高额利润，除此之外，他什么也不关心。为此，马克思对资本家进行批判，认为资本家唯一关系的事情是能否产生高额利润，其他方面比如自然资源成本和工人的身体状况都不在资本家考虑的范围之内。可见，获取利润成为资本家唯一的追求，他们并不关心因为追求利润而对环境产生的影响。“当西班牙的种植场主在古巴焚烧山坡上的森林，认为木灰作为能获得最高利润的咖啡树的肥料足够用一个世代时，他们怎么会关心到，以后热带的大雨会冲掉毫无掩护的沃土而只留下赤裸裸的岩石呢?”① 因此，资本的求利本性和逻辑不可避免地对生态环境造成了生产性破坏，人与自然之间的关系恶化。

2. 资本主义生产方式造成人与自然之间的物质变换断裂

马克思、恩格斯认为，人通过生产和消费获取自身发展所需的东西，产生了人自身新陈代谢的排泄物，以及工农业生产和消费的废弃物，为了维持物质流动和能量平衡，这些排泄物和废弃物必须返还于土壤，形成一个完整的代谢循环。马克思、恩格斯在对资本主义农业的考察中发现了代谢循环的断裂。

首先，马克思、恩格斯指出，在资本主义社会下人与自然之间物质变化的断裂，导致了资本主义农业对土地的掠夺、滥用和破坏。马克思、恩格斯揭示了资本主义农业生产过程中土壤肥力下降的原因。马克思指出，“资本主义生产使它汇集在各大中心的城市人口越来越占优势。这样一来，它一方面聚集着社会的历史动力，另一方面又破坏着人和土地之间的物质变换，也就是使人以衣食形式消费掉的土地的组成部分不能回归土地，从而破坏土地持久肥力的永恒的自然条件”②。之所以出现这样的状况，是因为资本家在利润的驱使下无限制地利用土地，而没能及时养护土地，造成了人与土地之间物质变换的断裂，从土地中索取的比回馈给土地的要多。马克思明确指出，物质变换断裂造成了农业生态环境的破坏。

其次，马克思、恩格斯进一步揭示了资本主义生产方式的本性。他们认为，人与自然之间物质变换的断裂是由资本主义生产方式造成的，不仅造成了土壤和森林的破坏，而且还使资源面临枯竭。18、19 世纪，由于大量砍伐森林，许多资本主义国家都曾经出现过无林化现象。正如恩格斯指出的，“欧洲没有一个‘文明’国家没有出现过无林化。美国，无疑俄国也一样，目前正在发生无林

① 马克思恩格斯全集：第 20 卷［M］. 北京：人民出版社，1971：521.

② 马克思恩格斯选集：第 2 卷［M］. 北京：人民出版社，2012：233.

化。因此，我看无林化实质上既是社会因素，也是社会后果”①。马克思、恩格斯还分析了矿产资源的枯竭，认为“自然条件的丰饶度往往随着社会条件所决定的生产率的提高而相应地减低”②。因此，造成了煤矿和铁矿的枯竭。这里马克思用“枯竭”形象地揭示了资本主义制度造成了资源的匮乏。

最后，马克思、恩格斯不仅揭示了资本主义生产方式与生态环境破坏之间的关系，而且还调研了当时工人阶级工作和生活环境的污染状况。恩格斯在考察了伦敦、曼彻斯特、爱丁堡等城市工人居住环境的污染状况之后指出：“每一个大城市都有一个或几个挤满了工人阶级的贫民窟……这里的街道是肮脏的，坑坑洼洼的，到处是垃圾，没有排水沟，也没有污水沟，有的只是臭气熏天的死水洼。”③ 当时，资本主义国家恶劣的生产环境导致了职业病的增多甚至大批工人死亡，但是这并未引起资本家和资本主义政府的注意，为此，马克思指出，资本主义生产方式按照它的矛盾的、对立的性质，还把浪费工人的生命和健康，压低工人的生存条件本身，看作不变资本使用上的节约，从而看作提高利润率的手段。④

资本家为了追求利润，不仅不关心工人的健康状况，还为了节约成本，降低工人的生存条件。资本主义政府也并没有采取措施来改善生态环境问题，因而人与人、人与自然之间的对抗不断加剧。

3. 资本主义的异化劳动是人与自然异化的深层原因

人通过劳动与自然发生紧密的依赖关系。人类通过劳动从自然中获取他所需要的物质，满足自己的各方面需要，然后通过能量流动和物质循环回馈给自然，人与自然之间的和谐离不开劳动过程。但在资本主义生产方式下，工人由于失去了土地，只能沦为资本家的雇佣劳动者，劳动被看作维持工人肉体生存的手段，工人除受资本家雇佣外没有其他出路。因而，此时工人的劳动是一种强制性劳动，不能脱离“肉体需要”，因而不可能成为真正意义上的满足人类第一需要的劳动，只能是异化劳动。

在资本主义制度下，工人的异化劳动体现在“劳动为富人生产了奇迹般的东西，但是为工人生产了赤贫。劳动生产了宫殿，但是给工人生产了棚舍。劳动生产了美，但是使工人变成畸形”⑤。可见，马克思所指的异化劳动是一种强

---

① 马克思恩格斯全集：第 20 卷［M］. 北京：人民出版社，1972：307.
② 马克思恩格斯文集：第 7 卷［M］. 北京：人民出版社，2009：289.
③ 马克思恩格斯全集：第 2 卷［M］. 北京：人民出版社，1957：306.
④ 马克思恩格斯选集：第 2 卷［M］. 北京：人民出版社，2012：454.
⑤ 马克思恩格斯选集：第 1 卷［M］. 北京：人民出版社，2012：53.

制性、被动性的劳动，是对人的肉体和精神的双重摧残。在这种情况下，在痛苦和绝望中进行劳动的劳动者失去了对自然美景的欣赏能力，造成了人与自然关系的敌对和疏离。

马克思把造成人与自然异化的根源归结为资本主义私有制。“我们已经看到，对于通过劳动而占有自然界的工人来说，占有表现为异化，自主活动表现为替他人活动和表现为他人的活动，生命的活跃表现为生命的牺牲，对象的生产表现为对象的丧失，即对象转归异己力量、异己的人所有。”① 这里“异己的力量”就是指资本主义私有制，“异己的人”就是指资产阶级。因而，消灭资本主义私有制，消除资产阶级，就能消除异化劳动，实现人与自然关系的亲密和谐，而这只有在未来的共产主义社会才能实现。

马克思、恩格斯揭示了资本本性，批判了资本主义生产方式，阐述了异化劳动与人与自然异化之间的关系，得出生态环境问题是社会问题和政治问题的结论。他们明确指出，要防止对生态环境的污染和破坏，“单是依靠认识是不够的。这还需要对我们现有的生产方式，以及和这种生产方式连在一起的我们今天的整个社会制度实行完全的变革”②。可见，马克思、恩格斯由生态恶化引发了对资本主义制度的否定。

（三）共产主义是实现人与自然矛盾和解的最终归宿

生态环境问题是不是资本主义独有的现象？马克思、恩格斯认为，无论是资本主义社会还是社会主义社会都会有生态环境问题，因为人类只要生存发展，人与自然之间的物质变换就不会停止，就会产生生态环境问题。不同的是，马克思、恩格斯认为资本主义制度本身无法解决生态环境问题，社会主义则可以通过调整并优化社会关系来解决生态问题。

马克思、恩格斯生活在自由资本主义时期。资本主义社会中资本主义私有制把对利润和财富的追求看作根本目的，交换价值代替了使用价值，一切商品不是为了满足需要而生产，而是为了能够被交换、被消费而进行生产。正是资本主义生产方式和这一生产方式基础上的社会价值观的支配，资本主义社会走向了一种“大量生产—大量消费—大量废弃”的惯性社会，整个社会陷入一种围绕财富生产和利润获取而运转的惯性循环中。生态危机成为必然。要想消除生态危机，必须消灭生产资料私人占有制，建立生产资料公有制，这就要消灭资本主义制度，建立社会主义制度。

① 马克思恩格斯选集：第1卷［M］. 北京：人民出版社，2012：62.

② 马克思恩格斯全集：第20卷［M］. 北京：人民出版社，1971：521.

1. 人与人、人与自然的和解要经过社会制度的变革

人与自然的关系实质是人与人关系的表现。马克思指出："人同自然界的关系直接就是人和人之间的关系，而人和人之间的关系直接就是人同自然界的关系。"① 因为，"为了进行生产，人们相互之间便发生一定的联系和关系；只有在这些社会联系和社会关系的范围内，才会有他们对自然界的影响，才会有生产"②。

这就说明，要解决人与自然之间的矛盾，实质就是要解决人与人之间的矛盾。人与自然之间的冲突和对抗可以通过在劳动中协调人与人之间的矛盾来解决。当然，解决人与自然、人与人之间的矛盾需要一系列物质条件，而这些条件不是很快就能实现的，必须经过长期的历史发展才能逐步实现。因此，解决生态危机，一方面要不断认识自然规律，要知道对自然规律的认识是随着社会实践的发展而发展的，这也是一个自然的历史的过程；另一方面，要对社会制度进行改革，变革生产关系，使其适应生产力的发展。进一步说，必须有相应的生产方式的转变，而这只有在生产力高度发达、人的全面自由发展的共产主义制度下才能得到解决。

2. 共产主义才能最终实现人与自然的和解

马克思、恩格斯认为，生态环境问题实质是社会问题。在资本主义制度下，资本主义私有制与社会化大生产之间的矛盾导致了人与自然关系的对抗，要解决这一矛盾，必须用社会化的思路，通过建立生产者联合起来的公有制社会才能实现。马克思认为要解决生态问题，必须"瓦解一切私人利益"，建立共产主义社会。他指出，"共产主义是对私有财产即人的自我异化的积极的扬弃，因而是通过人并且为了人而对人的本质的真正占有；因此，它是人向自身，也就是向社会的即合乎人性的人的复归，这种复归是完全的复归，是自觉实现并在以往发展的全部财富的范围内实现的复归。这种共产主义，作为完成了的自然主义，等于人道主义，而作为完成了的人道主义，等于自然主义，它是人和自然界之间、人和人之间的矛盾的真正解决"③。

之所以说共产主义社会能解决人与人、人与自然之间的矛盾，从理论上看，原因在于：一是共产主义社会实行公有制，消除了生产的社会化和生产资料私人占有制之间的矛盾。资本主义私有制下，人与自然之间的物质变换发生断裂。

---

① 马克思恩格斯全集：第 42 卷［M］. 北京：人民出版社，1979：119.
② 马克思恩格斯选集：第 1 卷［M］. 北京：人民出版社，2012：340.
③ 马克思恩格斯文集：第 1 卷［M］. 北京：人民出版社，2009：185.

而实行生产资料的社会占用，需要生产者联合起来进行生产，正如马克思指出的，“社会化的人，联合起来的生产者，将合理地调节他们和自然之间的物质变换，把它置于他们的共同控制之下，而不让它作为一种盲目的力量来统治自己；靠消耗最小的力量，在最无愧于和最适合于他们的人类本性的条件下来进行这种物质变换”①。二是共产主义社会实行计划调节，能够避免资本主义自由市场调节的盲目性、滞后性。资本主义推崇私人利益至上，资本主义市场具有扩张性、掠夺性，往往通过资本全球化掠夺全球资源，在全球范围内推行生态殖民主义，这使得全球生态环境迅速恶化。三是共产主义社会实行按需分配，而资本主义社会的消费是由生产决定的，而不是由需要产生的，是一种异化消费，因而造成资源的匮乏和生态的破坏。四是共产主义社会的“自由人联合体”，强调的是个人利益满足基础上的整体利益，而资本主义社会强调个人利益至上。但是，由于共产主义社会是建立在“资本主义的一切肯定成果”的基础上，“以生产力的普遍发展和与此相联系的世界交往为前提”。因而，当前在以资本主义为主导的、世界生产力水平极不平衡的条件下，解决全球生态危机还面临着相当严峻的挑战，实现马克思、恩格斯所追求的“人类自身及人与自然矛盾的双重和解”的社会仍然是一个相当长的历史过程。

（四）构建中国化的马克思主义生态思想

马克思恩格斯生态思想紧跟时代步伐，符合时代精神。因此说，真正的哲学都是时代精神的精华，是文明的活的灵魂。对当代生态危机的探讨，既是对哲学精神的反思，也是对生态文明建设的探索。马克思恩格斯生态思想是真正的哲学思想，是符合时代精神的思想。研究马克思恩格斯生态思想，汲取灵感，在任何时代都是有意义、有价值的。当代的我国社会，正面临着发展与环境相互矛盾的困境，如何化解矛盾，促进社会发展，满足人民生活需要，需要将马克思恩格斯生态思想作为理论基础。立足马克思恩格斯生态思想，构建中国化的马克思主义生态思想，就是马克思恩格斯生态思想的当代价值。

1. 马克思恩格斯生态思想为中国特色社会主义生态文明建设提供理论基础

马克思恩格斯生态思想科学回答了“为什么要发展、实现什么样的发展、怎么样发展”以及“建设什么样的社会、怎样建设社会”等一系列问题，是符合人民美好生活愿望的理论创新。马克思恩格斯生态思想是真正的哲学，是时代的精华，是符合时代精神的科学理论体系。立足于全球资源环境，符合当代中国特色社会主义生态文明建设的要求，是一脉相承的科学理论，是与时俱进

① 马克思恩格斯全集：第7卷［M］. 北京：人民出版社，2009：928.

的科学理论。

随着我国经济社会的发展，人们生活水平的提高，我国对生态文明建设的认识逐渐加强。自党的十七大提出“建设生态文明”，对生态文明的研究就迅速开展起来，这是民心所向。当今的中国，处于经济上升的关键期。经济的发展走向决定人民生活的走向，决定国家未来的前途命运。是借鉴西方发达国家的经济发展方式继续走社会主义经济发展道路，还是对现有的经济模式进行调整再出发，或者是提出新的发展目标，不管怎样抉择，生态文明建设都是我们必须要狠抓的一件大事。建设生态文明契合时代精神，符合我国社会主义发展方向。发展就要理论先行，只有构建起发展理论，才能精准指导社会主义发展，这就需要确立中国特色社会主义生态文明建设的理论体系。党的十九大报告进一步丰富了中国特色社会主义生态文明建设的理论内涵，充实了其内容，推进了其发展。这表明我们党对中国特色社会主义生态文明建设已有了深刻的认识，也是负责任大国的体现。党的二十大报告进一步明确提出推动绿色发展，促进人与自然和谐共生。因此，必须牢固树立和践行绿水青山就是金山银山的理念，站在人与自然和谐共生的高度谋划发展。

2. 马克思恩格斯生态思想为建设美丽中国提供理论指导

建设美丽中国的重大战略构想是中国共产党自觉实践马克思恩格斯生态思想的集中体现。马克思恩格斯生态思想强调把人的利益和自然的利益统一起来，实现人与自然的和谐统一。“美丽中国”是中国特色社会主义生态文明建设的题中之义。党的十九大提出资源节约和环境保护，着力推进绿色发展、循环发展，提倡理性消费，符合马克思和恩格斯循环经济理念的根本要求，可减少生产资料对自然的依赖，从而减少对自然的破坏。党的二十大强调尊重自然、顺应自然、保护自然，这也是全面建设社会主义现代化国家的内在要求。加强中国特色社会主义生态文明建设，有助于社会经济的转型创新，有助于人民生活质量的提升，有助于生产方式的绿色化，有助于社会的公平正义，有助于国际的密切合作。相信将生态文明理念渗入社会发展的各个方面，“美丽中国”必然在全面建设社会主义现代化国家中早日实现。

自然环境是人类赖以生存和发展的基础，一个地区生态环境的优劣直接关系到人民群众的生活好坏。在我国经济社会发展取得巨大成就的当下，我们也面临着在过去一段时期因粗放式发展给现在带来的一系列问题。在一些地方，生态被破坏、空气质量下降、土地肥力降低，给人民群众身体和生活带来了很大困扰，这就要求我们必须转变在经济上的生产方式和个人的生活、消费习惯，把保护环境和提高人民群众综合素质结合起来，用生态文明思想武装头脑，引领社会主义和谐、健康发展。

建设生态文明，要解决理念问题。没有理念自觉，就没有行动自觉。随着社会经济快速发展和人们生活水平不断提高，人民群众对于干净的饮水、清新的环境、安全的食品、优美的生活等需求越来越高，生态环境在人民群众生活影响指数中的地位不断凸显。我国老百姓过去“盼温饱”开荒种田，现在“盼环保”植树造林；过去“求生存”铺路建桥，现在“求生态”绿色生产。社会现实生活的变迁，要求我们建设的现代化要是符合生态文明的现代化，要满足人民日益增长的对优美生态环境的需要。我们党所倡导的“绿水青山就是金山银山”的“两山论”，是中国特色社会主义生态文明建设的核心价值和绿色发展理念。建设美丽中国，必须增强绿水青山就是金山银山的意识，像对待生命一样对待生态环境，为子孙后代留下可持续发展的“绿色银行”。

中国特色社会主义生态文明社会构想是中国共产党自觉践行马克思恩格斯生态思想的集中体现，“美丽中国”是实现的根本保障。马克思恩格斯生态思想把人类的利益和自然的利益统一起来，提倡实现人与自然的和谐共生，其根本要求就是绿色发展、循环发展、低碳发展，其为中国特色社会主义生态文明提供了理论指导，有利于将生态文明理念融入经济发展的各个方面和全过程。

3. 马克思恩格斯生态思想为中国特色社会主义生态文明建设提供方法引领

在马克思恩格斯生态思想的指导下，我们从意识、知识、态度与价值观等层面形成了尊重、热爱、善待自然的生态情怀，这是对马克思恩格斯生态思想一次深入的、全面的实践，必将为人民群众创造出天更蓝、水更绿、山更青的美好生活，也必将使马克思恩格斯生态思想真理的光辉放射出更加耀眼的光芒。建设中国特色社会主义生态文明会面临很多问题，我们一定要在马克思恩格斯生态思想的指导下，立足国情，推进生态文明建设。从价值观、意识上，形成热爱自然、尊重自然、善待自然的文化；在发展中结合自身特点，形成强大合力；在严格的制度和法治下，对生产方式、生活方式、思维方式进行革命性变革。

由于体制机制不健全，我国生态环境问题明显。推进生态文明建设，必须实行最严格的生态环境保护制度，深化社会主义生态文明制度改革，完善社会主义经济社会发展考核的评价体系，建立健全责任的追究制度，建立健全资源生态环境的管理制度。我们党在党的十九大进行了宏观部署，强调要加快生态文明体制改革，要以政府为主导，以企业为主体，联合社会组织和公众共同自主参与，形成保护自然环境的生态治理体系，完善天然林保护修复制度，建立休养生息制度。针对耕地、草原、森林、河流、湖泊，在不同时期要有轮休制度，鼓励多样化的生态补偿机制，实行国土空间开发保护制度，建立健全主体功能区配套政策等。党的二十大报告再次强调，我们要推进美丽中国建设，坚持山水林田湖草沙一体化保护和系统治理，统筹产业结构调整、污染治理、生态保护，应对气候变化，协同推进降碳、减污、扩绿、增长，推进生态优先、节约集约、绿色低碳发展。[①] 总之，就是要把中国特色社会主义生态文明建设纳入法治化、制度化轨道。

二、生态学马克思主义的生态文明思想

20 世纪中叶以后，资本主义发达国家工业文明创造出巨大的社会物质财富，引发了严重的生态危机。生态学马克思主义主要对严重枯竭的资源和生态环境问题进行理论探索。生态学马克思主义是西方马克思主义最重要的流派代表，源起于发达西方资本主义国家掀起保护环境的一场生态学运动——“绿色行动”，行动主要针对社会上出现的四处蔓延的生态危机现象。生态学马克思主义从历史唯物主义角度研究生态危机产生的原因，评判资本主义制度和生产方式，构想解决生态危机的社会形态是生态社会主义社会。

生态学马克思主义是 20 世纪 70 年代伴随西方绿色运动的兴起而产生的，在 20 世纪 80 年代得到充分发展，至 90 年代初臻于成熟，成为当代西方马克思主义最有影响的流派之一。生态学马克思主义用马克思主义观点分析当代资本主义制度，通过探讨生态危机产生的制度性根源，提出解决生态危机的途径。它从批判资本主义生产方式和制度出发，试图揭示当代生态危机的社会根源，并提出相应的解决办法。生态学马克思主义的主要代表人物有加拿大学者威廉·莱斯和本·阿格尔、法国学者安德烈·高兹、英国学者大卫·佩帕、美国学者詹姆斯·奥康纳和约翰·贝拉米·福斯特及德国学者瑞尼尔·格伦德曼等人，其中，莱斯的《自然的控制》（1972 年）、阿格尔的《论幸福和被毁的生活》(1975 年)、佩帕的《生态社会主义：从生态学到社会正义》（1993 年）、高兹的《资本主义、社会主义和生态学》（1994 年）、奥康纳的《自然的理由》(1997 年)、福特斯的《马克思的生态学》（2000 年）等是生态学马克思主义的代表作。生态学马克思主义在对历史唯物主义观点进行生态学补充和创新的基础上，批判了当代资本主义，提出了建立生态社会主义的构想，其理论观点对社会主义生态文明的理论建设，以及当代中国生态文明建设，都具有重要的借

① 习近平．高举中国特色社会主义伟大旗帜 为全面建设社会主义现代化国家而团结奋斗：在中国共产党第二十次全国代表大会上的报告［M］．北京：人民出版社，2022.

鉴意义。

（一）对马克思恩格斯生态思想的挖掘与补充

生态学马克思主义者的出发点，是把马克思主义理论同当代西方生态运动结合起来，运用马克思主义的立场和方法来对当代资本主义展开生态批判，从而实现变革资本主义，建立他们所构想的生态社会主义的理想。而要做到这一点，必须首先了解马克思主义是否具有生态思想。生态学马克思主义对此存在两种观点：第一种以莱斯、阿格尔和奥康纳为代表，他们认为历史唯物主义缺乏对生态问题的关注，但是他们认为历史唯物主义和生态学具有内在的一致性，主张对历史唯物主义进行“修正”和“补充”，把历史唯物主义中潜在的生态学思想挖掘出来。第二种观点以福斯特和佩珀为代表，他们认为生态思想是历史唯物主义的题中之义，马克思主义本质上就是生态唯物主义哲学。由此可见，两种观点的回答和视角尽管不一样，但二者的理论基础和解决的问题却是一致的，都是把历史唯物主义理论作为自己的理论基础，都是想通过建立生态社会主义来解决问题。可以说，生态学马克思主义对马克思生态学思想的丰富和发展是通过对历史唯物主义的解读、挖掘和创新来实现的。

1. 挖掘历史唯物主义的生态内涵

马克思的自然观是一种唯物主义自然观。福斯特对马克思主义生态内涵的揭示是从对唯物主义自然观开始的。他首先分析了马克思的自然观，指出马克思认为自然是一种不依赖于人的意志的客观存在，它按照自己的客观规律运转；人是自然的直接产物，是一种自然存在物，人靠自然界生活。马克思认为，人的物质生活和精神生活都离不开自然界，但这需要人类通过开发和利用自然界，通过改造自然界来实现，当然这不等于人类可以充当自然的“所有者”。人与自然是相互依存、相互统一的关系，人类必须遵从自然界的客观规律。同时，马克思也鼓励人类充分发挥主观能动性去改变自然。福斯特认为，马克思的唯物主义是实践唯物主义。他指出：“按照马克思的观点，我们应当通过行动，即通过我们的物质实践来改变我们与自然界的关系，从而创造出一种我们自己的独特的‘人类—自然’的关系。”① 因为，在马克思看来，人类遵循自然规律不意味着人类一切都不能做，人类可以通过实践活动改善人与自然的关系，从中获取自己的所需。但是，马克思在强调人们通过自己的行动、实践去“统治”自然的时候，同时强调这一实践是以遵从自然界的客观性和有限性为前提的。可

---

① FOSTER J B. *Marx's Ecology*: *Materialism and Nature* [M]. New York: Monthly Review Press, 2000: 5.

见，马克思的实践唯物主义是以唯物主义的本体论为前提和基础的。正如福斯特所指出的，马克思所说的“统治”自然实际上指人对自然界的“认识和正确运用”，同时还应包括人对自然界的责任和义务。

唯物主义历史观中同样蕴含着深刻的生态内涵。奥康纳对这一观点进行了深入阐述。他认为，尽管马克思恩格斯的历史唯物主义理论缺乏对自然和生态的关注，但他们都认识到了“资本主义的反生态本质，意识到了建构一种能够清楚地阐明交换价值和使用价值的矛盾关系的理论的必要性，至少可以说他们具备了一种潜在的生态学社会主义的理论视域”①。因此，奥康纳基于马克思主义历史唯物主义立场，主张挖掘历史唯物主义理论中潜在的生态学思想。

奥康纳认为，马克思历史唯物主义的主要内容是在人类系统这方面，而给自然系统保留了极少的理论空间，为此必须扩展历史唯物主义的内涵和外延，把“文化维度”和“自然维度”引入历史唯物主义理论中。奥康纳认为，马克思历史唯物主义把人类历史发展过程看作是生产力和生产关系之间的矛盾运动，其中生产力被看作是人与自然之间的一种技术关系，生产关系是人类在对自然界进行开发和利用的基础上形成的社会组织关系。他认为这一理论的缺陷在于主要从技术维度来规定生产力和生产关系，事实上生产力和生产关系在本质上离不开特定的文化价值规范，研究二者关系应立足于具体的历史的文化和自然形式。

奥康纳首先论述了生产力和生产关系的文化维度。他认为马克思历史唯物主义缺乏“文化”的视角，因而不能考察在不同文化和权力关系下人们之间的不同协作方式。他认为，生产力是由自然界所提供的生产资料、生产工具和生产对象构成的，但生产力能否实现还受文化的影响。同样，生产关系也会受到社会规律、具体的文化传统和权力结构的制约。马克思历史唯物主义只从前者出发看待问题，应增加文化这一内容。其次，他论述了生产力和生产关系的自然维度。由于自然生态问题不是马克思、恩格斯研究的中心问题，因此奥康纳认为，“自然界（自然系统）内部的生态与物质联系以及它们对劳动过程中的协作方式所产生的影响，虽不能说被完全忽略了，但也的确被相对地忽视了”②。为此，奥康纳指出，自然系统既存在于生产力之中，也内在于生产关系之中。自然生态系统不仅影响着人类的生产过程和生产力的发展，而且影响着社会形

① 奥康纳．自然的理由：生态学马克思主义研究［M］．唐正东，臧佩洪，译．南京：南京大学出版社，2003：6.

② 奥康纳．自然的理由：生态学马克思主义研究［M］．唐正东，臧佩洪，译．南京：南京大学出版社，2003：73.

态、阶级和权力结构。最后，奥康纳论述了劳动的文化和自然维度。奥康纳认为劳动不仅建立在阶级关系和经济关系基础之上，而且深受文化传统的影响。另外，劳动受自然生态系统的客观规律的制约，同时又能通过对自然的改造，不断改变自然存在的形式。奥康纳在将文化和自然维度引入历史唯物主义理论的基础上，指出应该在社会主义与生态学之间建立内在联系，走向生态社会主义。

2. 重建历史唯物主义的危机理论

马克思主义认为，经济危机是资本主义必然灭亡的重要原因。生态学马克思主义则认为，生态危机理论决定了资本主义社会向社会主义社会转变的必然性。阿格尔认为，马克思处在资本主义早期发展时期，而当代资本主义社会同早期资本主义时期相比，发生了很大的变化。一方面，资本主义进入晚期垄断资本主义时期，国家对社会经济生活的干预大大增强；另一方面，资本主义社会人的异化日益加深，当代资本主义经济危机已被生态危机所取代，成为资本主义社会最大的危机。

当代资本主义之所以出现生态危机，莱斯认为是人类“控制自然”的观念的问题。他指出，科学技术进步的合理性不意味着技术使用的合理性。在资本主义条件下，现代科学技术成为资产阶级进行阶级统治的工具。资本家通过技术的非理性运用获得更多利润，从而去“控制人”，可见“控制自然”和“控制人”是同一历史过程，这必然导致对自然的无度开发和利用，进而导致生态危机。阿格尔认为生态危机根源于资本主义的消费文化。他指出，资本的本性是追逐利润，生产的目的不是满足人的需要，而是为了能够消费出去，因而在全社会形成了一种消费主义文化，消费得越多，人就越幸福。资本主义生产领域的劳动导致人的异化，劳动者通过对商品的消费来补偿劳动中的痛苦，异化消费强化了生态危机。

奥康纳认为，在当代资本主义条件下，生产条件与生产方式之间的矛盾和冲突已经引发了国家的合法性危机。他把马克思主义所强调的生产力和生产关系之间的矛盾称为资本主义的第一类矛盾，而把生产条件和生产方式之间的矛盾和冲突称为资本主义的第二类矛盾。他认为第二类矛盾引发的危机不再是生产过剩危机，而是生产不足的危机，而这是由于生产条件的主体化与历史文化性被忽视。在资本主义条件下，第二类矛盾占主导地位，这一矛盾激发的危机不仅是经济危机，还有国家的政治危机。因此，解决生态危机就要从国家的视角出发，要建立真正的国家基层民主。

（二）对资本主义生态危机的批判

马克思、恩格斯强调生态危机根源于人和人之间在生态资源分配和使用上的矛盾和危机，这种矛盾和危机以人与自然关系的危机体现出来，这样就把他们的生态批判提升到对资本主义制度的批判。生态学马克思主义继承了马克思这一批判的立场和方法，同时结合当代资本主义的发展又加以深化，突出地体现在对资本主义制度、科学技术和异化消费的批判上。

1. 揭示资本主义制度的反生态性质

生态学马克思主义认为资本主义制度是生态危机产生的根源，这与西方其他绿色思潮是有根本区别的，这也是马克思主义与其他理论的区别所在。西方绿色思潮认为，人类中心主义的世界观、价值观，以及建立在它们基础上的科学技术是生态危机产生的根源，因此解决生态危机的途径就是树立生态中心主义的世界观和价值观。而生态马克思主义坚持以马克思主义的阶级分析和历史分析方法来揭示生态危机的根源。他们认为人类中心主义价值观对于生态危机有强化作用，但是生态危机的根源却是资本主义制度及其生产方式。正如阿格尔所说："生态学马克思主义之所以是马克思主义的，恰恰因为它是从资本主义的扩张动力中来寻找挥霍性的工业生产的原因，它并没有忽视阶级结构。"①

生态学马克思主义对资本主义制度批判的核心是揭示资本主义制度及其生产方式的反生态性质。生态学马克思主义在马克思、恩格斯分析批判资本主义制度的基础上，进一步加大批判力度。他们认为，资本主义制度的反生态本性源于资本扩张的必然性。奥康纳认为，资本主义的可持续发展是扩张型的资本主义，主要通过投资和新技术的运用实现经济增长、获得利润。资本扩张造成生产成本的提高和生产条件的破坏，成本的提高导致成本外化，环境必然遭到破坏，而资本主义国家对环境的破坏无所作为，最终导致生态危机。福斯特从资本扩张的无限性和生态系统的有限性之间的矛盾分析资本主义条件下生态危机产生的必然性。他认为，资本主义制度的扩张逻辑导致了生态危机。在他看来，静止的资本主义是不可能的，同时资本的本性是追求短期回报，而环境恢复需要较长时期，二者共同导致资本制度与生态的对立。

2. 批判科学技术的资本主义应用

生态学马克思主义的思想来源于20世纪六七十年代的法兰克福学派。霍克海默、阿道尔诺和马尔库塞为这一学派的代表人物，他们主要阐述科学技术对

---

① 阿格尔．西方马克思主义概论［M］．慎之，等译．北京：中国人民大学出版社，1991：420.

生态环境的负面影响。这一时期，资本主义通过科学技术革命把自然商业化和军事化，造成了对自然环境的极大破坏。马尔库塞强调“技术的资本主义使用”是生态环境恶化的原因。加拿大学者莱斯在此基础上提出资本主义生态危机的根源是人类通过科学技术对自然进行控制的意识形态。莱斯还根据资本主义的生产和消费对生态环境的破坏，将补充修正马克思主义与改良资本主义制度联系在一起。

马克思、恩格斯主要是从一般的意义上展开对科学技术的批判，而生态学马克思主义是从制度、世界观和价值观的角度对科学技术进行批判。生态学马克思主义对技术的批判主要集中在两个方面：一是对人类中心主义世界观和价值观基础上的技术理性的批判。认为这一价值观以“控制自然”为核心内容，通过科学技术的发展来实现对自然的控制，因而要对这一价值观基础上的技术理性进行批判。二是对科学技术的资本主义的非理性使用进行揭示和批判。资本主义制度下，生产的目的不是满足需要、实现商品的使用价值，而是为了能够消费出去，实现商品的交换价值，以获得利润，这必然将科学技术作为工具进行非理性的运用。以减少二氧化碳排放这一全人类面临的重大问题为例。福斯特指出，人们常常将减少二氧化碳当作技术问题来看待，其实这是不正确的。私人汽车的使用大大增加了二氧化碳的排放，依靠现在的技术完全可以发展以公共交通为主体的现代化交通运输网络，从而降低二氧化碳的排放，但在资本主义社会，现代化的公共交通系统难以建立，原因在于“资本积累的驱动促使发达资本主义国家走上了最大限度地信赖私人汽车的道路，这是创造利润的最有效的方式”①。再比如，太阳能作为一种清洁能源，应该能够作为替代能源加以开发和利用，但是太阳能并不受一些资本主义大企业的欢迎，因为“在资本主义制度下，需要促进开发的能源是那些能为资本带来巨大利润的能源，而不是那些对人类和地球最有益处的能源，太阳能当然不属于前者”②。可见，资本主义技术创新的目的不是促进生态和自然的保护，而是为资本积累服务，因而竟成了破坏自然的工具。因此，想通过科技进步来实现可持续发展在资本主义制度框架内是不可能的。

3. 谴责资本主义的异化消费

马克思认为，资本主义的消费是在资产阶级引导下产生的消费，资本家时

---

① 福斯特. 历史视野中的马克思的生态学［J］. 国外理论动态，2004（2）：34-36.

② FOSTER J B. Ecology Against Capitalism［J］. *Monthly Review Press*，2002：100.

时刻刻都在盯着其他人腰包里的“金丝鸟”。① 生态学马克思主义继承了马克思的这一思想，把对资本主义的批判指向了消费领域，揭示了消费主义价值观与生态危机的关系。他们运用马克思的“异化”概念，提出了“异化消费”的概念。所谓异化消费，就是指“人们为了补偿自己那种单调乏味的、非创造性的且常常是报酬不足的劳动而致力于获得商品的一种现象”②。这种消费是建立在被广告支配的“虚假需求”基础之上的，而不是建立在真实的需要基础之上的，是一种病态消费。而这种消费主义生产方式的盛行一定会要求资本主义不断扩大再生产，而不考虑生态系统承载能力的有限性，最终必然导致生态危机。

生态学马克思主义对消费主义价值观的批判是同资本主义制度相结合的。他们认为资本主义消费的目的不在于满足人们对商品使用价值的追求，而在于通过消费显示人的地位和身份。资本主义为追求利润和维护其合法性，宣扬消费主义价值观，导致消费主义生产方式盛行，这不仅没有让人获得自由和解放，相反却让人成为物的奴隶，为此必须变革资本主义制度。异化消费不仅导致人的异化，也导致人与自然关系的恶化。因为，追求无止境的消费必然需要不断消耗自然资源，这同有限的生态系统发生矛盾，必然导致生态危机。阿格尔在批判“异化消费”现象的基础上，提出一种“需要结构理论”。他认为在资本主义条件下，想要消除异化消费，必须有计划地缩减生产，使生产过程分散化和民主化。

（三）生态社会主义是消除危机的出路

生态学马克思主义认为，只有通过价值观和社会制度的双重变革，建立生态社会主义，才有可能消除生态危机。高兹认为，生态社会主义社会应遵循生态理性，追求“更少但更好”的生活，倡导“稳态经济”发展模式；佩珀认为，生态社会主义社会应倡导一种新人类中心主义的自然观，这种自然观强调集体的长期的人类中心主义。奥康纳认为，应该把实现“生产性正义”作为生态社会主义的首要目标。生态马克思主义者提出的生态社会主义的设想各有不同，但由于都强调将社会主义与生态学结合起来，因而有根本的共同点。如对社会主义价值的追求。他们都认同马克思、恩格斯批判资本主义生产的目的是使用价值服从于交换价值，获得利润是资本主义生产的唯一追求，主张通过生产关系的变革，恢复对“生产性正义”的追求，使生产的目的体现为使用价值，

---

① 李春茹．生态学马克思主义研究的进展［N］．人民日报，2013-06-20.

② 阿格尔．西方马克思主义概论［M］．慎之，等译．北京：中国人民大学出版社，1991：494.

是为了满足人们的需要，同时也要最大限度地节约资源。人们应在生产中、在劳动的实践中实现自身的价值，而不是诉诸消费。再如，生态社会主义社会的最终目的是通过重新分配自然资源和改变社会政策，改变人们把对商品的占有作为实现自我价值的标准的生活方式，建立一个“较易于生存的社会”。

1. 倡导新人类中心主义的生态价值观

在人与自然的关系上，生态社会主义既反对新古典经济学强调的个人利益的人类中心主义，也反对生态中心主义的观点。主张树立新的人类中心主义观点，认为人类的发展不能独立于自然之外，而应该与自然共同发展，人不能控制自然，也不能被异化自然所控制。生态学马克思主义所倡导的生态价值观本质上是一种新人类中心主义的生态价值观。因为它反对完全从自然的立场来看待生态问题，认为自然和生态的平衡应该从人类的立场出发来认识，“是一种与人的需要、愉悦和愿望相关的人类的界定”①。但它反对那种极端的个人利益为中心的人类中心主义，是“一种长期的集体的人类中心主义”②。

2. 倡导生态学与社会主义的融合

生态学马克思主义认为，经济理性使实现和获取利润成为生产的唯一目的，从而出现“过度生产”和“过度消费”的现象，导致对资源的无度开发和对生态的过度破坏，造成了人与自然的对抗。社会主义必须与生态学相融合，用生态理性取代经济理性。强调社会生产目的不再是追求利润，提倡一种“更少但更好”的需求方式，尽量花费少量的劳动、资本和能源，尽可能提供具有最大使用价值的、耐用的东西。高兹认为，社会主义生产方式的合理性存在于生态理性的合理性之中，无限追求利润的经济理性只会使生态危机更加显现。

3. 倡导计划与市场、集中与分散的“混合型经济”

早期生态学马克思主义认为，要实现生态社会主义，必须建立“稳态的”社会主义经济模式。这一模式要求发展小规模的、分散化的企业和无污染的技术，通过节制消费、降低增长效率以及税收和制度的改革，使每个人既能满足自己的需要，又不损害生态系统。这一主张以阿格尔为代表。20 世纪 90 年代以后的生态学马克思主义主张以满足人的需要为目的的经济适度增长，强调社会生产的计划性，认为资本主义生产应恢复生产领域中生态系统的整体性，根据全社会的整体需要进行有计划的生产，而不是无限制地扩大生产，提倡计划与

① 佩珀．生态社会主义：从深生态学到社会正义［M］．刘颖，译．山东：山东大学出版社，2005：341.

② 佩珀．生态社会主义：从深生态学到社会正义［M］．刘颖，译．山东：山东大学出版社，2005：340.

市场、集中与分散相结合的“混合型”经济。

4. 倡导民主自治的方式解决生态危机

生态学马克思主义认为，缺乏民主治理是当代资本主义国家和现实社会主义国家，如苏联出现生态危机的重要原因。在西方资本主义社会，由于资本家及其代理政府机构占有生产资料，资本主义并没有给中下层民众带来直接的利益；而苏联东欧的社会主义国家由于生产资料归集体或国家所有，因而真正的生产者没有使用生产资料的自由。因此，两者都不符合马克思指出的“生产者的自由联合体”的要求，因而当代资本主义和苏联东欧社会主义都不能解决生态危机。20 世纪 70 年代，早期的生态学马克思主义者如莱斯等曾把苏联东欧的社会主义作为未来发展的榜样，甚至还为苏联东欧国家的生态环境灾难做过辩护。但是，20 世纪 90 年代前后，无论改良的生态社会主义的代表奥康纳还是革命的生态社会主义的代表乔尔·克沃尔都分析了苏联东欧社会主义失败的原因，都在于缺乏民主，从而将生态学的民主引入社会主义理论，使得生态社会主义实现了从经济到政治的转变。

生态社会主义反对生产和管理的高度集中，引导人民进行自我治理，反对凌驾于社会之上的政府，主张政治权力放在基层，强调意识形态多元化和权力资源的分散化。生态学马克思主义是以马克思历史唯物主义为研究立场，以对当代资本主义的制度批判为理论宗旨，以变革资本主义制度，转变人与人在自然资源占有和使用上不公平的物质利益关系，建立生态社会主义为最终目标的理论形态。生态学马克思主义深化了马克思主义对资本主义制度的批判，丰富了历史唯物主义的内涵，是马克思主义发展的新形态，对于指导中国现代化中的生态文明建设具有重要的理论和现实意义。一方面，有利于从理论上推进我们正确认识当代资本主义的新变化，正确认识中国现代化实践中的一些负面效应，树立正确的发展观、资本观、科技观和幸福观；另一方面，有利于反思中国现代化实践中的发展模式，即赶超型粗放式的发展模式，认识到这一模式没能从根本上改变资本主义社会使用价值从属于交换价值的原则，因此出现了生态危机，必须通过社会结构和价值观重构，在遵循生态理性的基础上实现经济适度增长，建立一个“易于生存”的生态社会主义社会。

当然，生态学马克思主义对生态社会主义的构想缺乏可操作的实际方案，使得生态学马克思主义不能克服它的浪漫主义色彩和一定的乌托邦性质，但这丝毫不能抹杀生态学马克思主义理论家对当代资本主义社会生态问题思考和批判的深刻性和价值。正如日本学者、著名的马克思主义理论家岩佐茂所说：“生态社会主义者的根本主张就是要建设一个不破坏自然物质循环的，或者说不破坏生态系统的社会主义，这是我们要向生态社会主义学习的。”①

三、中华优秀传统文化中的生态文明思想

中华优秀传统文化底蕴深厚，这些宝贵的思想文化中蕴含着对自然的思考，对人类发展的探索，但学派之间思想差异很大，其根本都是建立在朴素唯物主义基础上，都有尊重自然、仁爱万物、顺应自然的生态思想。生态危机的出现，唤醒了中华优秀传统文化中朴素天然的生态思想，建设生态文明，构建当代中国理论，必须融合中华优秀传统文化，传统的生态思想是丰富的智慧宝库。“天人合一”宏观视角纵看天下，人与天合为一体，融入自然；“道法自然”是生命规律的精辟阐释，天、地、人，一气贯通。生态文明与传统文化结合，是对理论的升华。

本书从整体上探讨中华优秀传统文化中的生态智慧，探讨其在解决当今中国生态环境问题上的作用。一般而言，道家的思想与深层生态学的价值取向较为一致，对于协调人与自然关系具有重要作用；而儒家的思想与社会生态学价值取向较为一致，对于更好地处理人与人的关系，实现社会公正具有重要意义。可以说，儒家和道家都有自己的特点，二者的结合对于指导解决当代中国生态问题更加有效。

（一）“天人合一、物我一体”的整体和谐思想

认识和把握人与自然的关系的内涵，是认识和理解传统生态智慧的关键。传统生态思想是在对人与自然关系的思辨和追问中逐步形成和发展的。

传统生态思想的核心价值观是天人合一。主要是从主客体统一的角度，深入探讨人与自然之间的关系问题，提出天道与人道的统一。《周易》把儒家的生态自然观表述为“三才论”，认为整个宇宙由“天”“地”“人”三才组成，并认为只有“兼三才”才能构成一个完整的生存物（“成卦”）。其本质是“主客合一”“天人合一”，其中，天的含义在中国古代有着丰富的内涵。冯友兰先生认为，“在中国文字中，所谓天有五义：曰物质之天，即与地相对之天。曰主宰之天，即所谓皇天上帝，有人格的天、帝。曰运命之天，乃指人生中吾人所无奈何者，如孟子所谓‘若夫成功则天也’之天是也。曰自然之天，乃指自然之运行，如，《荀子·天论篇》所说之天是也。曰义理之天，乃谓宇宙之最高原

① 岩佐茂．环境的思想：环境保护与马克思主义的结合处［M］．韩立新，译．北京：中央编译出版社，2006：255.

理，如《中庸》所说‘天命之为性’之天是也”①。“天人合一”强调“物我一体”，儒家认为，世界万物都是由天地交感而生，天地是人和万物的共同根源，人和万物都有其价值，应该爱惜和尊重万物的存在。人源于自然并统一于自然，“有天地然后有万物，有万物然后有男女”，天地与人的关系是部分与整体的关系，人与自然万物和谐共生、相互依赖、相互作用，形成了和谐统一的整体。

孔子强调“知天命”“畏天命”，进而“乐山乐水”，自觉地靠自身的努力，“人能弘道，非道弘人。”（《孔子·论语·卫灵公》）强调人道与天道的统一，注重“天人合一”的实现。孟子发展了孔子的天人合一思想，他赋予天以道德的属性。他指出，人类要认识自己的善性，只要扩充自己的本心，就可以认识天。“尽其心者，知其性也。知其性，则知天矣。”（《孟子·尽心上》）他认为，只有充分发挥其本心的作用，才能达到天人合一的崇高境界。

道家强调天地万物同一的思想。老子认为，人类与万物是一个普遍联系的有机整体，二者都源于自然并复归于自然。构成这个整体的各要素间由“道”统而网之，形成紧密的“天网”②，所有的万物，无论是有生命的存在，还是无生命的存在，都只是相互关联、相互交织的生态之网上的一个节点。人类不可能脱离自然之网而独立存在。庄子强调天地与万物之间是相互依存、不可分离的关系，而不是孤立片面的存在。“天地一指也，万物一马也”（《庄子·齐物论》）意思是，天地万物具有同质性，进一步肯定了人与万物一体的整体观思想。庄子认为，必须把握人在宇宙中的地位，洞悉人与天地万物的关系，这是人类生存的最高意义。“知天之所为，知人之所为”（《庄子·内篇·大宗师》），主动追求“人与天一也”（《庄子·山木》）的道境。只有达到天人合一境界的“真人”（《庄子·大宗师》），才会自觉放弃征服自然的活动，并以审美的态度去体会人与自然融为一体的和谐之美。③

（二）“尊重生命、爱护万物”的生态伦理思想

中华优秀传统文化中蕴含的生态智慧坚信天地有生生之大德、道有辅育万物生长之至善，提倡效法天地之德，要求人们树立尊重生命、爱护万物的生命伦理观。为此，人类应遵从天道，促进自然万物价值、平等与和谐的充分展现。道家以“道”为本源，认为“道生一，一生二，二生三，三生万物”，强调“人法地，地法天，天法道，道法自然”，主张天地万物“道通为一”，只有崇

---

① 冯友兰．中国哲学史（上册）[M]．上海：华东师范大学出版社，2000：3.
② 老子 [M]．饶尚宽，译．北京：中华书局，2006：176.
③ 佘正荣．“自然之道”的深层生态学诠释 [J]．江汉论坛，2001（1）：73-79.

尚和顺应自然，才能达到“天地与我为一，万物与我并生”的最高境界。

既然人类不是世界的中心，也无权凌驾万物之上，那么在生态整体系统中，人就应该在自然之中。人应“为天地立心”（《横渠四句》），人应关心其他生命，维护生态系统的稳定，自觉承担“赞天地之化育”（《礼记·中庸》）的宇宙责任。这正是老子所谓的“天之道，利而不害。圣人之道，为而不争”（《道德经》）。

“仁”是儒家的核心思想之一，提倡“泛爱众而亲仁”。儒家认为人与自身的和谐可以促进人善待自然。儒家主张通过家庭以及社会将伦理道德原则扩展到自然万物，体现了以人为本的价值取向和人文精神。继孔子之后，孟子提出以“善”为基础的“亲亲、仁民、爱物”的伦理观念，“君子之于物也，爱之而弗仁；于民也，仁之而弗亲。亲亲仁民，仁民而爱物”（《孟子·尽心上》）。从“仁者爱人”扩展到“仁者爱物”，体现了对生命和大自然的善意关怀和尊重。“劝君莫打枝头鸟，子在巢中待母归。”儒家把人类对生物的关爱看作是“孝”和“义”的体现，是性善的人类情感归属的需要。这应该成为现代生态伦理学的重要支撑。

（三）“万物平等、殊途‘道’一”的生态价值观

道家主张广义的平等观念，即应该树立一切生物、非生物及任何自然的实在都是平等的观念。老子曰：“万物归焉而弗知主，则恒无名也，可名曰大。”（《道德经》）“故道大，天大，地大，人亦大。域中有四大，而人居其一焉。”（《道德经》）人作为万物中的一员，与道、天、地是平等关系。庄子认为，人与万物都是天地造化所化生，没有贵贱高下之分。庄子的这一“齐物”思想把道家的自然平等思想发挥到极致。这里的“齐物”指自然万物不分彼此，即使“蝼蚁”“稊稗”甚至非生命的“瓦甓”都具有平等的生命尊严，强调任何自然存在都具有自身的价值。

宋朝思想家张载提出了“民胞物与”的思想，要求爱一切人如同爱同胞手足一样，并将这一思想扩大到“视天下无一物非我”的范围，将物我关系、主客观关系提升到了一个前所未有的境界。佛教认为，万物皆有生存的权利，强调众生平等，即一切生命既是其自身，又包含他物，因此善待他物即是善待自身。提出“勿杀生”，这表达了对宇宙生命万物和人类自身的尊重。

（四）“顺应天时、节约用物”的生态实践思想

我国具有悠久的农业文明，农业文明时期由于生产力低下，生产受天气、土地、环境等自然因素的影响比较大，必须遵守自然规律，符合自然节奏。因

此，“顺应天时、节约用物”是传统生态思想的重要内容。无论是儒家还是道家都特别强调要重视利用自然的季节性和时机性，要求人们“取物以顺时”“取物不尽物”，“树木以时伐焉，禽兽以时杀焉”（《礼记·祭义》），即是说，按其自然的生长季节获取五谷、蔬菜和飞禽走兽等。儒家强调在合适的时节适度开发利用自然的同时，禁止人们违反自然的季节性无度地开发利用自然，告诫人们在不同的季节应该有所禁忌，不去做伤害自然的事情。比如不成熟的五谷和不成材的树木都不允许在市场上出售，这实际上是要求人们按照自然规律办事，人的活动不能违反自然生态的运行规律，在利用自然时做到有理有节，反对为了追求眼前利益而滥用资源，注重维护人与自然之间的良性循环。

中华优秀传统文化中崇尚节俭、反对浪费的思想，作为社会伦理道德的重要内容深入人心。无论是发展农业还是生活方式，传统文化都提倡节俭。《荀子·天论》中提出，“强本而节用，则天不能贫”，即是指加强农业生产，厉行节约，那么天就不能使人贫穷。道家提倡人的生活要节俭，知足常乐，反对过分追求物质享受和其他身外之物。这一强调节约、取之有度的中国传统价值观念，与我们现在倡导的不盲目追求物质享受、努力丰富精神生活的绿色生活理念具有一致性，是我们价值观的重要组成部分。

中华优秀传统文化强调对自然的敬畏、尊重，强调遵从自然规律，但并不意味人类在自然面前无所作为，一切由天而定。中华优秀传统文化也非常重视对自然的利用，注重对自然规律的掌握，强调因势利导，为人类谋福利。我国农业文明之所以能够长久领先世界文明，其中一个原因就是形成了许多符合生态规律又能提高人们生活品质的农业制度，如秸秆粪便还田、桑基鱼塘、兴修水利等。当然，由于文明发展的差距，起源、发展于我国农业文明时期的中华优秀传统文化也有自身时代的局限性，比如：由于生产力的落后，缺乏科学理性；注重人与自然关系的哲思，缺乏实践层面解决人与自然矛盾，实现人与自然和谐的探索等。但这并不能抹杀中华优秀传统文化的价值和丰富的生态智慧，尤其是人与自然的和谐共生的有机整体的世界观，万物皆有价值的生态伦理观，取之有道、取之有度的利用自然的观念，这应当成为我们当前建设生态文明的重要的思想资源。

当前，我们建设生态文明，除从马克思主义、生态学马克思主义以及传统生态思想中寻求理论支持和思想资源外，还应该吸收借鉴人类文明发展的一切优秀成果。针对生态危机的迫切性和全球化，西方国家逐渐形成了各种解决危机的理论，如西方环境主义思想、可持续发展理论、西方生态现代化理论及后现代理论。从对现代化的态度的视角，本书将其分为两类，一类是肯定的积极的态度，认为现代化是人类社会发展的潮流和进步，应在现代化发展中解决现代化所面临的问题。比如可持续发展理论和生态现代化理论。一类是消极的否定的态度，认为现代化带来了很多消极的甚至对人类而言毁灭性的后果，因而对现代化持否定态度，如西方环境主义思潮和生态后现代理论。本书认为，从中国发展的阶段和使命角度来看，中国面临的生态危机应在现代化发展中逐步得以解决，所以可持续发展理论和西方生态现代化理论更需要我们去关注和研究。比如，20世纪80年代以后形成的生态现代化理论，以德国学者马丁·耶内克、约瑟夫·胡伯和荷兰学者阿瑟·摩尔为主要代表，核心观点在于克服环境危机，认为实现经济与环境的双赢，只能通过进一步的现代化或者“超工业化”来实现，并在这一理念的指导下进行经济重建与生态重建。这对解决我国现代化过程中的生态危机从发展战略到实际操作都具有一定的启示意义。西方针对生态危机提出的各种理论拓宽了我们的视野，为我国生态文明建设提供了一定的学理依据。但是由于我们现代化发展的特殊性和面临的发展阶段不同，这些理论不能直接拿来为我们服务，我们必须结合我们的时代课题和面临的现实任务提出我们自己的理论，进而解决我们当前发展面临的生态难题。

第四章　建设人与自然和谐共生现代化的探索历程

生态环境问题是在现代化社会发展中伴随而来的重大问题。自 18 世纪 60 年代，工业革命得到蓬勃发展，工业化生产席卷全球，西方发达国家在现代化进程中首先出现了严重的生态环境问题，人们已经开始探索解决生态环境问题之策。我国作为后发国家，以往单纯追求 GDP 指标增长。在国家上下共同努力下，虽然在一段时期内我国经济保持着持续增长的态势，然而自然环境却因这种增长模式而发生了变化，生态问题也就不可避免地产生了。总体来说，生态环境问题是工业化、现代化不能超越的必然产物。面对资本主义现代化进程中出现的各种极端的生态环境问题，人们开始对现代化文明进行新的思考，以使现代化的道路摆脱同一性趋向。从全面建设社会主义现代化国家的实际需要来看，必须针对国情特点，构建符合人与自然和谐共生现代化的发展理论。

中国特色社会主义进入新时代，国家发展呈现阶段性特征，社会主要矛盾发生关系全局的历史性变化。按照党中央部署，只有贯彻新的发展理念，建设突出中国特色的现代化经济体系，才能建设好人与自然和谐共生现代化，也才能实现人民日益增长的美好生活需要。为此，我们要以习近平生态文明思想为指导，加强我国生态文明建设，解决好在经济社会发展进程中出现的不公平正义、不平衡充分问题。唯有加快生态文明体制改革，改革创新技术体系，提高整体综合国力，建设美丽中国，才能形成和谐发展的现代化建设新格局。

一、生态文明是人与自然和谐共生的本质要求

对实现我国社会主义现代化与生态文明的关系研究，决定着中国式现代化建设的成败。无论从我国社会发展的方向还是遵循文明的轨迹来看，生态文明建设与人与自然和谐共生现代化建设是内在同一的，是我国社会发展的选择，也是经济建设的方向。

（一）生态文明与社会主义是内在同一的

生态文明从定义上大概概括为：从人类文明的角度出发，按照人类文明发展的轨迹，即原始文明、农业文明、工业文明之后的文明形态，新的文明形态要遵循人、自然、社会三者之间和谐发展这一客观规律而取得的物质与精神成果的总和；从社会形态的角度出发，生态文明是以人与自然、人与人、人与社会和谐共生、持续繁荣为目标的全新理念。

1. 文明轨迹的选择

在原始社会里，人类的生活是纯天然的生活状态，与其他动物无异。当人类掌握使用火的技术之后，人类摆脱了与动物为伍的生活状态，逐渐建立以群体文化为核心的原始文明。随着铁制工具的出现，人类可以按照自己的想法对自然进行简单改造，利用自然优势，建造属于人类的农业文明，对自然环境的影响还是在自然可承受的范围之内。工业革命的出现，打破了人与自然的过往关系，人有能力大范围地进行自然资源的获取。无论是人类自身的发展还是利益的驱使，人类社会的发展不断加快，物质生活水平提高了，人类对自然的认识也发生了更加深刻的变化，能使用的自然资源随着人类科学的发展变得多样化了。从对自然表面获得资源逐渐延伸到地下，从对海洋沿海的捕捞挺进海洋深处，伴随着对自然资源的获取，在全球的各个角落都有人类的足迹出现。自然界开始面临史无前例的资源锐减，原有系统内的自我调节功能因减少不同组成要素而弱化，又有太多新生成的要素被加入进来，当自然界无法对其消化整理时，自然系统紊乱，生态危机出现了。人类对文明的需要有了新的选择——生态文明，生态文明如果全面实现，将改变人与自然的对立局面。

从文明发展历程看，生态文明是超越工业文明的高级文明形态，是对原始文明、农业文明、工业文明的一种扬弃。生态文明无论在制度上、价值观上、生活方式上都是对原来文明的一种超越，而且摒弃了工业文明对人类、自然的负面效应。人民生活、经济、社会制度完全融入自然生态的统一整体中去，这是个理想的阶段，但不是空想主义，是追求人与自然、人与社会、人与人的自然共生。随着技术转为生态技术、所有产品皆为绿色产品，产品的一致性、分配的公平正义，决定着人类消费无区分，人人遵循自然规律，无任何私利。当然，要达到这样的整体社会文明需要长期的社会发展。

高级形态是初级形态的目标和方向，没有高级形态作为标杆，初级形态就可能迷失甚至走上相反的方向。马克思和恩格斯告诉我们：“一切社会变迁和政治变革的终极原因，不应当到人们的头脑中，到人们对永恒真理和正义的日益增进的认识中去寻找，而应当到生产方式和交换方式的变更中去寻找。”① 因此，我们要立足现在的物质条件，跟随经济发展的变化而变化，从社会变量中去寻找我们寻求的方向和目标。

2. 社会形态的发展

马克思恩格斯生态思想认为，要实现人与自然的和谐共生，就必须有一种新的社会形态出现。在这种新的社会形态中，人们的生活是丰富多彩的，物质财富极大化，所有的东西都是按需分配，人们可以自由自在地发展，人类再无争斗、无压迫，人与自然之间也没有相互的伤害，真正实现人全面而自由的发展。自然环境优美的人类世界，才是马克思和恩格斯心目中的理想社会。在现实的世界中，每一次社会的发展进步都需要漫长的时间和实践来实现，社会总是在人类摸索中寻求向前发展的路径。在人类面临生态危机的时候，人类对社会发展一定要做出选择，这既决定人类的前途命运，也决定自然的命运。

在20世纪70年代兴起的生态学马克思主义，在对自然环境问题上，主张从马克思主义的历史唯物主义立场出发，对资本主义制度、资本逐利性、科学技术异化等进行批判与分析。生态学马克思主义认为资本主义的生态危机根源于以私有制为核心的市场经济制度和资本主义本身的政治制度以及由此形成的文化价值观念；认为资本主义制度、资本、科学技术都是自然环境恶化的根源。生态学马克思主义主张构建新的社会主义社会，既不同于资本主义社会，又要比现实的社会主义社会更加理性的社会形态，以此来调节人与自然、人与人之间的关系，这样的想法与马克思和恩格斯的共产主义设想具有异曲同工之妙。

（二）生态文明是社会主义现代化的意蕴

从中国特色社会主义社会的发展历程来看，是不同于资本主义社会，又高于资本主义社会的一种社会形态。人类造就了农业文明、工业文明，同样人类将造就新的社会文明。生态文明将是中国特色社会主义造就的社会文明方式，同时也会是解决社会矛盾的重要手段。一旦社会主义生态文明建设实现，将创造出符合中国国情的中国式现代化。

1. 社会发展需要生态文明

全面建设社会主义现代化国家，就是要坚持中国特色社会主义社会建设发展道路。这是有别于资本主义社会建设的发展模式的，因为中国社会从半殖民地半封建社会直接踏入社会主义社会，在社会发展进程中缺少资本主义制度这一社会形态，要想不断前进，就要坚持将生态文明融入“五位一体”的总体战

---

① 马克思恩格斯选集：第3卷［M］. 北京：人民出版社，2012：654.

略布局，把“人与自然和谐共生”纳入新时代坚持和发展中国特色社会主义基本方略，把“绿色”纳入新发展理念，把“污染防治”纳入三大攻坚战，坚持“五化”协同的经济建设发展方向，坚持创新、协调、绿色、开放、共享的新发展理念，对生态文明建设进行全面系统部署安排。这才是建设具有中国特色社会主义社会的发展方向，是实现中国式现代化的既定目标。

2. 经济发展需要生态文明

坚持中国特色社会主义造就的经济发展道路，就要走有别于资本主义的传统经济发展道路。传统的线性增长模式已经不适应经济发展需要，要走出我国独特的社会主义经济发展模式。推动绿色低碳发展，必须要把碳达峰碳中和纳入生态文明建设整体布局和经济社会发展全局，划定生态保护红线、环境质量底线、资源利用上线，推动形成节约资源和保护环境的空间格局、产业结构、生产方式、生活方式。坚持走中国特色社会主义的经济发展道路，就要有符合中国特色的经济发展方式，就要坚持生态文明主导的“五化”同步，即中国特色新型工业化、城镇化、信息化、农业化、绿色化的社会经济发展道路，实现人与自然和谐共生现代化。“2012 年至 2021 年，我国以年均 3%的能源消费增速支撑了年均 6.6%的经济增长，能耗强度累计下降 26.4%，相当于少用标准煤约 14 亿吨，少排放二氧化碳近 30 亿吨，是全球能耗强度降低最快的国家之一。”①

3. 社会主义核心价值观需要生态文明

良好生态环境是最公平的公共产品，是最普惠的民生福祉。随着我国社会主要矛盾发生变化，尤其是全面建成小康社会后，人民群众对优美生态环境的期望值更高，对生态环境问题的容忍度更低，成为这一主要矛盾的重要方面。当前，我国生态环境同人民群众对美好生活的期盼相比，同建设美丽中国的目标相比，都还有较大差距，加快提高生态环境质量已成为人民群众追求高品质生活的共同呼声。坚持中国特色社会主义核心价值观，不断满足人民日益增长的美好生活的需要，就必须坚持以人民为中心的发展思想，集中攻克老百姓身边的突出生态环境问题，提供更加优质的生态产品。人民群众的生活方式不断变化，只有在生态文明引领下，实现中国特色社会主义生活方式绿色发展转型，才能引导人民向勤俭节约、绿色低碳、文明健康的生活方式转变，才能让人民群众亲近蓝天白云、河清岸绿、土净花香，在绿水青山中共享自然之美、生命之美、生活之美，实现人的全面发展。

---

① 孙金龙．促进人与自然和谐共生［M］．北京：人民出版社，2022：459.

4. 自然环境需要生态文明

近年来，党和国家系统构建生态环境领域顶层设计。中共中央、国务院印发《关于完整准确全面贯彻新发展理念　做好碳达峰碳中和工作的意见》《关于深入打好污染防治攻坚战的意见》，国务院印发《2030 年前碳达峰行动方案》《“十四五”节能减排综合工作方案》，生态环境部会同有关部门编制《“十四五”生态环境保护规划》等，制定 9 个重点领域专项规划以及 9 个污染防治攻坚战专项行动方案，形成全面系统的路线图和施工图。

自然环境压力较之前逐渐改善。自然环境的承载能力是自然环境本身循环修复的能力。超出这个承载的范围，环境就会恶化，空气、土壤、地下水会出现不同程度的影响，整个生态系统会处于无法自我修复的境况。当前，我国面临着的排放和环境承载能力之间的矛盾仍然较为突出。2022 年 5 月 27 日，生态环境部发布的《2021 中国生态环境状况公报》显示，2021 年污染物排放持续下降，生态环境质量明显改善，生态系统稳定性不断增强，生态安全屏障持续巩固，减污降碳协同增效，经济社会发展全面绿色转型大力推进，生态环境风险有效防范化解，核与辐射安全得到切实保障，生态环境领域国家治理体系和治理能力现代化加快推进，美丽中国建设迈出坚实步伐。

能源消费平稳增长，绿色低碳转型加快。据国家统计局数据，2021 年全国能源消费总量 52. 4 亿吨标准煤，比 2012 年增长 30. 4%，以年均 3. 0%的能耗增速支撑了年均 6. 6%的国内生产总值（GDP）增速。分品种来看，煤炭、石油等化石能源消费增速平缓，煤炭消费年均增长 0. 3%，石油消费年均增长 3. 9%；天然气、水电、核电、新能源发电等清洁能源消费快速增长，天然气消费年均增长 10. 5%，一次电力及其他能源消费年均增长 9. 3%。①

5. 人类生活需要生态文明

随着中国城镇化的迅速发展，过去一段时期，发展所带来的空气质量差、水源污染严重、环境恶化等问题，较为深刻地影响着居民的健康安全，这是我们当前推进经济社会发展所必须关注和重视的问题，要避免此类问题的再次发生。农村的基础设施不完善，原有的环境问题没有得到解决和改善，再加上大量农药的使用，高污染企业的建厂投产，对水资源、土壤、环境造成严重污染。随着经济的高质量发展以及科技实力的不断提升，人们对美好生活的渴望逐渐上升，维权意识也不断增强，对于构建人与自然和谐共生现代化和美丽中国建设也更加期待。

---

① 我国能源消费平稳增长，绿色低碳转型加快［N］. 新京报，2022-10-13.

面对这些过去曾经频繁出现的生态环境问题，我们不能走西方国家的那种将危机转嫁给别国的做法，必须坚持创新、协调、绿色、开放、共享的新发展理念，走高质量发展之路，秉承负责任的大国的姿态，这也是全面建设社会主义现代化国家的必由之路。

（三）社会主义生态文明建设的价值原则

社会主义价值原则要符合社会主义核心价值观。虽然我国已经建立了社会主义制度，但仍然处于社会主义初级阶段，社会生产力的发展还不充分，工业化的粗放式经济发展方式仍没有得到根本性的转变，而要想满足全体人民群众对美好生活的需要，就必须加快社会经济发展步伐，同时避免过度追求经济发展，大肆破坏自然环境。

必须追求“富强、文明、民主、和谐”的社会价值理念，这样才能合理地协调人与自然、人与人、人与社会的关系，才能体现中国特色社会主义生态文明建设的内在要求。具体体现在以下三方面。一是必须转变现有生产方式。社会经济要发展，就要按照社会主义价值原则来发展生产，把片面追求经济增长的发展目的转变成“为人的全面发展、社会满足的需要”而生产。将自然生态系统的承载能力作为生产标准和限制原则去实现生产。生态学马克思主义学者福斯特指出，改变我们原有的生产关系就是改变资本主义对生态的破坏，这样自然环境就能得到恢复，自然系统如同生命一样，系统的新陈代谢功能也就能恢复过来。因此，在改变生产方式的基础上进一步完善社会主义市场经济，以社会主义价值原则加以限制，就能更好更快地发展。二是必须坚持“以人为本”的原则。构建社会主义生态文明，要以尊重自然、保护自然为前提，遵循自然规律，实现人的全面自由的发展，不以牺牲环境为代价。三是必须坚持公平正义原则，实现社会主义生态文明建设。虽然社会发展已经取得了很大进步，但仍旧存在发展不平衡和社会不公平的现象，自然环境问题也是如此。只有高质量推动经济社会发展，形成现代化的社会主义经济体系，改善社会关系，维护人民群众的基本权益，才能促进社会全面健康发展。

我们可以清楚地认识到，生态文明建设在理念上与社会主义社会形态发展、价值原则保持高度的一致性，其既是中国特色社会主义生态文明建设的内生和必然，也是构建人与自然和谐共生现代化的客观需要。

二、中国共产党人对人与自然和谐共生现代化建设的历史探究

进入新时代，我们党开启了应对生态危机的新篇章。以对历史和对人民负

责的态度，党的十九大从崭新的角度要求健康发展“五位一体”战略体系，把生态文明贯穿于中国特色社会主义发展的全过程。党的二十大则更加鲜明地提出了“推进绿色发展，促进人与自然和谐共生”① 战略目标。针对我国社会所面临的环境问题，建设人与自然和谐共生现代化被正式提出。这既是全面建设社会主义现代化国家和美丽中国建设的必然要求，也是对生态自然观、人与自然相互关系的科学阐述。经过几代中国共产党人对生态文明建设理论的改进和创新，生态文明建设理论已提升到了国家战略发展的高度。

（一）以毛泽东为主要代表的中国共产党人的实践探索

1. 植树造林，兴修水利

建国初始，百业待兴，中华大地一片欣欣向荣，大搞战后重建工程，但这也使当时我国的自然资源遭受到了较为严重的破坏，为此以毛泽东为主要代表的中国共产党人高度重视。1944 年 5 月，毛泽东指出，如果陕北的家庭每家都种树，一年就能种很多树，如果种个十年或者继续种树一百年，那么国家的整体环境一定会好起来。从《毛泽东论林业》一书中可看到，在 1919 年至 1967 年 48 年共有 58 篇关于毛泽东对林业问题的批示、文稿，其中就提到要在中国一切可能种树的地方都把树种上，利用一切可以利用的地方。坚持要整治荒地荒山现象，荒山荒地由于大生产活动，情况非常恶劣②。毛泽东在 1955 年强调，北方的荒山应当绿化，也完全可以绿化，认为荒山绿化对农业、工业各方面都有利。“凡能四季种树的地方，四季都种。能种三季的种三季。能种两季的种两季。”③ 但在 20 世纪 50 年代后期，在“赶超英美”“跑步进入共产主义”等目标的鼓励下，毁林开荒、围湖造田等方面的建设造成了严重的水土流失，周围自然环境发生改变，土地沙漠化，水土保护成了重点工作，并强调水土保持的重要性。毛泽东在对《一九五六年到一九六七年全国农业发展纲要（草案）》稿的修改和给周恩来的信中指出，国家要总体负责修建大型的水利设施，对危害严重的河流要加强治理，这样能够保护土地的耕种面积和耕种效果，有助于农业的发展和人们的生活。关于小型的水利项目，要由当地的农村生产合作社有计划地建设统筹，如果资金不足，可以由国家协助支持。通过这两个方面的水利工程建设，相信我们国家在几年之内就能够解决水灾和旱灾的情况，在十

---

① 习近平. 高举中国特色社会主义伟大旗帜 为全面建设社会主义现代化国家而团结奋斗：在中国共产党第二十次全国代表大会上的报告［M］. 北京：人民出版社，2022：49.

② 中共中央文献研究室，国家林业局. 毛泽东论林业［M］. 北京：中央文献出版社，2003：44.

③ 毛泽东选集：第 7 卷［M］. 北京：人民出版社，1999：446.

几年就会把特别大的灾害治理好，使人们不再受水灾和旱灾的困扰。毛泽东的这一重要批示，体现了党中央对水利建设的重视，之后在治理淮河、荆江分洪等方面中华人民共和国的水利事业取得巨大成就，修建三门峡水库、葛洲坝水利枢纽大型水利工程的竣工，保护了一方水土，造福了全国人民。可见，水土保持、黄河规划都是以毛泽东为主要代表的党的第一代中央领导集体建设生态文明国家重要思想的具体体现，虽没有明确地提出生态文明的理论，但对生态文明建设的实践是丰富的。

2. 控制人口、统筹兼顾

革命战争和国家建设使我们国家在一段时期在生产与环境、人与自然关系层面上出现不协调现象。1953 年我国人口达到 6 亿多，人口与环境问题凸显出来。人口的剧增、资源的紧缺，带来的是生态环境恶化。毛泽东认为："生产与消费，建设与破坏，都是对立的统一，是互相转化的。"① 在解决人口问题上，毛泽东明确了关于"有计划地控制人口增长"的节育政策，只有这样才能解决人口增多引发的社会问题。当时社会生产力发展水平不足，人民的温饱都是问题，如果人口再增加，吃饭都是问题，还谈什么建设。1971 年《关于做好计划生育工作的报告》提出，我国人口增多速度明显，对环境的破坏程度也增加很快，荒山荒地现象频频出现，要做好人口计划，人口的自然增长率要每年都有所降低，这样对我们生产建设很有帮助。城市人口在 1975 年降低到 10%左右，缓解城市建设压力；农村人口降低到 15%以下，以增加人均耕地面积。通过对人口的控制，实现减少对自然界的破坏。在工业化发展上，提出协调"一切积极的因素"来建设社会主义，但这种粗放式的发展道路带来了一系列的生态、资源与环境问题。针对这些环境问题，1973 年 8 月全国环境保护工作会议第一次召开，国家对环境保护工作作了统一部署，解决好人口增长与资源环境的平衡问题，这既是这一时期我们党对自然环境保护的战略部署，也是社会主义社会持续发展的基本问题所在。

（二）以邓小平为主要代表的中国共产党人的实践探索

1. 反对过量砍伐，倡导全民植树绿化

1976 年之后，以邓小平为主要代表的中国共产党人对"以粮为纲"指导下导致的森林资源破坏、水土沙化、水旱问题高度关注。这一时期，我们党逐渐注重经济与环境的协调统一，提倡在发展经济时要将环境保护纳入其中，认识到如果经济发展好反过来又能为保护和改善环境提供有力支持。在治理土地与

---

① 毛泽东选集：第 7 卷［M］. 北京：人民出版社，1999：373.

人口问题上，坚持计划生育政策，控制人口增长。改革开放时期，我国的经济社会发展面临较大的自然环境压力，邓小平指出，“土地面积广大，但是耕地面积很少。耕地少，人口多特别是农民多，这种情况不是很容易改变的。这就成为中国现代化建设必须考虑的特点”①，并提出在生态环境建设问题上进行长远规划、科学布局。20 世纪 80 年代，特大洪水在国内发生，国家和人民财产损失严重。邓小平一针见血地指出了引起自然灾害问题的原因所在并制定相应对策：森林的乱砍滥伐现象突出，致使水土流失严重，一定要减少木材砍伐的数量，要建立轮休制度，对林业要进行有保护的间伐。在此之后，各地纷纷减少对森林的采伐力度，加大了生态环境的保护和建设。1983 年 12 月召开的第二次全国环境保护会议上，我国将环境保护确定为基本国策。为了修复乱砍滥伐带来的生态破坏，以邓小平为主要代表的中央领导集体积极倡导植树造林、绿化祖国、造福后代，并且每年从中央到地方层面都要开展植树活动。

2. 加强生态环境建设，走可持续发展道路

为了保护生态环境，修复生态系统，我们党提出可持续发展的生态环境保护政策。这既是对生态环境建设取得成就的认可，同时也更加坚定了我国经济社会可持续发展的方向。为了保证生态环境建设的可持续发展，党中央相继制定并出台了系列的法律法规和规章制度。在 1978 年底召开的中央工作会议上，邓小平提出：“应该集中力量制定刑法、民法、诉讼法和其他各种必要的法律，例如工厂法、人民公社法、森林法、草原法、环境保护法、劳动法、外国人投资法等等，经过一定的民主程序讨论通过，并且加强检察机关和司法机关，做到有法可依、有法必依，执法必严，违法必究。”② 国家法律制度不断健全，为我国生态环境建设的长远发展提供了有力保障。与此同时，党中央非常重视科学技术的发展，主张依靠科学技术，寻找资源消耗小、环境污染小的科学技术来推进社会发展道路。通过这些生态环境治理、保护制度的有效实施，我国社会主义初级阶段的生态环境得到了明显改善。

3. 依靠科学技术，推动生态环境建设

“马克思讲过科学技术是生产力，这是非常正确的，现在看来这样说可能不够，恐怕是第一生产力。将来农业问题的出路，最终要由生物工程来解决，要靠尖端技术。对科学技术的重要性要充分认识。”③ 这一时期，我们党必须依靠

---

① 邓小平文选：第 2 卷［M］. 北京：人民出版社，1994：164.

② 邓小平文选：第 2 卷［M］. 北京：人民出版社，1994：146-147.

③ 邓小平文选：第 3 卷［M］北京：人民出版社，1993：275.

科学技术，寻求一条资源消耗小、环境污染少的发展道路。同时，主张发展教育，不断提高人民群众的文化素养，提升人民群众的环境保护意识。1985 年 5 月，邓小平在全国教育工作会议上指出："我们国家，国力的强弱，经济发展后劲的大小，越来越取决于劳动者的素质，取决于知识分子的数量和质量……教育搞上去了，人才资源的巨大优势是任何国家比不了的。"① 因此，通过教育提升人们的素质，通过科学技术推动经济社会发展，两者并举，合理利用，将会有力促进我国生态环境的建设。

（三）以江泽民为主要代表的中国共产党人的实践探索

这一时期，我们党以马克思主义理论、毛泽东思想、邓小平理论为指导，将环境保护问题作为关系我国经济社会发展全局的重要且关键的问题。1994 年，我国政府发布了《中国 21 世纪人口、环境与发展白皮书》，强调我国人口、环境与发展之间的协调可持续发展。

1. 可持续发展

"可持续发展"成了这一时期我国经济社会发展的主线。1996 年，以江泽民为主要代表的中央领导集体明确提出，"环境保护非常重要，只要环境好起来，就是保护国家经济建设，就是保护生产力，就是维护人民权利；破坏环境就是破坏国家经济建设，就是破坏生产力，就是破坏人民权利"。在这里，我们党不仅把环境意识与环境质量确定为国家和民族文明的重要标志，而且规定为重要的"生产力"。我们党强调，"世界发展中一个严重的教训，就是许多经济发达国家走了一条严重浪费资源、先污染后治理的路子，结果造成了对世界资源和生态资源环境的严重损害。我们绝不能走这样的路子"②。这就要求我们把控制人口、节约资源、保护环境放在重要位置，为子孙后代创造可持续发展的良好环境，这也为我国可持续发展建设指明了方向。

2. 制度保障

以江泽民为主要代表的党的中央领导集体还进一步丰富了邓小平有关生态环境建设的法治化思想。有关生态环境建设的一系列法规，如《中华人民共和国环境保护法》《中华人民共和国森林法》《中华人民共和国大气污染防治法》《中华人民共和国水污染防治法》等相继颁布和实施，对这一时期我国生态环境建设起到了积极的保障作用。进入 20 世纪 90 年代，我们党适时地作出了开展

---

① 邓小平文选：第 3 卷［M］. 北京：人民出版社，1993：120.

② 江泽民 . 论有中国特色社会主义（专著摘编）［M］. 北京：中央文献出版社，2006：534.

国际环境治理合作的重大决定，向全世界承诺，中国将严格遵守国际环境保护公约，积极参加国际合作，为人类居住环境的保护和改善做不懈努力。这既是一种负责任的大国态度，也是对全球人类的庄严承诺。1995 年，江泽民在纪念联合国成立五十周年会议上的讲话中指出："这些全球性问题的逐步解决，不仅要靠各国自身的努力，还需要国际上的相互配合和密切合作。"① 提出开展加强生态环境保护的国际合作，这不仅提升了我国在生态环境建设方面的水平，而且也有利于我国国际地位的提升，为社会发展、经济建设提供了良好的生产生活环境。

（四）以胡锦涛为主要代表的中国共产党人的实践探索

这一时期我们党继续在生态文明建设上进行探讨和研究，领导广大人民进行了有效的环境保护实践。

1. 突出环境保护，增强忧患意识

在党的十六大上，我们党以特有的政治远见和责任感高度重视环境保护工作，不断深化对环境保护的认识，取得了明显的成效。2004 年 3 月召开的中央人口资源环境工作座谈会上强调，资源环境情况不容乐观，在发展经济时要充分考虑自然的承载能力和自我恢复能力，在经济建设上不能对自然只利用不保护，只求一味地索取不讲回报，人人都要爱护和保护自然资源和环境，要坚持用科学发展观来指导实践。杜绝对矿山、牧场、森林等不加保护就开发的行为。要在评估体系中探索能否将对资源的消耗率、对环境的损失和效益纳入，能否建立绿色的经济核算方式，这样在经济发展和社会建设上对自然资源的利用和使用就能有明确的界定。这些充分表明了这一时期以胡锦涛为主要代表的中央领导集体在增强环境忧患意识的同时，突出强调了环境保护的重要性。

进入 21 世纪，加强环境保护更是成了落实科学发展观的重要举措之一，是构建社会主义和谐社会的有力保障。在党的十七大报告中明确提出，现阶段我国的基本国策就是以节约资源和保护环境为主，要建设生态文明，使生态文明观在全社会牢固树立起来，将生态文明与物质文明、精神文明、政治文明建设平行对待。这样的决定，既是保证人民群众的切身利益，也是保证国民经济持续健康发展。环境保护意识得到了前所未有的提高，并提升到国家的战略地位。

2. 做好人口资源环境工作，实施科学发展

2004 年，我国人口将近 13 亿，解决好人口、资源与环境问题是利民生的大

---

① 江泽民文选：第 1 卷［M］. 北京：人民出版社，2006：480-481.

事。我们党强调，领导是做好人口工作的关键，各级党委和政府要站在全面建设小康社会的战略高度，进一步加大对资源环境工作的认识，深化改革，推动人口资源工作迈向新征程，这是由工作的重要性和紧迫性决定的；同时，要继续推进经济社会发展全面铺开，确保宏伟目标和计划顺利实施。做好人口资源的环境工作，就是在科学发展观的指导下，坚持以人为本，根本目的是进行环境保护。只有在以人为本的基础上对环境进行保护，才能实现人与自然的和谐相处。

在党的十六届三中全会上提出了坚持以人为本，树立全面、协调、可持续的发展观，这是对传统发展模式的一次彻底修正，是在发展理念上的一次变革。保护环境就要以人民群众为依靠、为基础，将民生问题摆在首位。关注环境问题，就是关注人民群众的身心健康，就是保护人民群众的生存权益。在经济社会发展中，合理有效地开发利用自然资源，在人与自然关系上实现和谐相处，是符合社会发展客观规律的“铁律”。增长并不简单地等同于发展，增长要看经济增长的质量，不能只看数量和速度；增长要看经济增长的效益，看是重视还是不重视人与自然的关系。发展是执政兴国的第一要务，科学发展更是立国之根本。解决人们所面临的环境问题，就要用科学发展观来指引。只有解决人民群众关心的问题，才能真正实现以人为本的发展本质。

3. 促进人与自然和谐，建设生态文明

党的十七大报告在提出全面建设小康社会奋斗目标的要求下，第一次明确提出建设社会主义生态文明的目标。这一目标的提出，标志着生态文明建设成为我国发展的重要任务，是我国环境保护战略的历史性转变，将在人与自然和谐共生道路上产生深远影响。为此，在2006年12月的中央经济工作会议上，我国的经济发展战略从“又快又好”转变为“又好又快”，即发展的前提是“好”。“好”就是坚持以人为本的环境理念，进行“快”的新型工业化道路，发展科技含量高、经济效益好、资源消耗低、环境污染少、人力资源优势得到充分发挥的新路子，实现对传统粗放式经济发展模式的转型。建设“两型”社会，即走循环经济发展道路和国际交流与合作道路。

三、新时代建设人与自然和谐共生现代化的中国“特色”

中国特色社会主义国家实现现代化就一定要具有中国“特色”，立寻常之志，走不寻常之路。寻常之志，是满足人民群众对美好生活的需要；不寻常之路，是中国社会要经历不寻常的发展道路。在寻求的道路上，一定要走出自己的“特色”，实现中国人的美丽梦想、复兴梦想。

（一）人与自然和谐共生现代化的建设理念

“中国明确把生态环境保护摆在更加突出的位置。我们既要绿水青山，也要金山银山。宁要绿水青山，不要金山银山，而且绿水青山就是金山银山。我们绝不能以牺牲生态环境为代价换取经济的一时发展。”① 这是“两山论”中的重要论述，“两山论”诠释了中国特色社会主义生态文明的绿色发展理念，提出了绿色发展道路，指出了当前的重要任务，落实了实践路径，打开了新时代中国特色社会主义生态文明的新局面。

1. 要像对待生命一样对待生态环境

建设生态文明是人与自然和谐发展的根本要求，是人类社会进步的重要体现。建设生态文明，就要以自然资源环境承载能力为“量”，人类生产活动要在量的范围内进行，遵守量的规则，在量的范围内进行可持续发展，超出量的范围和量的度，人类生产生活就会对自然环境引发质的变化，引起生态危机。自然界是人类社会生产、存在和发展的基础和前提，人类通过社会实践活动对自然进行有目的的改造和利用，以满足人类需要。

经过改革开放，我国经济社会快速发展，环境方面的问题越积越多。环境受经济建设影响，同时经济建设在自然环境方面也受限很多。如何解决发展与环境问题，成为现阶段我国急需在理论上进行突破、在实践中去探索的重要问题，也是现代化进程中明显的短板。经济发展给环境方面所带来的代价成了民生之患、民心之痛。随着生活水平的提高，人民群众对干净的水、清新的空气、安全的食品、优美的环境的要求不断提高，解决环境问题要像对待生命一样，从人民长远利益出发。生态环境的良好，是对人民群众、子孙后代高度负责的态度，必须加大力度攻坚克难。要将绿色、循环、低碳发展作为解决经济发展的途径，在珍惜资源、保护环境、自然恢复的人类意识上下功夫，在深化改革和创新驱动上下力气，将培育生态文化纳入教育体系，将重点工作放在社会整体推进上长久考虑，让人民群众在良好生态环境当中生活。

2. 贯彻新发展理念，推动绿色发展方式

生态环境问题其实就是经济发展方式问题。经济发展方式符合绿色发展理念，就能够保护生态环境。世界上许多国家都走过“先污染后治理”“边污染边治理”的老路。改革开放 40 多年来，我国经济的迅猛发展，使得在能源方面对外依存度较高，农村耕地逼近 18 亿亩红线，过度开采、开发等造成严重的环境

---

① 杜尚泽，丁伟，黄文帝．弘扬人民友谊 共同建设“丝绸之路经济带”［N］．人民日报，2013-09-08.

污染，必须调整产业结构，走适合中国特色的经济发展道路，协调推进新型工业化、城镇化、信息化、农业现代化和绿色化“五化”协同的新发展道路，让良好生态环境成为人民生活高质量的增长点，为子孙后代留下可持续发展的“绿色银行”。

要实现建设现代化经济体系的战略目标，就要严把生态质量关，明确绿色发展思路，制定合理的经济政策，推动经济发展方式变革、生产效率变革、动力变革，提高生产力水平，不断增强我国经济创新力和竞争力。归根结底，就是要推动经济绿色发展，为全面建设社会主义现代化国家奠定坚实的物质基础。

3. 按照系统工程思路开展生态环境保护

（1）牢固树立生态红线。生态红线，就是国家生态安全的底线和生命线。红线不能破，必须牢固树立起来。一旦突破生态红线，势必会影响人民群众生产生活，势必会影响国家可持续、可循环的经济发展，势必会影响自然生态的安全。我们要清醒地认识到绿色发展的好处，发展绿色产业，生产绿色产品，使我们的生活环保，减少对自然资源的浪费，生活方式发生重大变化，生产方式也自然会随我们的生活方式发生转变。在有限的国土空间进行合理科学适度的布局，利用有限的空间创造出更多的价值，同时为自然环境扩大空间，增加自然的可持续的生命空间。构建绿色循环低碳的产业体系，这既是生态文明建设的基点，也是社会发展经济转型的关键步骤，要在全社会形成绿色产业集群，打造创新生态科学技术，持续深化绿色产品质量。建立健全以生态文明为标准的体制机制，政府要为社会整体建设的政治保障兜底。搭建三条红线（生态功能保障基线、环境质量安全底线、自然资源利用上线），对生态环境进行全方位、全领域、全过程覆盖。确保三条红线深入人心，用最严格的制度保障其执行，绝不可逾越，保证生态功能不降低、性质不变化。

（2）确立主体功能区战略。以遵照人口资源环境配比均衡、生态效益与经济社会协调为原则确认主体功能区战略。严格按照主体功能区的划分进行统筹安排，在人口分布上进行科学分配、在经济布局上进行长远规划、在国土利用上充分研究；严格执行主体功能区的定位，开发上优选项目落户，重点开发项目预先评估，严禁消耗高、污染大的项目进驻；严格遵守主体功能区的格局设定，城镇化推进格局要合理、农业发展格局要科学、生态格局要保证。我国960多万平方公里的国土，自然条件各不相同，定位错了，之后的一切都不可能正确。要尽快完善主体功能区的各项政策法规，详细差异化绩效考核评估体系，合理推动各地区依据主体功能区战略、定位、格局设定。这样才能保障国家和区域生态安全，提高主体功能区的生态服务功能。

（3）坚持城市集约发展。在城市建设上，要坚持城市集约发展，框定城市总量、限定城市容量、盘活城市存量、优化城市增量、提高城市质量，尊重地域多元化发展。城市规模要同环境承载能力相适应，要控制城市开发的强度，划定水体保护线、绿地系统线、基础设施建设控制线、历史文化保护线、永久基本农田和生态保护红线，推动形成绿色低碳的生产生活方式。改善城市生态环境，在统筹上下功夫，在重点上求突破，着力提高城市发展的持续性、宜居性。

（4）坚持山水林田湖是生命共同体。坚持山水林田湖自然外在环境的保护，因为自然生态是统一的自然系统，由各种自然要素组成，各要素之间相互依存、相互作用实现自身循环。山水林田湖是自然系统的自然要素，彼此之间互相影响、互相制约，树是土的命脉，土是山的命脉，山是水的命脉，水是田的命脉，田是人的命脉，形成自然链条。应该坚持治水、治山、治林、治田、治湖协调一致的原则，以此实现“金木水火土，太极生两仪，两仪生四象，四象生八卦，循环不已”。

（5）加大环境污染综合治理。重点解决人民群众反映强烈的大气、水、土壤污染等突出问题，加大环境污染的综合治理力度。要有针对性地对主体功能区重点区域大气污染联防联控，逐渐减少重污染、重雾霾的天气，坚决打赢蓝天保卫战。要严格控制七大重点流域沿岸的重工业项目，推行河长制，实施从水源到水龙头的全过程监管。开展土壤污染治理和修复，解决土壤污染的农产品安全和人居环境健康两大突出问题，推动主体功能区发展，确立农业的生态优先、绿色发展原则，使碳排放、农业废弃物达到生态要求。

4. 实行最严格的生态环境保护制度

保障生态文明建设的顺利进行，就要有制度和法治作为支撑，实施严格的制度、严明的法治是关键。对污染排放标准的制定要提高，原有的排放标准已不适应社会发展的需要。在数据分析与数据治理时代，我们要对社会排放标准进行信息化分析，将标准明确化，向全社会定期实时进行信息披露，强化排污者的责任，在排放标准有章可循的制度下，对违反者严惩重罚。推进实施工业污染全面达标排放，建立企事业单位污染物排放总量控制制度，建立健全生态环境损害评估和赔偿制度，加大对企业违法排污行为的惩罚力度，建立上市公司环保信息强制性披露机制、企业环境信用评价制度和黑名单制度，对不披露的企业、单位要严惩重罚。

（1）构建全方位环境治理体系。利用现代高科技手段，对自然环境进行全方位的监测和监控。根据监测的数据，严格按照法律法规进行资源环境监督执法，继续深入推进中央生态环境保护督察，积极推进地方党委和政府开展本地区环境保护督察，对发现问题的企业、个人要严惩；同时，强化企业自我约束，落实企业主体责任。发挥公益组织和公众的力量，健全监督举报、环境公益诉讼等机制，鼓励和引导环保公益组织和公众参与环境污染监督治理。

（2）完善经济社会发展考核评价、责任追究、生态环境管理制度。科学的考核评价体系犹如“指挥棒”，责任追究和生态环境管理制度犹如“紧箍咒”，在指挥棒的指导下，实行紧箍咒的管理和追责。建立体现生态文明的考核办法、落实“党政同责”和“一岗双责”的责任追究制度以及健全资源生态环境的管理制度，“要深化生态文明体制改革，尽快把生态文明制度的‘四梁八柱’建立起来，把生态文明建设纳入制度化、法治化轨道”①。

5. 积极参加全球环境治理

要积极参与全球环境治理，落实减排承诺。应对气候变化是世界各国的责任和义务，气候环境关乎世界各国，环境污染各国都有不同程度的责任。世界各国有义务分担自己国家对环境造成的污染，要定期举行关于全球气候问题解决办法的研究会议。各国要积极参与进来，在会议上各国要提出治理的方法、解决的办法。与世界各国建立公平合理、合作共赢的全球气候治理体系。加强应对气候变化南南合作，开展绿色援助，推动《联合国 2030 年可持续发展议程》和《巴黎协定》的落实，积极承担与我国自身国力相适应的义务，提出中国方案，作出中国贡献。加强与国际组织在绿色发展、可持续发展等方面的交流合作，不断增强我国在全球气候变化和环境治理领域的议题设置能力、统筹协调能力、规则制定能力、舆论宣传能力。

（二）人与自然和谐共生现代化的建设方针

党的十九大报告指出，“要牢固树立社会主义生态文明观”，“推进资源全面节约和循环利用”。② 党的二十大报告强调，“加快发展方式绿色转型”，“深入推进环境污染防治”，“提升生态系统多样性、稳定性、持续性”，“积极稳妥推进碳达峰碳中和”。③ 坚持节约优先、保护优先、自然恢复为主的方针，针对当前突出问题进一步完善政策，提出一系列新的可操作性、能落地、有实效的措施，为促进生态文明建设持续取得新进展以及推动绿色发展，促进人与自然和

① 习近平．关于做好生态文明建设的工作批示［N］．人民日报，2016-11-28.

② 本书编写组．党的十九大报告辅导读本［M］．北京：人民出版社，2017：50，52.

③ 习近平．高举中国特色社会主义伟大旗帜 为全面建设社会主义现代化国家而团结奋斗：在中国共产党第二十次全国代表大会上的报告［M］．北京：人民出版社，2022：50-51.

谐共生明确了方向。我国的基本国策和生态文明建设的基本政策导向是节约资源和保护环境，是制定其他各项经济社会政策、编制各类规划、推进各项工作所必须遵循的基本要求，必须体现在对国土空间等各类资源使用的方方面面，形成与大量占用自然空间、显著消耗资源、严重恶化生态环境的传统发展方式明显不同的资源利用和生产生活方式。党的十八大以来，我们党在环境治理方面的力度明显加大，生态环境恶化的状况得到明显改变，但是从整体上看，对生态系统保护还没有完全落到体制机制上，生态保护和修复存在碎片化倾向，治理的效果大打折扣。为此，党的十九大明确指出，要像对待生命一样对待生态环境，要使环境治理和生态保护进入良性循环，必须尊重自然生态系统的多样性、整体性及其内在规律，加大生态系统的保护力度。党的二十大同时也强调了“尊重自然、顺应自然、保护自然，是全面建设社会主义现代化国家的内在要求。必须牢固树立和践行绿水青山就是金山银山的理念，站在人与自然和谐共生的高度谋划发展”①。

1. 形成节约资源和保护环境的空间格局

在人口、资源与环境上，实现配比均衡。在效益原则上，实现经济社会效益与生态效益相统一。社会生产尽可能进行集约生产，合理有效利用国土空间，多为自然生态环境留出空间。要根据自然的生态属性以及环境的承载能力对现有的开发和发展进行评估，统筹规划未来人口分布、经济布局、国土利用及城镇化格局。按照主体功能区的定位要求去规范空间开发秩序、完善区域政策，形成合理的空间开发结构，为节约资源和保护环境统筹出自然空间。

2. 形成节约资源和保护环境的产业结构

对产业结构要进行调整，在质量和效益上提升绿色化、在降低资源消耗上优化、在减少环境污染上转型。建立绿色低碳循环发展的经济体系和产业结构，实现资源的循环利用和再利用，实现集群产业绿色升级发展，构建以市场为导向的绿色技术创新体系，发展节能环保、低能高效的绿色产品，提高农业综合效益。要限制高污染、高耗水、高耗能的产业发展，淘汰传统的落后工艺、技术和设备。

3. 形成节约资源和保护环境的生产方式

一定要将过去靠大量消耗资源和牺牲环境换取物质财富的老路转换成为创新发展和绿色发展双轮驱动的集约生产方式。有效降低发展带来的资源环境破

---

① 习近平．高举中国特色社会主义伟大旗帜 为全面建设社会主义现代化国家而团结奋斗：在中国共产党第二十次全国代表大会上的报告［M］．北京：人民出版社，2022：49-50.

环，推动能源资源利用从低效率、高排放向高效、绿色、安全转型。以市场为导向，促进“产品设计—生产—产品包装—销售—包装处理”整个生产过程绿色化，实行绿色设计、绿色生产、绿色施工的生态系统和经济社会系统良性循环。

4. 形成节约资源和保护环境的生活方式

对于人民群众的生活方式，要倡导以绿色消费、低碳消费、适度消费为主，尽量减少给自然生态系统带来负面的影响。在衣、食、住、行等方面坚持节约优先的文化和行动自觉，坚持人人参与的环境友好型消费。通过人们的绿色饮食、绿色居住、绿色出行来推动整个社会的绿色转型。抵制和反对各种形式的奢侈浪费的消费，使人们出门望得见山、看得见水。

5. 保护环境，解决环境问题

（1）环境问题是人民群众最为关心的问题之一。解决环境的突出问题，就是解决人民群众关心的问题。环境问题解决得好，人民群众的生活幸福指数就高。随着经济社会发展和人民生活水平不断提升，环境问题越来越引起重视。环境问题如果处理不好，极易引发群体性事件。保护环境和治理环境，要以解决损害群众健康突出环境问题为重点。

（2）实施重要生态系统保护工程。要坚持保护优先、自然恢复，充分发挥自然系统的自身调节和修复能力。针对重要生态系统实施保护和修复重大工程，针对生态廊道和生物多样性的保护网络进行构建，对“两屏三带”实施重点生态安全战略。打造青藏高原独特多样性的生态环境，利用江河水源调节气候；对黄土高原水土流失和土壤植被沙化进行治理；持续保障长江、黄河水系的生态安全；深化北方防沙带建设，充分发挥东北生态屏障作用，加强南方山区丘陵的保护工程。对这些区域生态保护层层加码，使自然生态功能得到恢复，使国家生态安全得到保障。

（3）完成三条控制线的划定工作。保护生态环境要确定三条控制线，即生态保护红线、永久基本农田、城镇开发边界。对控制线的划定，优化了我国国土的空间结构，全面划定了城镇空间、农业空间、生态空间三类空间，将生态保护的空间范围落地上图。三条控制线的划定，将引导形成配套的相应政策和管理模式，而这就要求在规划上精细和高效，确保顺利实施。

（三）人与自然和谐共生现代化的建设特色

改革开放 40 多年来的历史经验告诉我们，必须坚持打开国门发展经济。从 20 世纪 70 年代以后，我国以开放的胸怀对外来的各项技术、资本、管理敞开国门，在技术中学技术，在管理中学管理，使我国逐渐向全方位开放迈进。在立足本国顶层设计发展的同时，注重与世界各国开展经济合作。

1. 统揽全局，注重顶层设计

中国特色社会主义制度决定生态文明要通过国家政治层面来进行设计、实施，要不同于发达国家的生态文明建设。我国是由半殖民地半封建社会直接进入社会主义社会的，经济基础薄弱，科学技术水平落后，人民群众受教育程度普遍偏低。在这种情况下，经过40多年的改革开放，我国的工业化、城镇化、信息化、农业化得到迅速发展，但这些成功都是通过粗放式的经济增长模式和廉价的劳动力换取而来的，而这致使自然环境、自然资源遭到大面积的破坏。探索符合我国国情的生态文明建设发展道路，就需要通过统揽全局的顶层设计规划生态文明建设的路线，进行整体的社会建设转向。

2. 系统推进，注重整体发展

通过国家层面的统揽全局的顶层设计，推动生态文明建设与其他建设的同步和协调发展。这样既能保证整体发展，又能保证方向不乱、稳步推进，还能促进经济增长、城市宜居、信息畅通、农业发展和公民生态的意识养成。发达国家在生态环境问题上总是“头痛医头脚痛医脚”，遇到问题解决问题，而我国的生态环境覆盖面大、复杂性强，这就要求我们必须走整体推进协同发展道路。发达国家是社会建设已经达到很高的程度才进行生态文明建设的；我国是后发现代化国家，因此要提前规划、总体布局、系统推进，整合发展。

（1）实施区域协调发展战略。党的十八大以后，党中央提出“一带一路”和长江经济带建设，这是区域协调发展的重要决策导向。“一带一路”倡议超出原来的预期设定，成果丰硕。“一带一路”深受各国特别是合作伙伴国家人民的欢迎，有助于促进各国经济发展。长江经济带与地方板块联动，叠加效应立竿见影。在过去几年，我国中西部地区生产总量年均增长9%，高于全国年均1.6%的增长速度。

（2）实施乡村振兴战略。必须将“五化”协同发展中的这块短板补齐，全面振兴农村经济，以农业供给侧结构性改革为主线，构建农业产业、生产、经营三大体系，延伸农业产业链，改善农村脏乱差的状况。

3. 积极主动，注重绿色发展

“山水林田湖是一个生命共同体。人的命脉在田，田的命脉在水，水的命脉在山，山的命脉在土，土的命脉在树。”只有积极主动地注重绿色发展，加大自然生态系统保护力度，才能使生态环境得到根本性改善。党的十八大以来，国家对环境治理的力度明显加大，生态环境恶化的状况得到明显改变。但是，从整体上看，对生态系统保护还没有完全落实到体制机制上，生态保护和修复存在碎片化，生态建设的效果大打折扣。如果不能痛下决心解决生态环境问题，资源问题、持续发展问题都会随之而来。因此，必须使经济增长、城镇化、信息化、农业现代化进入相互促进的良性循环，必须遵循生态系统多样化、整体性及其内在规律，加大生态系统保护力度，维护生态平衡和持久生产力，注重绿色发展，给自然留下自我修复的空间。在耕地上，留下更多的良田；在空间上，留下天更蓝、地更绿、水更净的美好家园。

第五章　建设人与自然和谐共生现代化的内涵特征

新时代生态文明建设的理论深刻地回答了“为什么建设生态文明”“建设什么样的生态文明”“怎样建设生态文明”等重大理论和实践问题，其中习近平生态文明思想作为新时代生态文明建设理论的核心内容，具有深邃历史观、科学自然观、绿色发展观、基本民生观、整体系统观、严密法治观、全民行动观、共赢全球观。

在新的历史起点上，党中央围绕着实现人与自然和谐共生现代化提出了一系列的重要论述，构成了一个内容完整且又系统的思想体系。作为一个完整的思想体系，我们党关于人与自然和谐共生的重要论述对于社会主义现代化建设具有重要的理论意义，涉及自然、民生及经济等多个方面，因此我们要从其主要内容和思想特色出发来进一步理解和把握。

一、人与自然和谐共生现代化的主要内容

自党的十八大首次明确提出“五位一体”的中国特色社会主义总体布局以来，生态文明建设战略就成为国家工作的大局，在这一特定历史背景下，我们党提出“绿水青山就是金山银山”“山水林田湖草是生命共同体”“良好生态环境是最普惠的民生福祉”“人与自然和谐共生”等一系列生态文明建设实践的新论断和新思想，逐步构建起习近平生态文明思想。习近平生态文明思想是以习近平同志为核心的党中央在充分继承和灵活运用马克思主义基本理论的基础上，针对当前我国生态文明建设面临的新矛盾、新任务、新课题，结合国际生态文明建设发展新趋势，提出的新时代我国生态文明建设实践的综合性战略指导思想，是对新时代我国生态文明建设理论的全新阐释。

（一）人与自然和谐共生

我们党在对国内外生态文明建设实践经验教训深入反思的基础上，结合马

克思主义生态文明理论，深入诠释了人与自然和谐共生的生态文明建设思想。马克思、恩格斯指出：“人是自然界的一部分，人的肉体生活和精神生活同自然界相联系。”① 在继承马克思上述理论观点的基础上，我们党结合中国生态实践，认为人作为自然的重要组成部分，与自然是一种共存共生的关系，明确提出“人因自然而生，人与自然是一种共生的关系”②。这一时期，我们党以人与自然和谐共生思想为中心，提出了保护好生态环境就是保护人类，改善生态环境就是造福人类，生态兴则文明兴等生态文明思想，进一步丰富和发展了马克思生态文明建设理论，构建了人与自然和谐共生的新格局。

1. 保护生态环境就是保护人类

改革开放后的一段时期，由于人们对人与自然和谐共生的思想认识不够准确和清晰，在推进工业化、现代化的进程中出现了大量破坏生态环境的行为。可以这样说，其他国家在工业化、现代化过程中出现的生态环境问题，基本上在我国都能看到或找到，而且我们国家的生态环境问题还有其新特点。在以经济增长为中心的发展理念指导下，中国社会经济发展取得了巨大的成绩，但也出现了严重的生态环境危机，人与自然不和谐现象较为突出。虽然近年来我国“污染物排放持续下降，生态环境质量明显提高，生态系统稳定性不断增强，生态安全屏障持续巩固，减污降碳协同增效，经济社会发展全面绿色转型大力推进，生态环境风险有效防范化解，核与辐射安全得到切实保障”③，但是我国的生态环境危机仍然较为严峻，给我国人民群众的生存和发展带来一定的困扰。

“生态环境破坏已经成为一个突出的民生问题。”④ 一方面，生态环境恶化侵蚀着我国人民群众的身体健康。生态环境危机最为直接的影响是使人民群众失去了干净的水源、清新的空气、优质的土地、卫生的食品等，人民群众赖以生存的环境不断恶化，各种癌症、呼吸道疾病、皮肤病等疾病明显增加。生态环境恶化给人民群众的生存健康带来了严重威胁。“环境污染已经成为影响人民群众身体健康和生命安全的重大社会问题。”⑤ 另一方面，生态环境恶化压缩了人民群众的发展空间。生态环境危机使人民群众的身体健康受到较大的威胁，

---

① 马克思恩格斯选集：第1卷［M］. 北京：人民出版社，2012：45.

② 习近平谈治国理政：第2卷［M］. 北京：外文出版社，2017：394.

③ 中华人民共和国生态环境部. 2021中国生态环境状况公报［EB/OL］.（2022-05-28）. http://www.gov.cn/xinwen/202205/28/content. 5692799. htm.

④ 习近平谈治国理政：第2卷［M］. 北京：外文出版社，2017：394.

⑤ 张云飞，李娜. 开创社会主义生态文明新时代［M］. 北京：中国人民大学出版社，2017：28.

同时也削弱了社会经济持续发展的能力，压缩了人民群众的生存和发展空间。“当前我国所面临的环境污染问题、资源枯竭问题以及生态失衡问题，已成为我国经济发展和社会进步的严重障碍。”①

在这一背景下，从我国生态环境的现实情况和中华民族的永续发展出发，我们党提出了保护生态环境就是保护人类的生态文明建设理念。党中央明确指出：“要像保护眼睛一样保护生态环境，像对待生命一样对待生态环境，让中华大地天更蓝、山更绿、水更清、环境更优美。”② 同时，为了更好地落实保护生态环境就是保护人类的生态文明建设理念，我们党又提出了一系列具有针对性的生态环境保护指导意见，如树立生态环境保护红线、建立生态环境保护制度、实现产业绿色发展战略等。“要加快构建生态功能保障基线、环境质量安全底线、自然资源利用上线三大红线。”③ 我们党围绕保护生态环境就是保护人类的思想提出的一系列重要指示明确了我国社会主义生态文明建设的目标，进一步夯实了我国社会主义生态文明建设的思想和制度基础。由此可见，保护生态环境就是保护人类的生态文明建设理念体现了人类充分尊重自然环境发展规律、追求人与自然和谐共生的生态智慧。

2. 改善生态环境就是造福人类

生态环境恶化引起的生态系统失衡制约了我国社会经济的可持续发展，严重危害了居民的身体健康。“日益加剧的环境污染对中国居民产生了严重的健康危害。”④ 显然，加强生态环境治理，逐渐恢复生态环境系统的功能或原貌，维持中华民族的永续发展是当前亟待解决的社会问题。正如马克思指出的那样：“违背自然规律的人类计划，只能带来灾害；破坏工作不可能永久继续下去，恢复工作才是永恒的。”⑤ 为了促进社会经济持续发展，保证人民群众的身心健康，我们不但要保护好现有的生态环境，而且要在尊重自然规律的前提下不断地改善生态环境，更好地造福人民。

“你善待环境，环境是友好的；你污染环境，环境总有一天会翻脸，会毫不留情地报复你。”⑥ 强调了协调好人与生态环境关系的重要性，并将维护和改善当地的自然生态环境作为一项重要工作任务。面对国家当前的生态环境形势，

---

① 徐水华，陈漩．习近平生态思想的多维解读［J］．求实，2011（11）：16.
② 习近平谈治国理政：第2卷［M］．北京：外文出版社，2017：395.
③ 习近平谈治国理政：第2卷［M］．北京：外文出版社，2017：395.
④ 王敏，黄滢．中国的环境污染与经济增长［J］．经济学，2015（2）：557.
⑤ 马克思恩格斯全集：第31卷［M］．北京：人民出版社，1972：251.
⑥ 习近平．之江新语［M］．杭州：浙江人民出版社，2007：11.

我们党充分意识到生态环境问题关系到国家安全，并多次强调各级政府在坚持保护环境的同时，应加大对生态环境问题的治理，通过不断改善生态环境来扭转过去我国快速发展中积累下的生态环境问题，满足人民群众对良好生态环境的需要，提出“要让人民群众不断感受到生态环境的改善”①，要推动中国尽快形成绿色发展方式和生活方式的目标任务。此外，我们党还强调“推动形成绿色发展方式和生活方式是一场深刻革命。”② 围绕如何实现这一核心目标任务，党中央制定和设计出了具体的实践路径，包括加快转变经济发展方式、加强环境污染综合治理、推广绿色消费和完善生态文明制度体系等内容。我们党提出的改善生态环境就是造福人类的生态文明建设思想，为推动我国生态环境改善指明了方向和目标。

3. 生态兴衰关乎人类文明兴衰

人类社会发展的历史经验表明，一个国家、一个民族维持好自己赖以生存的生态环境就能够兴旺发达，否则就会走向衰落和消失。“世界文明古国都发源于大河流域，因为那里水量丰富、土壤肥沃、植被茂盛、山河秀美。但是，一旦出现资源枯竭、土壤流失、生态恶化等问题，就会出现文明古国的断绝。”③ 例如，人类历史上的埃及、巴比伦等文明古国，都曾借助良好的生态环境和人民辛勤劳动而走向繁荣和辉煌，而后又都因生态环境恶化走向消失和衰落。同样，在中国文明发展的历程中也经历过类似的教训，举世闻名的楼兰古城因罗布泊湖水干涸而变成人迹罕至的沙漠戈壁，富饶美丽的科尔沁草原因为生态破坏而变成人迹稀少的沙漠。人类社会文明演化的历史告诉我们，生态环境的优劣是人类文明兴衰的关键因素，也可以说在一定程度上一个国家或地区生态环境的兴衰史，也是其文明发展的兴衰史。因而，处理好人类社会发展与生态环境保护之间的关系是人类文明无法回避的重要主题。

习近平在浙江任省委书记时就对人类文明演进与生态环境之间的关系进行了深入系统的反思，并在2003年《求是》杂志上发表了《生态兴则文明兴——推进生态文明建设，打造绿色浙江》的署名文章，文章系统论述了生态建设与生态文明之间的关系，指出“推进生态建设，打造‘绿色浙江’，是功在当代的

① 习近平谈治国理政：第2卷［M］. 北京：外文出版社，2017：393.

② 习近平谈治国理政：第2卷［M］. 北京：外文出版社，2017：394-395.

③ 张云飞，李娜 . 开创社会主义生态文明新时代［M］. 北京：中国人民大学出版社，2017：3.

民心工程、利在千秋的德政工程。”[①] 当时的浙江省委认为，努力打造繁荣、美丽、文明的绿色浙江，是一项事关浙江全局的宏大工程，关乎浙江省人民及子孙后代的永续发展，必须一代接一代地干下去。党的十八大以来，以习近平同志为核心的党中央深知生态文明建设事关中华民族的永续发展，提出了“生态兴则文明兴，生态衰则文明衰”的科学论断。在2018年5月召开的全国生态环境保护大会上习近平指出：“生态文明建设是关系中华民族永续发展的根本大计，生态兴则文明兴，生态衰则文明衰。”[②] 由此可见，党中央根据人类社会文明的演变规律提出的“生态兴则文明兴，生态衰则文明衰”的科学理念，明确了生态文明建设的重要地位，为我们处理人与自然的关系提供了科学的理论和方法指导。

（二）人与自然是生命共同体

自人类诞生以来，人与生态环境之间的关系问题，成为人类社会无法回避的永恒而又常新的话题。“人与自然是生命共同体”的理念是当代中国在人与自然互动的过程中形成的对人与自然关系的重新界定。我们党指出：“山水林田湖是一个生命共同体，人的命脉在田，田的命脉在水，水的命脉在山，山的命脉在土，土的命脉在树。”[③]“生命共同体”是习近平新时代中国特色社会主义思想的原创性概念，是习近平生态文明思想的本体论范畴。人因自然而生，二者之间是一种共生关系，一荣俱荣，一损俱损。现代社会发展过程中的经验教训让我们充分认识到只有尊重自然、顺应自然、保护自然，树立人与自然是生命共同体的理念，才能摆脱人类所面临的生态困境，建设美丽中国，实现社会主义现代化。

1. 人类对生态环境依赖的内在性

随着科学技术的不断进步和社会的不断发展，人们对自然规律以及人与自然之间关系的认识也发生了重大转变，人们逐渐意识到人类不是独立于自然以外的个体，而是庞大生态环境系统中的一个重要组成部分，人类无法离开自然界而独立存在。正如英国诗人约翰·多恩描述的那样：“没有一个人是自成一

---

① 习近平．生态兴则文明兴——推进生态文明建设，打造绿色浙江［J］．求是，2003（13）：42.

② 习近平出席全国生态环境保护大会并发表重要讲话［EB/OL］．（2018-05-19）．http：//www.gov.cn/xinwen/2018-05/19/content_5292116.htm.

③ 中共中央文献研究室．十八大以来重要文献选编（上）［M］．北京：中央文献出版社，2014：507.

体、与世隔绝的孤岛，每一个人都是广袤大陆的一部分。”① 人类对生态环境依赖的内在性，意味着人作为生态系统的一个组成部分，与自然环境中其他生命体之间存在密切的关系，人类生命安全和延续通常要以一定条件的生态环境为基础。人类对生态环境依赖的内在性至少表现为两个方面。一方面，从人类的存在形式来看，人是一种自然存在物，从属于自然界。将人类视为自然界的重要组成部分，是马克思恩格斯生态文明思想的重要观点。马克思、恩格斯认为人类起源于自然，是自然界发展到一定阶段的产物，人类通过劳动在自然环境中形成了自己的社会化类本质。“人本身是自然界的产物，是在自己所处的环境中并且和这个环境一起发展起来的。”② 马克思、恩格斯认为，人作为自然界发展的产物，其生存和发展都离不开现实的自然环境，人在自然环境中进行着自己的物质和精神活动，人类如果脱离自然环境，其生命就失去了存在的依据。显然，人类作为一种自然存在物，在一定程度上会被生态环境系统的总体性规律所决定。另一方面，从人类的存在方式来看，自然环境是人类活动的基础，是人类的无机身体。马克思、恩格斯认为，自然环境为人类活动提供了物质和场所，是人类实践活动的重要现实要素。“马克思恩格斯认为，人类社会的存在和发展离不开外部自然界，作为物质代谢的人类生活是个不断发展的开放系统，通过与外部自然环境进行物质、能量和信息的交换来满足其社会需要。”③ 显然，生态环境作为人类生存的基本条件，维持生态环境系统的平衡最终是出于对人类长远利益的关心，是为了实现人类社会的永续发展。

我们党在系统考察人类活动与自然环境相互关系中，提出人与自然是生命共同体的思想，并清晰地指明人类生存和发展对生态环境依赖的内在性。人类生产活动不是无中生有，而是借助于山、水、林、田、湖等自然环境来完成的物质转化，进而满足人类自己生存和发展的需要。因而，党中央提出了人的命脉在田的生态文明建设思想，清晰地揭示了生态环境在人类生存和发展过程中的基础性地位。人的命脉在田的生态文明建设观点，肯定了人类生存和发展对自然生态环境的依赖性，进一步发展了马克思在生态文明问题上的唯物论。

2. 人类与生态环境系统的关联性

人类对生态环境依赖的内在性表明，人作为生态系统的一个组成部分，与

---

① 多恩. 丧钟为谁而鸣［M］. 林和生，译. 北京：新星出版社，2009：78.

② 马克思恩格斯选集：第3卷［M］. 北京：人民出版社，2012：374-375.

③ 陈墀成，蔡虎堂. 马克思恩格斯生态哲学思想及其当代价值［M］. 北京：中国社会科学出版社，2014：95.

自然环境中其他生命体及生态环境系统之间存在着千丝万缕的联系，如果我们不能正确认识和处理这种联系，必将危及人类自身的生存和发展安全。一些国家在农业文明、工业文明过程中忽视了人类与生态环境系统的关联性，最终受到惩罚。恩格斯指出："部分国家居民为了得到耕地，毁灭了森林，如今这些地方成为不毛之地；阿尔卑斯山的意大利人，砍光枞树林，因此毁掉了高山牧业的根基，同时在雨季又使更加凶猛的洪水倾泻到平原。"① 在近代各国工业化的推进过程中，多数国家都忽视了人类与生态环境系统关联的重要性，不计后果掠夺自然资源和肆无忌惮破坏生态环境的现象频繁发生，造成各国生态环境恶化日益加剧，全球性生态危机的形成给人类的生存和发展安全带来了巨大的隐患。马克思、恩格斯对资本主义国家工业化过程中出现的生态环境恶化问题进行了系统分析和反思，认为资产阶级追求经济利益而肆无忌惮破坏生态环境的短视行为必将受到自然的惩罚。恩格斯指出："不要过分地陶醉于我们人类对自然界的胜利。对于每一次这样的胜利，自然界都对我们进行报复。"② 因而，在人类社会生产活动中，应该注意协调好人与自然生态环境的关系，自觉寻求人与生态环境之间的和解之路。

在我们党关于生态文明建设的重要论述中，科学分析了人与生态环境系统的关联性，并形象地阐释了人的命脉在田，人与田之间存在着密切联系；田的命脉在水，田与水之间也存在着密切联系；水的命脉在山，水又与山之间保持密切的联系；山的命脉在土，山与土之间存在着密切联系；土的命脉在树，土又与树之间存在密切联系。由此，人与田、水、山、土、树等自然生态环境系统之间就建立起密切的联系，并通过这种密切联系共同形成人与自然生态环境系统的命运共同体。"人的命脉在田，田的命脉在水，水的命脉在山，山的命脉在土，土的命脉在树"的生态文明建设观点，既让我们认识到人类对自然生态环境的依赖性，又让我们意识到人类与生态环境系统的关联性。因而，在社会主义生态文明建设实践中要秉持系统性、整体性生态环境观点，将田、水、山、土、树等有机地结合起来，推动生态文明发展，这不仅坚持与发展了马克思生态环境之间相互联系的观点，还为我国生态文明建设指明了方向。

3. 人类与生态环境的系统性和规律性

从人类与自然生态环境之间关系的历史演化来看，农业文明时期，虽然人类对生态环境的系统性和规律性认识不是特别清晰，但由于人类作用于自然环

---

① 马克思恩格斯选集：第 4 卷 [M]. 北京：人民出版社，2012：383.

② 马克思恩格斯选集：第 4 卷 [M]. 北京：人民出版社，2012：383.

境的技术水平有限，人与自然生态环境的关系始终保持着一个相对和谐的状态。然而进入工业文明后，随着人类改造和控制自然环境的能力增强，人类对自然的影响和作用迅速膨胀，人与自然环境之间的稳定关系被打破。具体表现为：人类在无视生态环境规律性的情况下，借助先进的技术手段对自然生态环境进行掠夺式开采，或肆无忌惮地倾倒各种污染物，致使生态环境受到严重损害，人与生态环境之间的矛盾日益突出。马克思、恩格斯在批判资本主义工业化过程中人类向大自然无限索取，导致人与自然之间矛盾冲突的加剧时指出，“资本主义社会人与自然关系的冲突带来的恶果主要有：地力耗损、森林消失、气候改变、江河污染和淤塞、空气污染、工作环境恶化等。”① 因而，世界各国在社会经济发展过程中如果无视人类生态环境的系统性和规律性，肆意破坏生态环境，就会导致人与自然生态环境的对立，最终遭受自然对人类的报复。

正是基于人类与自然生态环境之间关系历史演化的经验教训，我们党在继承马克思自然生态环境系统性理论观点的基础上，结合中国特色社会主义生态文明建设实践的具体情况，提出了“山水林田湖是一个生命共同体”的生态文明建设理念，深刻地揭示了人类生态环境的系统性和规律性，形成了系统的自然生态环境观。人类社会活动必须尊重生态环境的系统性和规律性，这样才能实现人类与自然生态环境的和谐，反之则会遭到自然生态环境的报复，最终给人类生存和发展带来危害。“只有尊重自然规律，才能有效防止在开发利用自然上少走弯路。”② 在生态环境的保护和治理实践中，党中央强调，开展生产、生活活动时，要遵照生态环境的系统性和规律性，要重点研究山、水、林、田、湖之间的联系规律，不能将山、水、林、田、湖的保护和治理人为地割裂开来，不能顾此失彼，要按人类生态环境的系统性和规律性特点来推进社会主义生态文明建设。由此可见，我们党提出的“山水林田湖是一个生命共同体”的思想，体现了人类生态环境的系统性和规律性特征，为我们进行生态文明建设提供了理论和方法支持。

（三）保持生物多样性

“当前，全球物种灭绝速度不断加快，生物多样性丧失和生态系统退化对人类生存和发展构成重大风险。新冠肺炎疫情告诉我们，人与自然是命运共同体。各国要同心协力，抓紧行动，在发展中保护，在保护中发展，共建万物和谐的

① 陈金清．生态文明理论与实践研究［M］．北京：人民出版社，2016：54.

② 习近平谈治国理政：第2卷［M］．北京：外文出版社，2017：394.

美丽家园。”① 作为全球环境治理的核心内容和前沿领域，生物多样性不仅是地球维持健康的生态环境的基础，同时也关系着人类的福祉，是人类生存与发展的基础。作为生态文明的重要本源，只有加强生物多样性的治理，有力推动形成自然生态与人类社会良性循环发展的格局，才能实现人与自然和谐共生的美丽愿景。

1. 生物多样性是维持地球健康的生态环境基础

生物多样性是地球上所有生物以及它们的基因和其所处环境相互作用而构成的生态系统的总称，是地球生态圈在长期的发展过程中形成的。每种生物在生态系统之中都有着各自的生态位，对于全球的生态平衡都发挥着各自的作用。当今社会，随着科技的发展，人类对于自然的干预以及不合理运用，致使出现了物种的生存危机，而这些对于地球生态环境的良性发展也带来了严重的负面影响。

生物多样性的保护是我国生态文明建设的重要内容。青藏高原上拥有世界上独有的高寒湿地生态系统，为我国提供了重要的生态屏障，同时拥有大量的生物资源，具有重要的生态意义。对于地球而言，一旦某个物种丧失，就会对自然生物链产生影响，对局部的生态系统乃至全球的生态平衡造成影响，以赤道附近的热带雨林为例，在维持碳氧平衡中发挥了重要的作用，热带雨林生态系统的破坏将直接关系全球的生态平衡。2020 年 4 月，中央财经委员会第七次会议提出：“明确生态红线，加快形成自然保护地体系，完善生物多样性保护网络。”② 2021 年，我国在长江实行“十年禁渔”，通过加强对生态系统的修复工作来恢复长江流域的生物多样性。同时，生物安全也被纳入我国国家安全体系之中，在提高生物多样性、抵御风险能力方面发挥了重要的作用。我国对于生物多样性保护具体从以下几方面入手。第一，政府加强对保护生物多样性的投入。当前，政府通过相关政策支持及财政投入等方式建设生物多样性的保护功能区，同时加强对于民众的宣传教育，在全社会营造支持生物多样性保护的氛围。第二，加大保护稀缺濒危、特有物种资源力度。物种基因资源是生物多样性的重要体现，要加大对于濒危物种、特殊物种的保护，建立遗传资源库以及种质资源库。第三，有效防范外来物种入侵。外来物种会对本地的生物资源产生很大的影响，破坏地区的生态平衡，因此要加强外来物种的防治工作。

---

① 习近平在联合国生物多样性峰会上发表重要讲话［N］. 人民日报，2020-10-01（01）.

② 习近平 . 国家中长期经济社会发展战略若干重大问题［J］求是，2020（21）：10.

2. 生物多样性是人类存续的重要基础

“生物多样性关系人类福祉，是人类赖以生存和发展的重要基础。”① 正如《荀子·天伦》中所述，“万物各得其和以生，各得其养以成”，表明人与自然之间是生命共同体，生物多样性的保护既对实现经济发展与环境保护协同共进、世界各国共同发展有重要的意义，同时对于构建人与自然和谐共生也有着重要的意义。

生物多样性是人类生存与发展的重要基础，体现在三个方面。第一，生物多样性为人类社会提供了基本的物质生活资源。人类生存与发展所需要的食物、清洁的水等生活必需品都是自然所提供的，而生物的多样性是自然提供这些物质生活资源重要的条件。“当前，全球物种灭绝速度不断加快，生物多样性丧失和生态系统退化对人类生存和发展构成重大风险。”② 生物多样性一旦丧失，人类便失去了生存资源，就会对食品安全构成严重的威胁，引起全球范围内的危机，因此从这一点来说，保护生物多样性就是保护人类自身。第二，生物多样性为人类社会的高质量发展提供了可能。“生物多样性既是可持续发展基础，也是目标和手段。我们要以自然之道，养万物之生，从保护自然中寻找发展机遇，实现生态环境保护和经济高质量发展双赢。”③ 一方面，生物多样性与优质的生活环境有着密不可分的联系，人类所需要的这一切都是由自然所提供的，生物多样性的丧失便意味着人类失去了自然带来的自然价值和生态财富。另一方面，绿色发展、保护生态环境是当今世界的共识，而实现这个前提就是要合理地开发利用自然资源，减少人类活动对于生态的影响，维护自然的生态平衡。第三，生物多样性是国际竞争的新优势。对于国家而言，优良的生态环境以及生物的多样性带来的优势是不言而喻的，生物多样性反映着国家的可持续发展能力，生物多样性的丧失会对国民经济的发展产生极大的负面影响，同时也必然影响区域的生态环境，而优美的生态环境对于产业发展以及人才引进都有着很大的助益，有利于国家以及地区软实力的提升。

(四) 以人为本的良好生态环境

近年来，社会公众开始普遍关注生态文明建设问题，将生态文明建设问题提到如此高度也是前所未有。如此重视生态文明建设问题，并将其提高到国家层面，主要出于两个方面的原因。一是随着市场经济改革早期阶段的结束，人

---

① 习近平在联合国生物多样性峰会上发表重要讲话［N］. 人民日报，2020-10-01（01）.
② 习近平在联合国生物多样性峰会上发表重要讲话［N］. 人民日报，2020-10-01（01）.
③ 习近平在联合国生物多样性峰会上发表重要讲话［N］. 人民日报，2020-10-01（01）.

民群众的生活质量有了一个很大的提升，人民群众的需求呈现出新趋向。过去的盼温饱、求生存现已转变为盼环保、求生态，与之相适应，生态文明建设问题必然会受到国家和社会的重视。换言之，中国社会发展的必然趋势使生态文明建设日益凸显出来。二是中国在改革开放推进过程中出现了许多新问题，特别是大气污染、水源污染、土地污染、海洋污染等生态环境问题，生态环境恶化严重影响了人民群众的生存健康，因环境污染导致的各种疾病呈多发态势。整治环境污染势在必行，因此国家高度重视生态文明建设。基于此背景，我们党从满足人民群众对良好生态环境的基本诉求出发，创造性地提出了“良好的生态环境是最公平的公共产品，是最普惠的民生福祉”① 理念。这一生态文明建设理念的提出，深刻地揭示了良好生态环境的民生性质，提升了对中国特色社会主义生态文明建设的认识。

1. 重视人民群众的生态权益

国民生态权益状况是衡量一个国家或地区社会发展程度的重要指标，对每个社会成员而言，追求良好的生态权益是保证其生存和发展的重要方面，良好的生态权益是保证其快乐、健康从事其他社会实践活动的重要前提。马克思明确指出：“人靠自然界生活。”② 社会成员生存质量与生态环境状况有着天然的、不可分割的联系。当前，许多发达国家社会成员的生活满意度和幸福度都很高，这与他们能够拥有良好的自然生态环境有着直接的关系，良好的生态环境不仅为其提供了良好的生存和发展环境，也提升了他们的健康水平，延长了人均寿命。然而，在许多发展中国家，在工业化推进过程中没有处理好经济发展与生态环境保护之间的关系，导致生态环境恶化日趋严重，国民的生存环境质量、身体健康水平和人均寿命受到了严重的影响，甚至在部分国家许多居民挣扎在污染严重的生存环境中，更不用说追求快乐、幸福的生活了。由此可见，良好的生态环境不仅是社会成员持续获取生存物质资源的保障，也是实现其健康、幸福、快乐生活的重要前提。

针对改革开放以来我国生态环境恶化给人民群众健康生活带来的负面影响，我们党在继承马克思自然生态环境理论观点的基础上，结合人民群众对良好生态环境的强烈要求，提出“良好的生态环境是最公平的公共产品，是最普惠的民生福祉”③ 的生态文明建设理念，并将实现良好的生态环境视为全面建成小

① 习近平总书记系列重要讲话读本［M］. 北京：人民出版社，2014：123.

② 马克思恩格斯文集：第1卷［M］. 北京：人民出版社，2009：161.

③ 习近平总书记系列重要讲话读本［M］. 北京：人民出版社，2014：123.

康社会的重要基础和必要前提，将保障人民群众的生态权益纳入国家治国理政的重大议题之中。我们党积极回应人民群众不断增强的良好生态环境诉求，将享有良好的生态环境视为人民群众的基本权益，赋予了生态文明建设以人为本的价值理念。“小康全面不全面，生态环境质量是关键”，明确了社会主义制度建设不但要满足人民群众对物质生活的需要，还要满足人民群众的良好生态环境诉求，保证人民群众能够幸福、健康、快乐地生活。“要让良好生态环境成为人民生活的增长点，成为经济社会持续健康发展的支撑点”①，要使人民群众充分享有生态权益。经济建设固然十分重要，但是如果只注重经济发展而忽视生态文明建设，甚至以牺牲生态环境来换取经济增长，最终会使国家发展背离以人为本的基本理念。由此可见，我们在社会主义现代化建设中要充分重视生态文明建设的重要性，防止社会主义现代化建设偏离以人为本的初衷。

2. 关心人民群众的身心健康

从世界各国生态环境恶化的结果看，生态环境恶化不但会制约社会经济的持续发展，还会严重影响社会成员的身心健康。而且，这种负面影响通常又带有长期性和非线性，对人们身心健康的影响是严重的和不可逆的。马克思、恩格斯很早就注意到资本主义生态环境恶化对工人身心健康造成的损害，并对资本主义生产方式导致的人与自然生态环境的对立进行了无情的批判。他们在批判资本主义国家生态恶化对工人身心健康造成的负面影响时指出：“完全违反自然的荒芜，日益腐败的自然界，成了工人的生活要素。”② 马克思、恩格斯对资本家为了追求自己的经济利益而不顾及生态环境恶化给工人身心健康带来损害的行为深恶痛绝，认为这种行为是对自然界的蔑视和贬低。“私有财产下形成的自然观，是对自然界实际的贬低。”③ 因此，历史的经验告诉我们，在社会经济发展中人类要维持好生态系统平衡，否则必将遭受自然的报复。

我国在改革开放的进程中，由于过去一段时期过于注重经济建设的重要性，加之人们对生态环境认识不到位，生态环境遭到了严重的破坏，恶化的生态环境也对人类进行了疯狂的报复。“北京市雾霾污染已经给居民带来了严重的健康问题以及巨大的社会健康成本”④，“无论是工业废水还是城市污水对于不同年

---

① 习近平谈治国理政：第 2 卷 [M]. 北京：外文出版社，2017：395.
② 马克思恩格斯文集：第 1 卷 [M]. 北京：人民出版社，2009：225.
③ 马克思恩格斯文集：第 1 卷 [M]. 北京：人民出版社，2009：52.
④ 曹彩虹，韩立岩 . 雾霾带来的社会健康成本估算 [J]. 统计研究，2015 (7)：19.

龄段中老年群体健康均有显著影响"① 等。显然，生态环境恶化给人民群众的生存安全带来严重的隐患，也背离了我国推进改革开放的初衷。基于此，我们党多次强调要加大力气推进生态环境治理，通过推动绿色发展、建立严格的生态环境保护制度等方式，彻底解决影响人民群众生存健康的突出环境问题，保证人民群众的身心健康。党中央强调："生态环境质量改善已成为一个突出的民生问题，必须下大力气解决好。"② 可以说，习近平生态文明思想明确了我国社会主义生态文明建设的方向，也为保障人民群众的身心健康安全提供了一套科学的生态价值论准则和规范。

3. 保证人民群众的生态富裕

改革开放后很长一段时期，人们在谈论生活的富足时，往往把注意力放到经济收入水平的改善上，国家的大政方针也是以经济建设为中心，而对于生态富裕与否没有充分重视。受此发展理念的影响，改革开放后我国经济建设尽管取得了举世瞩目的成就，人民物质生活水平获得了很大改善，但生态环境却严重恶化。为获得财富，人们不惜以牺牲环境为代价，不顾及环境的承载力，一味向大自然索取，同时又将生产、生活产生的垃圾、污染物排入大自然，致使生态环境遭到了严重的破坏，优质的空气、水源成了奢侈品，很多矿产资源开采殆尽，国家面临生态贫瘠的局面。世界工业化与现代化的经验教训提醒我们，只有协调好经济发展与环境保护之间的关系，才能真正把握好社会经济发展的最终目标这一方向性问题，即经济发展的最终目标是实现人类更好的生存和发展。需要特别指出的是，强调人民群众的生态富裕并不意味着否定经济发展的重要性，其要旨在于消除经济发展与生态环境保护之间出现的不协调问题，确立起人在社会经济发展中的主体性地位，从而使社会经济发展更富有合理性和持续性。因而，我国的生态环境恶化问题如果不能得到有效解决，不仅经济的可持续发展将无以为继，而且还会使经济发展背离以人为本的基本宗旨。

基于此，党的十八大以来党中央多次强调社会主义国家不仅要让人民群众过上经济富足的生活，还要保证人民群众能够呼吸上清新的空气、喝上清洁的水、吃上绿色卫生的食品，让人民群众感受到社会经济发展带来的生态效益，切实维护好人民群众的生态富裕。为了能够更好地满足人民群众对良好生态环境的需要，我们党提出"努力实现经济社会发展和生态环境保护协同共进，为

---

① 王兵，聂欣．经济发展的健康成本：污水排放与农村中老年健康［J］．金融研究，2016（3）：67.

② 习近平谈治国理政：第2卷［M］．北京：外文出版社，2017：392.

人民群众创造良好生产生活环境"①"努力形成人与自然和谐发展新格局，把我们伟大的祖国建设得更加美丽"② 等生态文明建设理念。为了能够把我国建设成富强美丽、人民安居乐业的社会主义国家，我们党将实现经济富裕和生态富足有机结合，强调"良好的生态环境是最公平的公共产品，是最普惠的民生福祉"。在社会主义新阶段，党和国家的重要任务就是满足人民群众生态富裕的美好愿望。

（五）形成绿色生产与生活方式

现代化是世界历史演进的必然过程，是人类社会发展的时代潮流。党的十九大报告指出："我们要建设的现代化是人与自然和谐共生的现代化。"③ 明确了中国特色社会主义现代化的新内涵、新特征和新要求，为正确处理人与自然之间的关系，推进人与自然和谐共生的现代化建设指明了方向。

1. 以绿色化引领新型工业化

传统工业化在促进经济发展的同时，生态环境的恶化，资源的过度开发、利用等，都影响着人类社会的可持续发展。与传统工业化相比，新型工业化发展道路是可持续发展道路，其最大的特征是实现经济发展与环境保护双赢。我们党提出的"创新、协调、绿色、开放、共享"的新发展理念，为推动新型工业化、实现经济更高质量的发展提供了根本指导。

党中央高度重视工业化与绿色化的融合，2015 年 3 月，中共中央政治局会议提出"把生态文明建设融入经济、政治、文化、社会建设各方面和全过程，协同推进新型工业化、城镇化、信息化、农业现代化和绿色化"④，首次提出了"绿色化"的理念，具有重大的意义。新世纪以来，我国确立的新型工业化发展道路仍然是在生态缺位的工业化老路上前行，更加重视信息化与工业化的互动融合，并没有改变工业化"反生态化"的本质。绿色化融入新型工业化，为我国开辟了一条与生态文明相辅相成的新型工业化发展道路。

实现新型工业化取代传统工业化的重要途径是发展绿色产业，彻底变革资源消耗型、环境污染型的生产方式，形成绿色的生产方式。2015 年 10 月，在

---

① 习近平谈治国理政：第 2 卷［M］. 北京：外文出版社，2017：394.

② 习近平谈治国理政：第 2 卷［M］. 北京：外文出版社，2017：397.

③ 习近平. 决胜全面建成小康社会 夺取新时代中国特色社会主义伟大胜利：在中国共产党第十九次全国代表大会上的报告［M］. 北京：人民出版社，2017：50.

④ 中共中央政治局召开会议 审议《关于加快推进生态文明建设的意见》 研究广东天津福建上海自由贸易试验区有关方案 中共中央总书记习近平主持会议［N］人民日报，2015-03-25（01）.

《关于加快推进生态文明建设的意见》中强调，必须坚持走绿色低碳循环的发展路径。经济社会的发展转型必须充分认识到绿色生产方式的重要性、紧迫性与艰巨性，大力发展绿色产业，推动产业结构的调整，实现经济和社会进一步发展。一方面，加快推动传统产业绿色转型升级。以绿色低碳循环为主要原则，淘汰落后产能，化解过剩产能，加快推进产业的绿色升级改造，大力发展生态利用型、循环高效型产业，“建立绿色低碳发展的经济体系，促进经济社会发展全面绿色转型，才是实现可持续发展的长久之策。”① 另一方面，以科技创新为支撑提高绿色工业化发展技术水平。新时代新型工业化实现绿色发展离不开科学技术，科技在促进经济增长的同时会不断提升资源的利用率，同时科技的创新对于加快转变经济发展方式、优化产业结构以及改善生态环境也发挥着重要作用。“绿色发展是生态文明建设的必然要求，代表了当今科技和产业变革方向，是最有前途的发展领域……依靠科技创新破解绿色发展难题，形成人与自然和谐发展新格局。”②

2. 以绿色理念促进农业现代化发展

“民族要复兴，乡村必振兴。”③ 当今“三农”问题的工作重心已经历史性地转向全面推进乡村振兴，实现农业农村现代化发展。实现农业现代化发展既是实现中华民族伟大复兴和社会主义现代化的重要基础，也是时代所需、人民所求。

“绿色发展理念就为农业现代化提供了与时俱进的创新的发展理念”④，是农业现代化的根本出路和根本保障。第一，在现代化发展的过程中，绿色农业具有基础性的地位，通过绿色发展模式整合农村发展资源，推动传统农业种植模式转型，能够为农业发展注入不竭的动力，促进有机农业、园区农业等的兴起和发展。第二，我国作为世界上人口最多的国家，同时也是最大的发展中国家，虽然我国农业资源总量比较大，但是我国人均的资源拥有量与世界平均水平仍然有很大的差距。农业现代化绿色发展对于破解我国农业发展水土资源的约束具有重要的意义，实现农业资源节约型、环境友好型的发展模式，有利于

---

① 习近平．与世界相交　与时代相通　在可持续发展道路上阔步前行——在第二届联合国全球可持续交通大会开幕式上的主旨讲话［N］．人民日报，2021-10-15（02）．

② 习近平．为建设世界科技强国而奋斗：在全国科技创新大会、两院院士大会、中国科协第九次全国代表大会上的讲话［N］．人民日报，2016-06-01（02）．

③ 习近平．加快农业农村现代化　让广大农民生活芝麻开花节节高——在第四个“中国农民丰收节”到来之际习近平向全国广大农民和工作在“三农”战线上的同志们致以节日祝贺和诚挚慰问［N］．人民日报，2016-06-01（02）．

④ 张新美．绿色发展理念与农业现代化［J］．农业经济，2019（6）：26-27.

农业与农村的可持续发展。

2016 年 12 月，中央农村工作会议明确强调，农业农村发展要坚持绿色的生产方式，推进农业供给侧结构性改革，调整调顺农业结构，“把该退的坚决退下来，把超载的果断减下来，把该治理的切实治理到位，把农业节水作为方向性、战略性大事来抓。”① 党的二十大以来党中央对推进农业绿色发展高度重视，多次作出重要指示，提出要加强生态环境监管，巩固绿色发展的优势，“加快绿色农业发展，坚持用养结合、综合施策，确保黑土地不减少、不退化。”② 体现了“绿水青山就是金山银山”的绿色发展理念，为推动美丽乡村建设，走上农业现代化发展之路指明了方向。

3. 以绿色发展的理念推进新型城镇化

改革开放以来，我国经济社会发展取得了巨大的成果，同时也加速了我国的城镇化进程。截至 2021 年末，我国常住人口的城镇化率达到了 64.72%，城市越来越成为承载人口的重要载体。城镇化进程的加快，不断推动着人们重新思考人、城市与自然三者之间的关系，如何以绿色发展的理念推进新型城镇化成为当下重要的任务。

我们党高度重视新型城镇化的绿色发展之路。首先，走新型城镇化发展之路要尊重自然，保护自然，遵循自然规律。“粗放扩张、人地失衡、举债度日、破坏环境的老路不能再走了，也走不通了。”③ 城镇化的发展受自然条件和环境承载能力的制约，应当把生态环境保护放在突出位置，不可以以牺牲生态为代价，揠苗助长，要给居民留下山水，留下乡愁。其次，科学规划，统筹生态、生产与生活。城市发展生产应该集约高效，生活要宜居适度，生态要山清水秀。城市的发展规划目标应当是创造优良人居环境，增强城市空间布局的合理性，推动形成绿色低碳的生产生活方式。最后，建立多元主体共治的生态治理格局。党的十九大报告明确指出，环境治理体系的构建必须积极调动政府、企业、社会组织以及社会公众等各个主体的参与，充分发挥各自的能动性。政府作为城镇生态治理的核心，要“掌好舵”，建立健全与其他主体的沟通机制和沟通渠道，规范参与程序，推动各方积极参与，形成科学高效的治理结构，完善城镇

---

① 习近平．中央农村工作会议在京召开——习近平对做好“三农”工作作出重要指示[N]．人民日报，2016-12-21（01）．

② 习近平．解放思想锐意进取深化改革破解矛盾　以新气象新担当新作为推进东北振兴[N]．人民日报，2018-9-29（01）．

③ 中共中央文献研究室．十八大以来重要文献选编（上）[M]．北京：中央文献出版社，2014：590.

治理模式。

（六）共谋全球生态文明建设

伴随着世界经济发展的全球化、一体化，生态危机也开始在世界范围内蔓延，并成为一个全球性问题。正如美国学者蕾切尔·卡逊描述的那样："人类对大自然的破坏，不但危害了人们所居住的大地，还危害了与人类共享大自然的其他生命。"① 面对全球气候变暖、水资源污染、臭氧层破坏、酸雨蔓延、生物多样性减少等全球性生态环境恶化问题，人们开始对当前的发展方式和生活方式进行反思，并期望通过推动全球生态系统治理体系解决环境恶化问题。然而，面对当今世界生态环境治理的关键节点，围绕世界生态环境治理责任，部分发达资本主义国家竞相讨价还价，甚至个别国家想放弃本应承担的生态环境保护责任，世界生态系统治理体系面临严峻挑战。面对全球生态环境治理体系中存在的"乱象"，我们党从打造人类命运共同体出发，提出了共谋全球生态文明建设的思想，"建设生态文明关乎人类未来，国际社会应携手同行，共谋全球生态文明建设之路"②，既为全球生态环境治理协作提供了中国智慧和中国方案，也为世界各国之间生态环境治理合作提供了重要的思想指导。

1. 共同打造人类命运共同体

生态环境是人类赖以生存和发展的重要保障，是承载一个国家社会经济发展的重要基础。习近平生态文明思想既满足了人民对于良好生态环境的基本诉求，也关注了世界其他国家人民对于良好生态环境的诉求。一方面，我们党认为建设生态文明既是解除我国面临的生态约束、拓展战略空间的重要手段，也是实现中华民族伟大复兴的必由之路；另一方面，当今世界是一个相互联系、相互依存的世界，世界各国只有携手合作才能实现共同发展，呵护人类社会的共同家园。基于此，我们党创造性地提出了共同打造"人类命运共同体"的发展理念，将世界各国普遍联系起来，共谋全球生态文明建设。"到目前为止，地球是人类唯一赖以生存的家园，珍爱和呵护地球是人类的唯一选择。中国方案是：构建人类命运共同体，实现共赢共享。"③

打造"人类命运共同体"思想符合人类社会发展的基本趋势，它不仅对解决日益严重的全球化生态危机具有积极的意义，而且对保障中国生态环境安全有着深远的影响。一方面，应对全球生态环境恶化，保护好生态环境安全已经

---

① 卡逊．寂静的春天［M］．吕瑞兰，李长生，译．长春：吉林人民出版社，1997：73.
② 习近平谈治国理政：第2卷［M］．北京：外文出版社，2017：525.
③ 习近平谈治国理政：第2卷［M］．北京：外文出版社，2017：538-539.

成为全球面临的共同难题。为了能够较好地应对全球生态危机，促进世界各国携手共建生态环境良好的美丽地球家园，我们党提出了“构筑尊重自然、绿色发展的生态体系”，表达了打造“人类命运共同体”就是打造“生态文明共同体”的思想，指出要“建设一个清洁美丽的世界”等生态文明建设思想。打造“人类命运共同体”思想将世界普遍联系起来，共同应对生态环境问题，展现了中国主动承担全球生态危机治理责任的良好形象，对推动世界各国共同承担全球生态危机治理责任，实现全球生态危机治理合作交流具有重要而积极的意义。另一方面，当今世界发达国家围绕生态环境问题的国际竞争不断加剧，打造“人类命运共同体”思想是中国主动捍卫生态主权，维护国家生态安全的重要战略选择。随着人类社会迈向生态文明时代，生态资源逐渐成为一个国家和民族最重要的财富和利益，它是一个国家和民族生态复兴的重要保证。在这种背景下，我们党提出的“人类命运共同体”生态文明建设理念，对维护国家的生态主权、保障中华民族的生态发展空间意义重大。打造“人类命运共同体”思想不仅丰富和发展了人类生态文明建设理念，同时也为实现中华民族伟大复兴创造了良好的生态空间。

2. 携手应对全球生态环境挑战

良好的生态环境是一个国家和民族持续发展和永续存在的重要保障，生态文明思想的出现是人类社会长期理性反思其实践活动的共同产物，是人类社会文明思想的重要构成部分。我们党深知在全球性生态危机面前没有谁能够成为看客，全球生态危机是人类社会面临的共同挑战，世界各国只有携手应对，才能保证人类社会有一个美好的未来。“地球是人类唯一赖以生存的家园，珍爱和呵护地球是人类的唯一选择。”① 因而，面对全球生态环境恶化问题给人类带来的挑战，中国倡导世界各国加强协调和沟通，携手合作，共同寻求解决的办法。“国际社会应该携手同行，共谋全球生态文明建设之路。”② 然而，令人遗憾的是，在共同应对全球生态环境恶化的过程中，由于各个国家或地区之间社会经济发展存在严重的不平衡，少数发达国家在利用经济和技术优势减轻自身生态环境压力的同时，一些发展中国家生态环境恶化却呈现加剧趋势，全球性生态危机并没有明显改善。“发达国家自身环境的改善完全是建立在牺牲广大发展中国家和落后地区环境利益的基础之上，从而导致全球环境问题的地缘分布不平

① 习近平谈治国理政：第 2 卷［M］. 北京：外文出版社，2017：538-544.
② 习近平谈治国理政：第 2 卷［M］. 北京：外文出版社，2017：525.

衡进一步加剧，穷人、穷国和脆弱地区成为环境恶化的最终受害者。”① 与此同时，面对当今世界生态系统治理体系重新调整这一关键时期，部分发达资本主义国家围绕世界生态环境治理责任竞相讨价还价，甚至个别国家想放弃应当承担的生态环境保护责任和义务，全球性生态环境治理体系持续发展面临严峻挑战。另外，许多发展中国家为了能够尽快摆脱贫困，往往选择先污染后治理的发展模式，造成全球生态危机进一步加剧。

面对世界生态系统治理协作的复杂性，中国领导人在国际交流场所多次倡导世界各国共同携手应对全球生态环境挑战，并积极致力于推动全球生态治理协作多边体系的发展，为解决全球性生态环境危机提供了中国智慧和中国方案。一方面，积极推动我国生态环境治理的对外合作。生态系统的治理是一个多层次的、系统性的建设工程，由某一个政府，单纯治理一个系统是不可能达成的，只有将顶层设计与实际行动相结合才能取得成功。“一个国际组织如果只寻求经济和政治方面的解决办法，而忽视生态问题，那它就会像只有一个翅膀的鸟，不但没有一点用处，反而会使人类陷入更严重的困境。”② 在这方面，中国始终坚守负责任的大国形象，主动承担相应的国际责任，积极促进双边和多边合作，为应对全球性生态环境危机、推动人类社会持续健康发展作出了有益贡献。另一方面，积极推动中国生产方式和生活方式转型，努力协调好生态环境保护与经济发展之间的平衡关系，为全球生态环境保护贡献了中国力量。

3. 建设一个清洁美丽的世界

全球化进程的历史经验充分表明，世界各国是一个不可分割的整体。在全球性生态危机面前，没有一个国家和地区能够置身事外孤立自保，全球性生态危机是一个超越国家和民族利益的全人类共同风险。世界各国只有打造好人类命运共同体、携手应对全球生态环境挑战，才能化险为夷。与此同时，我们党在提出“共同打造人类命运共同体”“携手应对全球生态环境挑战”等全球性生态危机治理理念的基础上，又提出了要建设一个清洁美丽新世界的生态文明建设思想，为全球生态环境治理提供了明确的方向。“人与自然共生共存，各国应坚持绿色低碳，建立一个清洁美丽的世界。”③ 建设一个清洁美丽家园的战略，既是中国共产党推动生态文明发展战略决心的重要体现，也是中国共产党对中国人民和世界人民最为切实、最为庄严的生态承诺，展现了中国作为一个

---

① 陈金清．生态文明理论与实践研究［M］．北京：人民出版社，2016：261-262.

② 福格特．生存之路［M］．张子美，译．北京：商务印书馆，1981：249.

③ 习近平谈治国理政：第2卷［M］．北京：外文出版社，2017：544.

负责任的世界大国的国际形象，表达了“人类命运共同体”就是“生态文明共同体”的思想。① 习近平生态文明思想就是要给我们建立一个清洁美丽的新世界。

在提出要建设一个清洁美丽世界的同时，我们党深入阐释了加强全球生态治理体系的重要性，并带领中国人民努力践行这一战略思想，积极探索打造人类命运共同体的原则和具体策略，为建立一个美丽的世界贡献了中国力量。具体而言，主要表现为两个方面：一方面，积极推动世界各国之间绿色发展领域的国际合作。中国提出了“共谋全球生态文明建设之路”“建设人类绿色家园”“绿色丝绸之路”“共同但有区别的责任原则”“打造核安全命运共同体”等理念，站在世界高度，为国际绿色发展领域的合作提供了重要的理论和方法支持。另一方面，中国共产党带领中国人民长期致力于世界可持续发展。在这个过程中，我们党号召中国人民转变传统的生产方式和生活方式，用实际行动促进绿色生产和消费，为建立一个清洁美丽的世界贡献中国力量。与此同时，中国共产党带领中国人民走互利共赢的发展战略，不但致力于改善中国的生态环境质量，而且通过对外绿色援助方式帮助其他国家实现绿色发展。“在人类生态文明建设方面，中国责无旁贷，将继续作出自己的贡献。”② 中国共产党是从人类总体利益出发，对全球生态环境治理进行的战略定位，体现了当代人类社会生态文明建设的历史使命和时代价值。“建设一个清洁美丽的世界”和建设“美丽中国”相互结合、相互促进，成为习近平生态文明思想的重要组成内容。

二、人与自然和谐共生现代化的基本特质

人与自然和谐共生的现代化是在中国特色社会主义进入新时代、我国全面建设社会主义现代化国家的关键时期形成的指导生态文明建设工作的科学理论。人与自然和谐共生的现代化是中国式现代化的重要内容之一，是以习近平生态文明思想为指导，继承马克思主义生态文明思想的精髓要义，并具有鲜明的理论特色和时代特征的现代化之路，开拓了马克思主义生态文明思想中国化的新境界。人与自然和谐共生的现代化坚持“四个导向”的有机统一、坚持以人民为中心的价值追求、注重发挥新发展理念的引领作用、蕴含了丰富的科学思维方法，深刻把握这些基本特征对于全面深入理解习近平生态文明思想的内涵实

① 刘希刚，徐民华．马克思主义生态文明思想及其历史发展研究［M］．北京：人民出版社，2017：304.

② 习近平谈治国理政：第2卷［M］．北京：外文出版社，2017：525.

质具有重大现实意义。

（一）坚持“四个导向”的有机统一

党的十八大以来，党中央站在谋求中华民族长远发展、实现人民福祉的战略高度，按照尊重自然、顺应自然、保护自然的理念，把生态文明建设融入经济建设、政治建设、文化建设、社会建设各方面和全过程。习近平生态文明思想是指导我国进行生态文明建设的完整的、科学的理论体系，体现出了目标导向、问题导向、责任导向和效果导向的有机统一。

1. 坚持目标导向，找准生态文明建设的目标定位

改革开放以来，我国经济社会迅猛发展，经济建设取得了举世瞩目的成就，经济总量跃居世界第二，综合国力和国际影响力显著增强，人民生活不断改善，实现了从温饱不足到总体小康并向全面小康迈进的历史性跨越，中华民族迎来了从站起来、富起来到强起来的伟大飞跃，开启了中华民族永续发展的历史新纪元。

“走向生态文明新时代，建设美丽中国，是实现中华民族伟大复兴的中国梦的重要内容。”建设美丽中国、实现中华民族伟大复兴是生态文明建设的目标指向，生态文明建设是建设美丽中国的必由之路。将生态文明建设纳入美丽中国的建设范畴，一方面丰富了美丽中国的内涵，另一方面也将生态文明建设的重要性提升到了一个新的高度。我们党强调：“人民群众对清新空气、清澈水质、清洁环境等生态产品的需求越来越迫切，生态环境越来越珍贵。我们必须顺应人民群众对良好生态环境的期待，推动形成绿色低碳循环发展的新方式，并从中创造新的增长点。”① 建设美丽中国是我国发展进入新时代的迫切需要，回应了人民群众的期盼和关切，为全面提升发展质量和发展空间提供了新的战略指导，标志着我们党执政理念的重大提升，反映了全面建成小康社会的基本要求和重要特征，拓展了中国特色社会主义事业发展的领域和范畴。构建资源节约型、环境友好型、人口均衡型和生态安全保障型的社会，维护人民群众的生态权益，促进经济和社会可持续发展，实现人与自然和谐共生、建设美丽中国、实现中华民族伟大复兴既是我国生态文明建设的目标和方向指引，也是习近平生态文明思想的逻辑起点。

---

① 中共中央文献研究室．习近平关于社会主义生态文明建设论述摘编［M］．北京：中央文献出版社，2017：25.

2. 坚持问题导向，牢牢把握生态文明建设的着力点

伴随着我国经济的快速增长，城市化和工业化的不断推进，资源利用、能源消耗和废弃物的排放也在同步增长。资源的过度开发导致生态环境更加脆弱，而环境污染又加剧了生态系统的退化，传统的经济增长模式对资源的消耗已经超出了生态环境的承载能力和自我恢复能力。与此相联系，生态问题也成了严重的社会问题，各类环境纠纷日益增多，甚至出现了因环境问题引发的群体性事件。党中央对我国的生态环境现状、面临的问题和今后的解决思路，都有着十分清晰而深刻的认识。“经济上去了，老百姓的幸福感大打折扣，甚至强烈的不满情绪上来了，那是什么形势？……这里面有很大的政治。”正是基于我国的现实国情，我们党的二十大报告中提出，要“加快生态文明体制改革，建设美丽中国”，“坚定走生产发展、生活富裕、生态良好的文明发展之路”。

习近平生态文明思想作为建设美丽中国的行动指南，蕴含了发现我国生态文明建设存在的问题、认识我国生态文明建设存在的问题、研究我国生态文明建设存在的问题、解决我国生态文明建设存在的问题的逻辑理路。习近平生态文明思想牢牢把握住了我国生态文明建设的着力点，体现出了坚持问题导向的优良品质。在生态文明建设的意义方面，我们党把生态文明建设作为我国“五位一体”总体布局和“四个全面”战略布局的重要内容，提出生态文明建设关系人民福祉，关乎民族未来，是中华民族永续发展的千年大计，强调要像对待生命一样对待生态环境，体现出了对生态文明建设的高度重视和高度的历史责任感。针对传统的“以 GDP 论英雄”的发展观念，党中央明确了“绿水青山就是金山银山”“保护环境就是保护生产力”“生态兴则文明兴”的新理念，为我国正确处理好经济发展同生态环境保护的关系指明了方向。针对我国传统的粗放型发展模式，我们党指出要推动形成绿色发展方式和生活方式，强调要加快转变经济发展方式，大力推进供给侧结构性改革，全面促进资源节约集约利用，积极倡导推广绿色消费。针对传统的“头痛医头脚痛医脚”的环保模式，我们党从系统工程的思路出发，提出了“生命共同体理论”，强调要统筹山林水田湖草沙系统治理，全方位、全地域、全过程开展生态环境保护建设。针对人民群众日益增长的优美生态环境需要，我们党指出环境保护和治理要以解决损害群众健康突出环境问题为重点，着力抓好空气、土壤、水污染的防治，加快推进国土绿化，治理和修复土壤特别是耕地污染，全面加强水源涵养和水质保护，综合整治大气污染特别是雾霾问题，全面整治工业污染源。针对我国生态文明制度的不完善、法律的不健全问题，我们党指出要完善生态文明制度体系，用最严格的制度、最严密的法治保护生态环境。针对我国公民环境意识不强，生

态文化缺失的现状，我们党提出要强化公民环境意识，把建设美丽中国化为人民的自觉行动。可见，习近平生态文明思想坚持以问题为导向，抓住了我国生态文明建设问题的“牛鼻子”，牢牢把握住了我国生态文明建设的着力点，立意高远、内涵丰富、思想深刻，是推动美丽中国建设的科学指南。

3. 坚持责任导向，强化生态文明建设制度的全面落实

生态环境保护能否落到实处，关键在领导干部。要落实领导干部任期生态文明建设责任制，实行自然资源资产离任审计，认真贯彻依法依规、客观公正、科学认定、权责一致、终身追究的原则，明确各级领导干部责任追究情形。对造成生态环境损害负有责任的领导干部，必须严肃追责。①

第一，精准化定责。大力推进生态文明建设，建设美丽中国，关键在于我们党，关键在人，关键在各级领导干部。“一些重大生态环境事件背后，都有领导干部不负责任、不作为的问题。”② 各级领导干部要强化责任意识和担当精神，要切实担负起推进生态文明建设的主体责任，坚决把思想和行动统一到党中央有关生态文明建设的决策部署上来，坚决把生态文明建设摆在全局工作的突出地位抓紧抓实抓好，全面提升我国生态文明建设发展水平，为建设生态文明和美丽中国作出更大贡献。党中央反复强调：“经济要上台阶，生态文明也要上台阶。”各级领导干部应树立绿水青山就是金山银山的发展理念，坚决摒弃传统的“先污染后治理”的发展思路，绝不能再以牺牲生态环境为代价换取一时一地的经济增长。各级政府应强化清单管理，严格按照“任务责任化、责任清单化”的思路，将生态文明建设的重大部署、重点任务和主要指标纳入履职尽责清单，进一步强化事前预防监测、事中强化责任、事后终身追责的责任体系。在以习近平同志为核心的党中央的大力推动下，《中共中央 国务院关于加快推进生态文明建设的意见》指出：“建立领导干部任期生态文明建设责任制，完善节能减排目标责任考核及问责制度。”

第二，高效化履责。“生态文明建设是利国利民利子孙后代的一项重要工作，决不能说起来重要、喊起来响亮、做起来挂空挡。”各级单位和部门应严格落实中央有关生态文明建设的各项方针政策，紧盯生态环境重点领域、关键问题和薄弱环节，层层落实生态环境保护责任清单，以钉钉子精神下大气力解决好人民群众反映强烈的生态环境突出问题。各级领导干部要以对党和人民高度

---

① 中共中央文献研究室．习近平关于社会主义生态文明建设论述摘编［M］．北京：中央文献出版社，2017：111.

② 中共中央文献研究室．习近平关于社会主义生态文明建设论述摘编［M］．北京：中央文献出版社，2017：110.

负责的精神转变“GDP 至上”的政绩观，全面落实生态环境保护的“党政同责”“一岗双责”，针对突出生态环境问题要加大攻坚力度，切实把职责履行到位。

第三，常态化督责。针对重大生态环境事件背后存在的领导干部不负责任、不作为问题，一些地方环保意识不强、履职不到位、执行不严格问题，环保有关部门执法监督作用发挥不到位、强制力不够的问题，我们党提出要严格落实领导干部任期生态文明建设责任制，实行领导干部自然资源资产离任审计制度。党中央多次强调，要建立领导干部责任追究制度，而且是终身追究。“要加大环境督查工作力度，严肃查处违纪违法行为。”① 自 2014 年起，党中央有关方面人分别对腾格里沙漠遭企业污染一事、青海祁连山自然保护区和木里矿区破坏性开采作出重要批示，通过对相关责任单位和责任人严肃问责，深刻表明了党中央维护生态环境、建设生态文明的坚定意志。2016 年，中央环保督察全面启动。通过督查、问责，推动生态环境问题整改落实，同时加大对环境问题曝光力度，坚决依法依规问责。

4. 坚持效果导向，推动形成生态文明建设的长效机制

当前，我国生态环境保护中存在的突出问题大多与体制不完善、机制不健全、法治不完备有关。“要深化生态文明体制改革，尽快把生态文明制度的‘四梁八柱’建立起来，把生态文明建设纳入制度化、法治化轨道。”② 在我们党的这一思想指导下，我国加快推进生态文明领域体制改革，完善生态文明领域内的经济政策和市场体系，实行资产有偿使用和生态补偿制度，完善行政政策，改革政府管理体制，设立国有自然资源资产管理和自然生态监管机构，完善社会政策，推行公众参与制度等。生态文明制度建设方面，我国完善了经济社会发展考核评价体系，建立了责任追究制度，建立健全了资源生态环境管理制度，建立和完善了生态红线制度。法治建设方面，我国加快建立生态文明法律体系，出台了一系列法律法规。在十三届全国人大一次会议第三次全体会议通过的《中华人民共和国宪法修正案》，“生态文明”首次写入宪法。这为进一步推动生态文明建设提供了法律依据和宪法保障。党的十八大以来，可以说是我国生态文明建设力度最大、举措最实、推进最快、成效最好的时期。党的十九大报告指出，过去五年我国生态文明建设成效显著，全党全国贯彻绿色发展理念的

---

① 中共中央文献研究室．习近平关于社会主义生态文明建设论述摘编［M］．北京：中央文献出版社，2017：110.

② 习近平谈治国理政：第 2 卷［M］．北京：外文出版社，2017：393.

自觉性和主动性显著增强，生态文明制度体系加快形成，全面节约资源有效推进，重大生态保护和修复工程进展顺利，生态环境治理明显加强，环境状况得到改善。

目前，我国生态文明制度的“四梁八柱”已经建立，美丽中国的蓝图已经绘就，关键是强化责任担当，狠抓工作落实。崇尚实干、狠抓落实是习近平生态文明思想的突出特点。生态文明建设是一项艰巨而复杂的任务，需要以钉钉子的精神做到一张好的蓝图一干到底，切实干出成效来。持之以恒推进生态文明建设，推进人与自然和谐共生现代化，需要我们一代接着一代干，驰而不息，久久为功。

（二）坚持以人民为中心的价值追求

马克思、恩格斯在《神圣的家族》中指出：“历史活动是群众的活动，随着历史活动的深入，必将是群众队伍的扩大。”[①] 马克思、恩格斯从历史观的角度探讨了人民群众存在的重要价值，马克思、恩格斯认为，人民群众既是历史的“剧中人”，又是历史的“剧作者”，是推动历史发展、变革的决定力量。马克思指出，人类是社会的主体和有机体，是自然界组成的一部分，是“现实的、有形体的、站在稳固的地球上呼吸着一切自然力的人”，他“本来就是自然界”[②]。由此可见，人类与自然界是密不可分的，是相互依赖、共生共存的统一整体。习近平生态文明思想继承和发展了马克思主义“实现最广大人民利益”的鲜明思想，提出了“坚持以人民为中心”的生态思想，以人民为中心就是把最广大人民的生态利益放在首位，坚持生态文明建设为了人民、生态文明建设依靠人民、生态文明建设成果由人民共享的价值追求。“良好的生态环境是最公平的公共产品，是最普惠的民生福祉。”保证人民的环境良好、生态富裕、生活幸福是习近平生态文明思想的核心思想与价值归宿。我们党通过“以人民为中心”思想，深刻回答了建设生态文明到底为了谁、到底依靠谁、到底由谁共享成果的问题。

1. 坚持生态文明建设为了人民

习近平生态文明思想是“以人民为中心”的生态思想，是始终把最广大人民的根本利益作为终极价值追求，充分尊重和保障人民群众切实利益的一种创造性思维。一方面，生态文明建设中的“以人民为中心”思想，体现了我们党热切关注人民群众良好生态环境的价值诉求。正如党中央所强调的“建设生态

---

① 马克思恩格斯文集：第1卷［M］. 北京：人民出版社，2009：287.

② 马克思恩格斯全集：第42卷［M］. 北京：人民出版社，1979：167.

文明是关系人民福祉、关系民族未来的大计"①。没有良好的生态环境，没有生态文明建设的健康发展，中华民族的前途与光明也必然无从谈起。生态环境是人类生存最为基础的条件，是我国经济社会持续发展的重要基础，生态环境的好坏直接影响着人民群众的生活水平与生活质量，以及人民的健康状况，而人民的状况又直接影响社会的稳定与和谐。所以，从某种意义上来说，改善环境就是改善民生，改善民生就是中国特色社会主义生态文明建设的内在本质要求。2016年召开的全国卫生与健康大会指出："我国经济建设取得了历史性成就，同时也积累了不少生态环境问题，其中不少环境问题影响甚至严重影响群众健康。老百姓长期呼吸污浊的空气、吃带有污染物的农产品、喝不干净的水，怎么会有健康的体魄?"② 国民没有健康的体魄，环境得不到保障，中华民族将必然失去永续发展的根基，美丽中国建设也将无法顺利推进，所以一定要坚持发展"以人民为中心"的生态文明建设，坚持生态文明建设为了人民。如今，随着社会的快速发展，人民生活水平显著提高，人民群众的价值诉求也开始由"求生存"转向"求环保"，对生活水平与生态环境要求也越来越高。面对人民群众的这一诉求与愿望，我们党多次提出要保护生态环境，尊重生态平衡，将良好的生态环境作为最好的"民生福祉"。"随着社会发展和人民生活水平的不断提高，人民群众对干净的水、清新的空气、安全的食品、优美的环境等的要求越来越高，生态环境在群众生活幸福指数中的地位不断凸显，环境问题日益成为重要的民生问题。"③ 中国共产党积极回应广大人民群众的生态需求，并把清新的空气、优美的环境、干净的水和良好的生态环境作为最基本的人权，这是对创新生态系统价值的新认识与新发展，表明了加强生态文明建设的坚定意志和坚强决心，强调了"以人民为中心"的生态价值追求的重要性和紧迫性，从民本思维出发，展现了生态文明建设为了人民的真正目的与最终价值追求。

2. 坚持生态文明建设依靠人民

人民群众是我们一切事业的力量源泉，无论何时、何地、何种情况，人民群众始终是我们社会的变革力量，是推动我们历史发展的力量与根基。列宁曾经指出："劳动群众拥护我们。我们的力量就在这里。全世界共产主义运动不可

---

① 中共中央文献研究室．习近平关于社会主义生态文明建设论述摘编［M］．北京：中央文献出版社，2017：7.

② 中共中央文献研究室．习近平关于社会主义生态文明建设论述摘编［M］．北京：中央文献出版社，2017：90.

③ 中共中央宣传部．习近平总书记系列重要讲话读本［M］．北京：人民出版社，2014：122-123.

战胜的根源就在这里。”① 列宁继承和发展了马克思、恩格斯关于人民群众是历史的创造者的思想，给予人民群众高度的肯定。毛泽东也高度重视人民群众的作用，他说：“人民，只有人民，才是创造世界历史的动力。”② 习近平创新发展了马克思列宁主义和毛泽东思想，把民本思想引入生态文明领域，并给予了高度重视，提出生态文明建设应“以人民为中心”，坚定地依靠人民，肯定人民的主体地位，并充分发挥人民群众在生态文明建设中的主人翁意识与聪明才智，把保护生态、爱护环境内化为每个人内在的自觉活动。因此，“全国各族人民要一代人接着一代人干下去，坚定不移爱绿植绿护绿，把我国森林资源培育好、保护好、发展好，努力建设美丽中国”③。

另外，生态文明建设还要号召广大公众的积极参与，充分维护每个公民的生态参与权、监督权。倡导公众绿色生产、绿色消费、绿色生活，提高全民的“节约意识、环保意识、生态意识”，并大力“加强生态文明宣传教育、把珍惜生态、保护资源、爱护环境等内容纳入国民教育和培训体系，纳入群众性精神文明创建活动，在全社会牢固树立生态文明理念，形成全社会共同参与的良好风尚”④。

生态环境的治理与恢复具有长期性、复杂性、艰巨性和系统性，它需要的不是几个人或者少数人的力量，而是全社会以及全世界的力量，需要全民参与、全民监督、全民治理，只有发挥全民的智慧与支持，才能最终形成“政府主导、部门协同、社会参与、公众监督的新格局”。尽管生态环境是一场涉及生产方式、生活方式的复杂而系统的工程，“但是只要我们万众一心、众志成城，就没有克服不了的困难”⑤。只要切实保障人民群众的主体地位，就能顺利推进生态文明建设的健康发展。

3. 坚持生态文明建设成果由人民共享

美丽中国的实现，是以人的可持续生存和发展为出发点和最终归宿，以人本思想为最终导向。所谓人本导向就是坚持以人为本思想，把最广大人民的根本利益作为生态自由的终极价值追求，充分发挥人民群众在生态保护中的主体

① 列宁选集：第4卷［M］. 北京：人民出版社，2012：53.

② 毛泽东选集：第3卷［M］. 北京：人民出版社，1991：1031.

③ 中共中央文献研究室. 习近平关于社会主义生态文明建设论述摘编［M］. 北京：中央文献出版社，2017：117.

④ 中共中央文献研究室. 习近平关于社会主义生态文明建设论述摘编［M］. 北京：中央文献出版社，2017：122.

⑤ 中共中央文献研究室. 论群众路线：重要论述摘编［M］. 北京：中央文献出版社，2017：120.

地位与参与意识，共享生态文明的绿色成果，实现人的自由全面发展。人民群众在生态文明建设中的主体性地位，决定了广大人民既是生态文明建设的推动者与创造者，又是生态文明成果的直接最大受益者。“良好的生态环境是最公平的公共产品，是最普惠的民生福祉。”中国共产党始终坚持“以人民为中心”的发展原则，把人民群众的生态权益作为生态文明建设的出发点和落脚点，坚持把生态环境作为最好福祉与人民共享，努力为人民创造和谐美好生活。

生态文明建设成果要坚持与当代人民共享。我们当前这一代人，作为环境污染的主体和优良生态的受益人，必然要担负起生态治理的责任，提升环境保护和资源节约意识，努力营造良好生态氛围，共享生态文明成果，增强我们的幸福感、获得感、清新感。正如我们党所提倡的，“广大市民要珍爱我们生活的环境，节约资源，杜绝浪费，从源头上减少垃圾，使我们的城市更加清洁、更加美丽”①。增加人民福祉不仅在于经济的增长，更要依靠良好的生态环境，良好的生态是人民大众的最好公共效益，是民众公益诉求与幸福声音的呼唤，所以“各级领导干部要身体力行，同时要创新义务植树尽责形式，让人民群众更好更方便地参与国土绿化，为人民群众提供更多优质生态产品，让人民群众共享生态文明建设成果”②。

生态文明建设成果要坚持与子孙后代共享。生态环境不仅要与当代人共享，更要与子孙后代共享，要充分尊重后代人拥有美好生态的权利与利益，尽管我们目前还无法确定生态环境会重点影响到哪代人，但我们却可以确定地知道我们的子孙与我们一样需要必要的自然资源与美好环境，他们和我们一样需要“干净的水”“新鲜的空气”“健康的饮食”等，所以我们要加大环境治理力度，与子孙后代共享生态权益。正如我们党提出的，“着力推进绿色发展、循环发展、低碳发展，加快推进节能减排和污染防治，给子孙后代留下天蓝、地绿、水净的美好家园”③。同时，我们党还强调“要着力建设国家公园，保护自然生态系统的原真性和完整性，给子孙后代留下一些自然遗产”④。我们要坚持当前利益与长远利益相结合，树立共享的代际公平责任意识，努力做到与我们的子

① 中共中央文献研究室．习近平关于社会主义生态文明建设论述摘编［M］．北京：中央文献出版社，2017：115.

② 中共中央文献研究室．习近平关于社会主义生态文明建设论述摘编［M］．北京：中央文献出版社，2017：121.

③ 中共中央文献研究室．习近平关于社会主义生态文明建设论述摘编［M］．北京：中央文献出版社，2017：43.

④ 中共中央文献研究室．习近平关于社会主义生态文明建设论述摘编［M］．北京：中央文献出版社，2017：71.

孙后代共享优良的生态环境，共享生态文明建设成果。“以人民为中心”的生态文明建设，始终把最广大人民的根本利益作为生态文明建设的终极价值追求，共享生态文明建设的绿色成果。

（三）注重发挥新发展理念的引领作用

发展理念是发展行动的先导，是管全局、管根本、管方向、管长远的东西，是发展思路、发展方向、发展着力点的集中体现。党的十八届五中全会上明确了“创新、协调、绿色、开放、共享”的新发展理念。新发展理念不仅丰富了中国特色社会主义理论体系，也为当前我国的生态文明建设提供了理论指导。新发展理念是相互联系、相互融合、不可分割的整体，每一部分都有其特定的功能和作用，都不可或缺。“坚持创新发展、协调发展、绿色发展、开放发展、共享发展，是关系我国发展全局的一场深刻变革。这五大发展理念相互贯通、相互促进，是具有内在联系的集合体，要统一贯彻，不能顾此失彼，也不能相互替代。哪一个发展理念贯彻不到位，发展进程都会受到影响。全党同志一定要提高统一贯彻五大发展理念的能力和水平，不断开拓发展新境界。”① 新发展理念是指导经济和生态文明进步的新发展理念，是中国特色社会主义生态理论宝库的进一步丰富与完善，所以必须坚持并严格贯彻落实新发展理念。“这五大发展理念不是凭空得来的，是我们在深刻总结国内外发展经验教训的基础上形成的，也是在深刻分析国内外发展大势的基础上形成的，集中反映了我们党对经济社会发展规律认识的深化，也是针对我国发展中的突出矛盾和问题提出来的。”②

1. 以创新发展理念焕发生态文明建设新动力

创新理念是国家发展全局的核心思想，是当今时代的主旋律，是一个民族进步的灵魂。新发展理念的关键点与核心就是创新发展理念，一个民族、一个国家如果没有创新理念，就不可能有实质的进步，我国生态文明建设中如果没有创新理念，就不能实现生态的和谐与美丽。党中央多次强调“要把创新摆在国家发展全局的核心位置，推进理论创新、制度创新、科技创新、文化创新等各方面的创新，实现综合竞争力不断增强的创新发展”。近年来，我国经济社会快速发展，已摆脱了贫困和饥饿，基本实现了小康社会，但仍有部分地区贫穷

---

① 中共中央文献研究室．十八大以来重要文献选编（中）[M]．北京：中央文献出版社，2016：827.

② 中共中央文献研究室．十八大以来重要文献选编（中）[M]．北京：中央文献出版社，2016：825.

落后，以牺牲生态资源来满足吃穿住行，这必然会破坏当地的生态资源与环境，所以以创新发展理念推动生态文明的建设，是今后发展的趋势。“要通过改革创新，让贫困地区的土地、劳动力、资产、自然风光等要素活起来，让资源变资产、资金变股金、农民变股东，让绿水青山变金山银山，带动贫困人口增收。”所以，要想改变贫穷就要创新，要想改善生态也要创新。“惟创新者进，惟创新者强，惟创新者胜”，创新是生态文明和经济发展“相得益彰脱贫致富的路子”，特别是当今时代的“低碳”已成为新时代妇孺皆知的口号，“环保”已是工作中不可避免的话题，不把创新理念引入生态文明建设，怎能推动生态的保护与和谐，不加强制度创新、科技创新、文化创新、理论创新，怎能改变传统的政绩观、价值观、文化观，很明显，生态文明建设的发展也根本无从谈起。2016年5月召开的全国科技创新大会、两院院士大会、中国科协第九次全国代表大会指出：“绿色发展代表了当今科技和产业变革方向……依靠科技创新破解绿色发展难题，形成人与自然和谐发展新格局。”① 因此，创新生态文明建设的新理念，是实现顶层设计和美丽中国的内在变革力量，也为建设人与自然和谐共生现代化提供了不竭动力与力量源泉。

2. 以协调发展理念谋划生态文明建设新格局

“协调发展、绿色发展既是理念又是举措，务必政策到位、落实到位。要采取有力措施促进区域协调发展、城乡协调发展，加快欠发达地区发展，积极推进城乡发展一体化和城乡基本公共服务均等化。要科学布局生产空间、生活空间、生态空间，扎实推进生态环境保护，让良好生态环境成为人民生活质量的增长点，成为展现我国良好形象的发力点。”② 生态文明建设是“一场涉及生产方式、生活方式、思维方式和价值方式”的复杂的综合性工程，需要各个环节的协调与配合，需要正确处理好整体与部分、中央与地方的利益关系。生态文明建设必须坚持统筹兼顾、综合平衡，既要“根据形势对中国特色社会主义事业进行谋篇布局”，也要“兼顾各地方政府的利益促进区域协调发展”；既要促进城镇新型工业化，也要加强绿色生态文明化；既要协调好物质文明建设，也要抓好精神文明发展。协调是贯穿于“四个全面”“五位一体”的中心线索，其中所谓“全面”就是协调各方利益，以促进经济、政治、文化、社会、生态“五位一体”的全面综合发展与平衡。

---

① 习近平．为建设世界科技强国而奋斗：在全国科技创新大会、两院院士大会、中国科协第九次全国代表大会上的讲话［N］．人民日报，2016-06-01（02）．

② 习近平．在华东七省市党委主要负责同志座谈会上的讲话［N］．人民日报，2015-05-29（01）．

从理论上来说，一是要加强协调宏观的国家生态战略思想，推进生态文明建设，必须坚持协调生态文明建设与经济建设、政治建设、文化建设、社会建设之间的关系，把生态文明建设放在突出位置，全面谋划布局“五位一体”总格局，形成“生态良好”“生活富裕”的环境友好型社会，实现既有“金山银山”，又有“绿水青山”的美丽中国新格局。“要深刻理解把生态文明建设纳入中国特色社会主义事业总体布局的重大意义，深入领会生态文明建设的指导原则和主要着力点，自觉把生态文明建设融入经济建设、政治建设、文化建设、社会建设各方面和全过程。”① 二是要加强协调微观的主体参与意识形态，协调好个人、企业与社会之间的生态价值观，使社会生态参与主体意识到生态环境不仅仅涉及人与人的经济利益关系，还涉及政治、文化以及社会生活各个方面。由此，我们对待环境要以“生命共同体”的意识形态为基础，“像对待生命一样对待环境”，减少主体利益价值观之间的矛盾和冲突，协调好各方利益，推动生态文明建设进程，并形成人与自然协同发展、共生共存的新格局。

从实践上来说，要坚持区域协调发展，协调各地方利益，实现多元管治、共同参与的生态文明建设新格局，要以发挥全局最优化理念为指导，配合中央的总体布局。协调地方利益需要加快城乡一体化，减少收入差距，避免区域发展失衡，促进不同领域、不同部门生态文明进程的统筹发展，协调各阶层利益，发挥中国特色社会主义生态保护合力优势，实现环境保护的参与性与公平性。

在全面建设社会主义现代化国家的新时代，经济、政治、文化、社会与生态的关系，就如同乐曲的旋律与音调，去掉任何一部分都是不完整的乐曲。如果不能协调“五位一体”的关系，不能把握生态的发展旋律，那么必然无法演奏出“美丽中国”的完美乐曲，只有积极促进各方利益的协调，加强生态利益与经济、政治等各方利益协调发展，才会奏响伟大民族复兴的优美乐曲。

3. 以绿色发展理念开拓生态文明建设新路径

美丽的“绿色”是大自然最真实的本色，是人类共同价值的美好诉求。“绿色发展理念”是顺应时代进步，为生态文明建设提供发展路径的新理念，“就其要义来讲，是要解决好人与自然和谐共生的问题”，坚持“绿色发展方式”“绿色生活方式”“绿色经济方式”等生态保护的模式与路径。“绿色发展理念”已不是单纯的经济学范畴的发展理念，它已经逐渐转化为生态领域的发展思想，并逐步被各国首脑和学者认同与关注。党中央对绿色发展给予高度重视，并把“绿色发展理念”提到了与创新、协调、开放、共享同等重要的地位，为绿色发

① 习近平. 认真学习党章　严格遵守党章［J］. 求是，2012（23）：10.

展理念注入了新的解释与新的思路。“绿色发展是生态文明建设的必然要求，代表了当今科技和产业变革方向，是最有前途的发展领域。人类发展活动必须尊重自然、顺应自然、保护自然，否则就会受到大自然的报复。这个规律谁也无法抗拒。要加深对自然规律的认识，自觉以对规律的认识指导行动。不仅要研究生态恢复治理防护的措施，而且要加深对生物多样性等科学规律的认识；不仅要从政策上加强管理和保护，而且要从全球变化、碳循环机理等方面加深认识，依靠科技创新破解绿色发展难题，形成人与自然和谐发展新格局。”①

绿色发展理念是生态文明建设的重要抓手，需要在全社会牢固树立绿色思维理念、绿色经济理念、绿色生活理念、绿色技术理念。从绿色思维理念来说，要转变思路，将绿色理念融入每个人的内心深处，引导人们去感受生命的可贵，体验自然的气息，促进人与自然和谐共生的宁静与美好。积极使生态文明建设融入社会主义核心价值观，并承担主流价值观重任，形成推动生态文明建设的大众新合力；从绿色经济理念来说，要坚持大力发展低碳经济、循环经济、绿色经济，加大生产方式与消费方式的绿色化，走一条绿色能源、绿色消费、绿色工业制品的发展之路，并加强经济技术与社会能力的协同推进，营造生态经济的社会氛围，不仅仅追求量的发展，更注重质的保障，实现绿色经济的可持续发展。“绿色生态是最大财富、最大优势、最大品牌，一定要保护好，做好治山理水、显山露水的文章，走出一条经济发展和生态文明水平提高相辅相成、相得益彰的路子。”② “如果经济发展了，但生态破坏了、环境恶化了，大家整天生活在雾霾中，吃不到安全的食品，喝不到洁净的水，呼吸不到新鲜空气，居住不到宜居的环境，那样的小康、那样的现代化不是人民希望的。所以我们必须把生态文明建设摆在全局工作的突出地位，既要金山银山，也要绿水青山，努力实现经济社会发展和生态环境保护协同共进。”③ 从绿色生活理念来说，积极倡导绿色生活方式、节约生活方式以及绿色消费方式，把绿色引入我们日常生活中，内化为我们每个人的基本生活理念，增强社会每个成员对绿色发展理念的认同感与责任感，从我做起，坚持绿色出行、绿色饮食、绿色旅游等绿色生活方式，让绿色无处不在、无时不有，“让良好生态环境成为人民生活的增长点、成为经济社会持续健康发展的支撑点、成为展现我国良好形象的发力点”。

---

① 习近平．为建设世界科技强国而奋斗：在全国科技创新大会、两院院士大会、中国科协第九次全国代表大会上的讲话［M］．北京：人民出版社，2016：12.

② 习近平．在江西考察工作时的讲话［N］．人民日报，2016-02-04（01）.

③ 中共中央文献研究室．习近平关于社会主义生态文明建设论述摘编［M］．北京：中央文献出版社，2017：36.

从绿色科技理念来说，应更新传统技术，促进绿色节能与绿色环保技术的升级换代，采用先进的绿色低碳节能环保技术，减少传统技术所带来的资源能源不必要的消耗，实现“生产—分配—消费”的全过程绿色化，涵盖生产的绿色原料到消费的环保绿色包装等。此外，还要加强核心技术攻关，完善绿色科技的创新，提高资源能源的利用率，做好废物回收循环再利用，以加强生态系统和经济系统良性循环与统一，特别是要大力发展现代绿色科技，现代社会亟须科技创新突破环境问题瓶颈。绿色科技涉及诸如新能源、生物、信息等各个领域，渗透了环境学、生态学、气象学等各个学科，既是一个庞大复杂的系统，也是推进新时代中国特色社会主义生态文明建设的强大动力。“绿色科技成为科技为社会服务的基本方向，是人类建设美丽地球的重要手段。新能源技术发展将为解决能源问题提供主要途径。”① 在当今全球科技生态环境下，推进绿色发展必须以绿色科技为重要支撑手段。

4. 以开放发展理念凝聚生态文明建设新合力

生态环境问题不仅是中国的问题，更是世界和全球的问题，它威胁着每个国家的命运与生存。中国的生态文明建设需要世界的力量，世界的生态文明同样也需要中国的参与。开放发展理念既是生态文明建设的时代呼唤，也是凝聚生态文明建设的新合力。“我们生活在同一个地球村，应该牢固树立命运共同体意识，顺应时代潮流，把握正确方向，坚持同舟共济，推动亚洲和世界发展不断迈上新台阶。”② 共建绿色地球，打造“人类命运共同体”是世界人民共同的梦想，国际生态合作与绿色外交也是大势所趋，特别是和平与发展已是当今世界的主题，而开放发展理念正是当今世界多极化格局的时代体现，追求生态全球化已成为世界人民共同的梦想。“生态全球化”不是一国或几国的努力就可以做到的，只有凝聚各国力量，发挥合力作用，秉持开放理念，才能共建世界生态文明。“中国是负责任的发展中大国，是全球气候治理的积极参与者”，在推进全球治理体系中发挥着重要作用，中国始终倡导互利共赢、开放包容、多元平衡的方针，积极承担国际生态保护的责任和义务，党的领导人多次在国际会议上强调保护生态环境的重要性，并明确表明我国保护生态环境的决心与信心。“中国将坚持创新、协调、绿色、开放、共享的发展理念，加强生态文明建设，努力建设美丽中国，广泛开展植物科学研究国际交流合作，同各国一道维护人

① 习近平．让工程科技造福人类、创造未来——在 2014 年国际工程科技大会上的主旨演讲［N］．人民日报，2014-06-04（02）．

② 习近平谈治国理政［M］．北京：外文出版社，2014：330.

类共同的地球家园。"① 世界是承载着各国命运的共同体，地球是我们人类共同的家园，中国在引进西方发达国家的先进技术来改善环境，统筹发展中国家的合力来保护生态环境的同时也为全球的生态治理提供了经验借鉴。"中国历来高度重视荒漠化防治工作，取得了显著成就，为推进美丽中国建设作出了积极贡献，为国际社会治理生态环境提供了中国经验。库布其治沙就是其中的成功实践。"② 中国的生态文明建设离不开世界人民的努力，世界的生态文明建设同样需要中国的参与与支持，中国将始终坚持开放发展理念，推动世界生态文明建设进程，并积极应对全球性的挑战和危机，"一如既往加强同各成员和国际组织的交流合作，共同为建设一个更加美好的世界而努力"③。

5. 以共享发展理念拓展生态文明建设新成果

"共享发展理念"是新时代中国特色社会主义生态文明建设的根本目的和内在要求，是保障和改善民生的根本出发点和落脚点，它要求始终把人民的生态利益放在首位，是中国生态文明建设本质的集中体现与必要诉求。中国特色社会主义把"以人为本"作为生态文明建设核心，坚持生态文明建设要一切为了人民、一切依靠人民，一切成果由人民共享，把最广大人民的根本生态利益作为生态文明建设的终极价值追求，充分发挥人民群众在生态文明建设中的主体地位和主人翁意识，共享生态文明建设的绿色成果。

从坚持生态文明建设为了人民来说，生态环境不仅影响着人民群众的生活质量，更涉及社会的和谐稳定。"随着社会发展和人民生活水平的不断提高，人民群众对干净的水、清新的空气、安全的食品、优美的环境等的要求越来越高，生态环境在群众生活幸福指数中的地位不断凸显，环境问题日益成为重要的民生问题。"④ 因此，从某种意义上来说，改善环境就是改善民生，改善民生是中国特色生态文明建设的内在本质要求。正如我们党所指出的："良好生态环境是最公平的公共产品，是最普惠的民生福祉。"从生态文明建设一切依靠群众来说，生态文明建设的实现需要的并不是一个人的力量，而是全社会以及全世界的力量，需要全民参与、全民监督、全民治理，发挥全民的智慧与力量，形成

① 中共中央文献研究室．习近平关于社会主义生态文明建设论述摘编［M］．北京：中央文献出版社，2017：145.

② 中共中央文献研究室．习近平关于社会主义生态文明建设论述摘编［M］．北京：中央文献出版社，2017：146.

③ 中共中央文献研究室．习近平关于社会主义生态文明建设论述摘编［M］．北京：中央文献出版社，2017：146-147.

④ 中共中央宣传部．习近平总书记系列重要讲话读本［M］．北京：学习出版社，2014：264.

“政府主导、部门协同、社会参与、公众监督的新格局”。从生态文明建设一切绿色成果由人民共享来说，我们所追求的绿色成果本质上就是造福人民的硕果，我们所追求的绿色梦想就是全体人民共同的愿望，共享发展理念是生态文明建设的出发点与落脚点，只有创造良好的生态共享，完善生态共享体制，才能真正将生态共享的理念转变为现实，提供更多优质生态产品来满足人民日益增长的优美生态环境需要，切实推动美丽中国的早日实现。

“共享发展理念”与中国特色社会主义生态文明建设具有高度的内在一致性，其核心与归宿都是全面解决好人民群众的教育问题、医疗卫生问题、食品安全问题、生态环境问题等，都是把人民实现美好生活的获得感、幸福感、清新感视为最终的价值标准，共建共享良好的生态环境，实现生态文明建设的新期待与“绿水青山”的中国梦。

（四）贯彻鲜明的辩证思维方法

“辩证思维的基本方法是人类长期实践史、认识史、思维史和逻辑史的产物，它表现着人类对世界认识的广度和深度，是辩证法在人类思维运动中的运用。”① 以习近平同志为核心的党中央非常善于利用辩证思维方法分析和解决我国改革中出现的各种社会问题，并能够清晰地洞察事物的本质及其发展规律。从习近平生态文明思想的基本内容来看，我们党提出的“绿水青山就是金山银山”“生态兴则文明兴，生态衰则文明衰”“山林田湖草沙是一个生命共同体”“良好生态环境是最普惠的民生福祉”等生态文明建设思想，就包含着归纳与演绎、分析与综合、逻辑与历史、抽象与具体等辩证思维方法的灵活运用。在生态文明建设中，我们党坚持了“两点论”，一分为二看问题，既看到生态保护、生态文明建设的重要性，也看到经济、文化等发展的重要意义，这些重要观点都是辩证思维方法灵活运用的集中体现。

1. 建设美丽中国与富强中国的辩证统一

对自然力及可持续发展的研究既是马克思恩格斯生态文明思想的重要内容，同时也是马克思恩格斯生态经济学的一个核心组成部分。马克思、恩格斯从唯物史观出发，系统揭示了人类经济活动与自然生态环境之间的密切联系，并在批判资本主义国家生态危机的基础上，阐释了尊重自然规律、保持社会经济持续发展的重要意义。马克思明确指出：“没有自然界，没有感性的外部世界，工

---

① 肖前，黄楠森，陈晏清．马克思主义哲学原理［M］．北京：中国人民大学出版社，2017：432.

人什么也不能创造。”① 由此可见，依据马克思恩格斯生态文明观，稳定和谐的自然生态环境是社会经济持续发展的基础。党的十八大以来，中国共产党人在继承马克思恩格斯生态经济学基本观点的基础上，结合当代中国生态文明实践提出了“绿水青山就是金山银山”② 的生态文明建设观点，明确了经济发展与生态环境保护之间的对立统一关系。党的十九大报告明确指出：“我们要贯彻创新、协调、绿色、开放、共享的新发展理念，给自然生态留下休养生息的时间和空间。”“绿水青山就是金山银山”的生态文明建设思想是经济发展和生态环境保护之间内在统一的形象表达，它代表了我国全新发展理念的价值取向，深刻揭示了美丽中国建设与富强中国建设的本质关系，指明了实现美丽中国战略与富强中国战略相互促进、协调共生的方法论，是马克思主义生态辩证思维灵活运用的表现。

党的十八大以来，我们党在推动实现中华民族伟大复兴的历程中坚持将美丽中国与富强中国结合起来，其意义表现为两个方面。一方面，明确了自然生态环境在经济发展中的前提性和基础性作用。以习近平同志为核心的党中央认识到生态环境在经济发展中的关键性作用，及时调整经济社会发展战略，在继续坚持以经济建设为中心的同时，把集中解决“两大污染”作为当前的工作重点，将实现美丽中国战略与富强中国战略有机结合起来。另一方面，要实现中华民族伟大复兴，就要推动中国社会实现全面性、整体性发展，要处理好经济发展与生态保护之间的关系。从这一理念出发，我们党第一次将生态文明建设纳入中国特色社会主义建设的总体布局之中，使中国特色社会主义建设布局由原来的“四位一体”调整为经济、政治、文化、社会、生态文明建设“五位一体”的建设布局，将生态文明建设摆在重要位置。同时，改变传统的政绩观，对地方领导干部的考核在原来单一的 GDP 指标的基础上又加上环境质量指标，对环境保护不达标的实行一票否决制，突出强调环境保护在地方政府工作中的重要地位，而且为了环境保护甚至可以减少地方财政收入。由此可见，“绿水青山就是金山银山”的生态文明建设思想是新时代马克思主义生态经济学中国化的重要理论成果，依据这一理论成果，我们可以实现美丽中国和富强中国的共同发展和有机融合。

2. 生态保护与人类文明发展的辩证统一

从人类文明发展的基本规律来看，人类文明的兴衰与生态文明有着密切的

---

① 马克思恩格斯选集：第1卷［M］. 北京：人民出版社，2012：42.

② 习近平. 习近平总书记系列重要讲话读本［M］. 北京：学习出版社，2016：230.

联系。一般而言，一个国家、一个民族只要遵循自然生态环境规律，生态文明就会延续和保留下来，否则生态文明就会逐渐走向衰落和消失。依据马克思恩格斯生态文明思想，一定的自然生态环境是实现人类经济、政治、社会、文化振兴的前提和基础。马克思在《资本论》中明确指出："人和自然，是携手并进的。"① 德国学者卡尔·科尔施明确指出："马克思主义理论，是一种把社会发展作为活的整体来理解和把握的理论。"② 因而，从人类文明演变的历史逻辑和马克思恩格斯生态文明思想来看，处理好人类社会发展与生态环境保护之间的关系，始终是人类文明无法回避的重要主题。中国共产党作为马克思主义的坚定的践行者，对生态文明建设和人类文明之间的关系作出了科学判断，指出生态环境保护关乎我们子孙后代的永续发展，提出"生态兴则文明兴，生态衰则文明衰"的科学论断，将生态保护与人类文明发展有机统一起来。

依据我们党提出的"生态兴则文明兴，生态衰则文明衰"③ 的科学论断，生态环境改善成为衡量社会文明程度的一个关键指标。道理很简单，社会发展的目标和基本宗旨是让人民生活得更加美好和幸福。换言之，生态环境的不断改善是社会发展的目标和基本宗旨。从全球范围来看，世界生态环境恶化状况如若长期得不到改善，不仅会制约人类社会经济的持续健康发展，而且也会延误人类社会文明进程。以习近平同志为核心的党中央站在历史的高度，将生态保护与人类发展有机结合，强调了生态保护的重要性。我们党把生态文明建设看成是人类文明兴衰的主要标志和人类社会文明进步的重要基石，从人类总体利益发展的高度对生态文明建设所承载的历史价值进行了战略定位，体现了社会主义生态文明建设的历史使命和时代价值。④ 具体而言，其理论价值表现为：一方面，明确了良好的生态环境是人类文明延续的先决条件。从人类社会发展的基本历程来看，人类文明的兴衰都与自然生态环境的变化息息相关。"生态保护是功在当代，利在千秋的事业；建设生态文明，关系人民福祉，关乎民族未来。"⑤ 如果一个国家或地区只是单纯地注重社会成员物质生活的改善，而不重视对生态环境的保护，就会违背社会发展的基本宗旨，也不利于人类社会文明

---

① 马克思恩格斯文集：第5卷 [M]. 北京：人民出版社，2009：696.

② 科尔施. 马克思主义和哲学 [M]. 荣新海，译. 重庆：重庆出版社，1989：22-23.

③ 中共中央宣传部. 习近平总书记重要讲话读本（2016版）[M]. 北京：学习出版社，2016：231.

④ 李红梅. 中国特色社会主义生态文明建设理论与实践研究 [M]. 北京：人民出版社，2017：178.

⑤ 习近平谈治国理政 [M]. 北京：外文出版社，2014：208.

的延续。另一方面，明确了人类社会与自然生态环境是一个无法分割的整体。从人类社会的基本构成来看，人类社会包括政治、经济、社会、文化、生态等多个组成部分，每个组成部分之间密切联系、相互制约，共同构成人类社会文明系统的基本要素。因而，我们党提出了“建设美丽中国，是实现中华民族伟大复兴中国梦的重要内容”① 的重大论断。我们党将生态文明建设与人类历史发展高度有机地统一起来，从人类社会整体出发对生态文明建设进行了战略定位，体现了新时代我国社会主义生态文明建设的基本价值取向和历史使命担当。

3. 生态文明建设理论与实践的辩证统一

理论与实践的统一是马克思主义的鲜明特征，是中国共产党人带领全国人民进行社会主义建设的重要方法之一，也是习近平生态文明思想形成的主要方法。习近平生态文明思想之所以能够成为一个科学严密的思想理论体系，最重要的原因是它源于生态文明建设的实践，是在生态文明建设实践的基础上总结出的科学理论，因而它可以科学地引导和规范社会主义新时代生态文明的建设和发展。从其思想形成的过程来看，既重视生态文明建设的理论创新，也重视生态文明建设实践活动的创新。

一方面，我们党积极进行生态文明建设理论创新，提出了一系列社会主义生态文明建设的新理念、新论断。在继承马克思主义生态文明思想的基础上，结合中国生态文明建设实践与全球生态文明治理需要，党中央提出了“山水林田湖草沙是一个生命共同体”“生态兴则文明兴，生态衰则文明衰”“良好生态环境是最普惠的民生福祉”“绿水青山就是金山银山”“生态文明是全面建成小康社会的关键”“打造人类命运共同体”等一系列新观点、新论断。这些生态文明建设的新观点、新论断，是当前我国生态文明建设世界观、价值观、方法论的集中体现，这些观点和论断进一步继承和发展了马克思主义生态文明思想，为新时代中国特色社会主义生态文明建设实践奠定了科学的理论基础。另一方面，我们党非常重视生态文明建设实践方面的创新，提出了一系列社会主义生态文明建设新措施、新方法，提出了“转变生活和生产方式，实施绿色发展”“建设节约型社会”“筑牢生态安全屏障”“创新生态治理体系”等一系列生态文明建设新措施、新方法。我们党的这些生态文明建设实践的新措施、新方法，进一步丰富了我国生态文明建设实践方法体系，对促进我国新时代生态文明建设实践起到了关键性的指导作用。由此可见，理论与实践的统一既体现了习近平生态文明思想的本质和使命，也展现出了习近平生态文明思想的理论形象。

---

① 习近平谈治国理政［M］. 北京：外文出版社，2014：211.

4. 中国生态建设与全球生态治理的辩证统一

正如恩格斯所指出的那样，“自然界和人类历史是一幅由种种联系和相互作用无穷无尽地交织起来的画面”①。生态文明建设是一项复杂的系统性工程，世界各国之间的生态环境状况都处于普遍的联系之中，世界各国自然生态环境之间是相互影响、相互依存、相互制约的关系。基于此，我们党认为中国生态文明建设应秉承宽广的国际视野，既要坚持抓好国内生态文明建设的各项工作，也要积极参与全球生态治理合作，建立多国协同的生态环境治理联动机制，共同应对全球生态环境恶化带来的挑战。“国际社会应携手同行，共谋全球生态文明建设之路，坚持走可持续发展之路。”② 由此可见，习近平生态文明思想坚持事物之间的普遍联系性观点，强调中国生态文明建设与全球生态治理是一个有机统一的整体，并主动为“建成美丽的世界”贡献自己的力量；强调实现中国生态文明建设与全球生态治理的有机统一，这既是对唯物辩证法的坚持，更是对其灵活运用的实证。

实现中国生态文明建设与全球生态治理的有机统一，是将生态文明建设与世界各国人民的命运高度、有机地统一起来，这是对马克思主义生态文明建设思想的丰富和发展，为全球生态环境治理提供了重要的理论指导。一方面，人类命运共同体理念作为习近平生态文明思想的核心组成部分，为当前全球生态环境治理合作提供了正确的价值选择。面对全球生态环境恶化的现实，我们党认为地球是人类共同的家园，世界各国应携手合作共同呵护好这一家园，牢固树立人类命运共同体意识。为此，我们党明确指出：“当今世界，各国相互依存、休戚与共。”③ 这一理念为世界各国携手合作共同应对全球生态环境问题指明了方向。另一方面，积极主动的国际责任担当为全球生态环境治理合作树立了典范。在阐释打造“人类命运共同体”理念的同时，也深刻阐明了全球生态环境治理责任分担的原则和策略，并通过积极主动承担全球生态环境治理责任，推动生态文明的国际合作。我国通过“节能减排”“对外绿色援助”“打造绿色丝绸之路”等方式促进生态文明可持续发展，逐渐成为打造人类命运共同体的重要力量。中国政府在全球生态环境治理中的这种责任担当为世界其他国家参与全球生态环境治理树立了典范。

---

① 马克思恩格斯文集：第3卷［M］. 北京：人民出版社，2009：538.

② 习近平谈治国理政：第2卷［M］. 北京：外文出版社，2017：525.

③ 中共中央文献研究室．十八大以来重要文献选编（中）［M］. 北京：中央文献出版社，2016：695.

（五）秉承宽广的国际视野

目前，从世界自然生态环境的基本状况来看，自然生态环境恶化已经成为一个世界性难题，成为世界各国人民共同面临的风险和挑战，世界各国政府和人民只有携手合作才能有效应对这一风险和挑战。“只有国家间相互合作才能有效地解决环境问题。”① 基于此，中国共产党提出了要强化全球生态环境保护的大国责任、加强全球生态文明建设的国际合作等观点，并创造性地提出了“人类命运共同体”这一科学理念。“应对全球气候变化是人类共同的事业，让我们携手努力，为推动建立公平有效的全球应对气候变化机制、实现更高水平全球可持续发展，构建合作共赢的国际关系作出贡献”②，这为全球自然生态环境治理提供了中国智慧和方案。由此可见，习近平生态文明思想秉承了宽广的国际视野。

1. 顺应全球生态环境治理基本趋势

近些年，世界各国经济在实现快速发展和全球化的同时，多数国家自然生态环境危机日趋加重，其负面影响也逐渐突破本国演变为全球性问题，给整个人类社会的安全、稳定和持续发展带来严峻挑战。“生态危机、资源与环境问题和以生态可持续性为核心的可持续发展问题成为当今世界发展中一个最大、最有综合性和根本性的问题。”③ 具体而言，主要表现为两个方面。一方面，全球性自然生态环境危机对世界各国社会经济的持续健康发展带来严重的负面影响。从人类历史发展的一般经验来看，全球性自然生态环境危机的加重不仅会造成直接和间接的经济损失，还会造成种种社会问题，削弱社会经济发展的动力。例如，世界银行前首席经济学家尼古拉斯·斯特恩就指出：“我们如果对温室气体排放不加限制的话，将会在全球范围内造成5%～20%的GDP损失。”④ 因而，如果全球性自然生态环境危机不加限制，必然会阻碍世界各国社会经济发展。另一方面，全球性自然生态环境危机对人类的身体健康和生命延续带来了严重的负面影响。全球性生态环境危机，打破了地球自然生态环境系统的平衡，很多动物、植物失去了基本的生存条件，人类也因此身心受损。“根据世界卫生组织的统计，发展中国家与水有关的疾病，每8秒钟就会使一个孩子死去，由被

① 丁金光．国际环境外交［M］．北京：中国社会科学出版社，2007：44.

② 习近平谈治国理政：第2卷［M］．北京：外文出版社，2017：531.

③ 刘希刚，徐民华．马克思主义生态文明思想及其历史发展研究［M］．北京：人民出版社，2017：229.

④ 陈金清．生态文明理论与实践研究［M］．北京：人民出版社，2016：182.

污染的饮用水引发的疾病每年至少造成1500万人死亡。”①

人类社会的发展历史证明，如果我们放任全球性生态环境危机，必然会给人类带来严重的灾难。“自然环境破坏直接危害了人们所居住的大地。”② 为了确保人类社会的生存和发展安全，世界各国应携手共同应对自然生态环境危机带来的风险和挑战。基于此背景，我们党对人类社会的生产和生活方式进行了系统的反思，提出了生态文明建设应秉承国际视野和世界胸怀，并主张世界各国携手合作共同应对自然生态环境危机，推动人类社会走向绿色和可持续发展之路。“建设生态文明关乎人类未来。国际社会应坚持走可持续发展之路。同心打造人类命运共同体。”③ 可以说，习近平生态文明思想具有宽阔的胸怀和开放的视野，体现了我国在应对全球性生态环境危机中的责任担当，更为全球性生态环境危机治理提供了中国智慧和方案。由此可见，习近平生态文明思想不仅符合中国生态文明建设的实际需要，也顺应了全球生态环境治理基本趋势。因而，这一科学的思想体系必然会被国际社会和世界其他国家人民广泛关注和接受。

2. 强化全球生态环境保护的大国责任

世界是一个相互联系的整体，应对全球性自然生态环境危机不是某一个国家的责任，世界各国应该携手合作，共同应对这一风险和挑战，尤其是经济发达的大国更应该以身作则，积极承担相应的国际环境责任，为全球性自然生态环境危机治理作出应有的贡献。“没有一个人是自成一体、与世隔绝的孤岛，每一个人都是广袤大陆的一部分。”④ 然而令人遗憾的是，面对全球性自然生态危机给人类带来的风险，部分发达资本主义国家围绕世界自然生态环境治理责任竞相讨价还价，甚至个别国家想放弃本应承担的自然生态环境保护责任，世界自然生态环境治理协作体系面临严峻挑战。面对世界自然生态环境治理协作中存在的“乱象”，我国提出了“同心打造人类命运共同体”“携手构建合作共赢，共谋全球生态文明建设之路”等观点，并指出发达国家及大国应该率先负起责任。

在这个关键的历史时期，强化全球自然生态环境保护的大国责任思想必将对全球自然生态环境治理协作体系产生积极的影响。首先，强化全球生态环境

① 陈金清．生态文明理论与实践研究［M］．北京：人民出版社，2016：180.

② 卡逊．寂静的春天［M］．吕瑞兰，李长生，译．长春：吉林人民出版社，1997：73.

③ 习近平谈治国理政：第2卷［M］．北京：外文出版社，2017：525-526.

④ 多恩．丧钟为谁而鸣［M］．林和生，译．北京：新星出版社，2009：78.

保护的大国责任思想，坚定地向世界各国表达了中国的责任担当。我们在提出新时代中国生态文明建设目标的同时，也在一些重要国际场合表达了中国对全球自然生态环境改善的责任和承诺，展示了中国负责任的大国形象，为推动世界各国在全球性自然生态环境危机中的治理合作及人类发展道路绿色化转型作出了重要贡献。“建设生态文明关乎人类未来。在这方面，中国责无旁贷，将继续作出自己的贡献。”① 其次，强化全球自然生态环境保护的大国责任思想为解决全球性自然生态环境危机提供了一个全新的切入点。中国呼吁发达国家和区域大国应率先负起责任，指出“我们敦促发达国家承担历史性责任”②。最后，我国提出的大国责任思想对加快世界工业文明向生态文明转型意义显著。生态文明地位的提升是人类社会发展的必然趋势，在人类文明转向的历史交叉点，这一思想对突破资本主义发展方式的局限性，引领人类向生态文明社会发展产生了积极意义。综上所述，我们可以发现，中国提出的强化全球自然生态环境保护的大国责任思想，对加强世界各国携手合作、共同面对全球性自然生态环境危机起到了重要的规范和引领作用。

3. 加强全球生态文明建设的国际合作

全球性自然生态环境危机告诉我们，世界各国人民生活在一个相互联系、相互影响、相互制约的生态大系统之中，自然生态环境恶化带来的风险已经超越了国界，成为全人类共同面临的威胁。显而易见，应对自然生态环境危机带来的风险和挑战，已不再单纯是“某个国家的事情”，它需要世界各国共同行动起来，携手保护人类共同的家园。“没有胸怀全球的思考，便不能树立环保的严正性与完整性。”③ 然而令人遗憾的是，在全球性自然生态环境危机日趋加重的情况下，一些国家仍然秉持“自扫门前雪”的态度，它们对全球性自然生态环境危机漠不关心，并在全球自然生态危机治理责任分担方面竞相讨价还价，对于全球性自然生态环境危机治理在理念和行动方面存在着巨大分歧。“在治理的责任分担上，发达国家和发展中国家存在分歧；在治理的影响范围上，全球存在各国自行负责还是各国加强合作形成共同的纲领和行动的分歧；在治理内容上，全球存在着以工业环境保护为主还是以全面生态环境保护为主的分歧；在治理原则上，全球存在着以污染治理为主还是以主动预防为主的分歧；在治理

① 习近平谈治国理政：第2卷［M］. 北京：外文出版社，2017：525.

② 习近平谈治国理政：第2卷［M］. 北京：外文出版社，2017：525.

③ 科尔曼. 生态政治：建设一个绿色社会［M］. 梅俊杰，译. 上海：上海译文出版社，2002：126.

手段上，全球存在着单纯的控制和禁止还是以法律手段为主其他手段并用的分歧。”① 由此可见，如果世界各国不能在全球自然生态环境危机方面达成合作，生态环境危机将难以有效控制，人类社会的生存和发展也会时刻面临威胁。

自然生态环境危机是一个全球性问题，它的形成蕴含着诸多复杂的因素，解决这一问题需要世界各国在生态文明建设中的国际合作。“保护生态环境，应对气候变化，维护能源资源安全是全球面临的共同挑战。”② 为了积极应对全球性自然生态环境危机治理合作中存在的“乱象”，我国率先高举绿色发展大旗，积极承担相应的国际责任，提出了一系列切实可行的国际合作主张。首先，提出世界各国应携手合作，共同应对全球气候变化。党的十八大以来，我国通过积极的双边外交和多边外交来推动全球气候变化治理合作，并与相关方签署了《中美气候变化联合声明》《巴黎协定》等全球气候变化治理合作协议，为治理全球气候变化作出了重要贡献。其次，在阐释全球性生态危机治理原则和策略的基础上，提出要加强绿色领域国际合作。为了能够更好地推动绿色领域国际合作，我国先后提出了“打造绿色丝绸之路”“转变生产和生活方式”等主张，并促进 G20 杭州峰会达成绿色共识，为加强世界各国在生态文明建设方面的对话交流和务实合作创造了条件。最后，在实现我国节能减排的同时，提出了我国要加强生态领域的对外援助。党的十八大以来，我国在推动国内实现绿色发展的同时，积极为世界其他发展中国家提供资金、技术等援助，为全球性自然生态环境危机治理贡献了中国力量。解决全球性自然生态环境危机是世界各国的共同责任，中国作为世界上最大的发展中国家率先高举绿色发展大旗，积极承担相应的国际责任，参与国际合作，展现了中国的大国形象，为维护人类自然生态环境安全作出了巨大贡献。

4. 积极打造人类命运共同体的发展理念

生态环境治理是一个非常复杂的系统工程，它与各个国家的政治、经济、文化、历史等都有着重要的联系，因而推动全球自然生态环境危机治理不仅需要找到切实可行的技术方案，更需要科学的价值理念进行规范和引导。全球性自然生态环境危机治理，单纯依靠国际性政治文件声明就能确保治理体系有效运行的观点无疑是最为狭隘的理解，也必然无法实现全球生态文明可持续发展。显然，全球性自然生态环境危机治理不仅需要科学的技术方案作为支撑，科学理念的指引也尤为重要，需要国际社会的广泛参与。“自然环境保护需要经济、

---

① 陈金清．生态文明理论与实践研究［M］．北京：人民出版社，2016：195.

② 习近平谈治国理政［M］．北京：外文出版社，2014：212.

政治、教育和其他方面措施的配合。"① 基于全球性自然生态环境危机治理合作发展的需要，以习近平同志为核心的党中央创造性地提出了打造人类命运共同体的生态文明建设理念。在生态文明建设中，"我们要坚持构建以合作共赢为核心的新型国际关系，打造人类命运共同体"②。人类命运共同体理念既是我们党促进全球自然生态环境危机治理合作的核心理念，也是我们党推动中国对外交往的重要举措。

在当前全球性自然生态环境危机治理合作理念存在较大分歧的背景下，中国共产党超越国家和民族利益，从全人类的生存安全和持续发展出发，提出了打造人类命运共同体的生态文明建设理念，为全球性自然生态环境治理理念统一了共识，消除了理念上的分歧，为世界各国携手共建生态良好的人类美好家园奠定了思想基础。一方面，人类命运共同体理念统一了全球自然生态环境危机治理理念。在意识形态上，统一了认识，即全球性自然生态环境危机治理关系到全人类的共同命运。地球是人类的共同家园，只有大家携手合作、相互支持、相互配合，才能共建生态良好的地球美好家园，保证人类生存安全和持续发展。"我们生活在同一地球村，应该牢固树立命运共同体意识。"③ 另一方面，我们党所提出的人类命运共同体生态文明建设理念为全球性自然生态环境危机治理合作提供了方向和原则。习近平生态文明思想不仅阐释了人类命运共同体建设理念的重要价值，还提出了打造人类命运共同体生态文明建设理念的目标，就是最终要"建设一个清洁美丽的世界"④。由此可见，在全球自然生态环境危机治理合作中，人类命运共同体思想为其提供了科学的合作理念，又指明了清晰的行动方向，对促进世界各国携手解决生态环境危机产生了积极意义。

---

① 福格特．生存之路［M］．张子美，译．北京：商务印书馆，1981：249.
② 习近平谈治国理政：第2卷［M］．北京：外文出版社，2017：522.
③ 习近平谈治国理政：第2卷［M］．北京：外文出版社，2017：330.
④ 习近平谈治国理政：第2卷［M］．北京：外文出版社，2017：544.

第六章　建设人与自然和谐共生现代化面临的障碍因素

一种新型文明的诞生必将面临一系列挑战和困境。要解决好当前的生态环境问题，不仅要面临发展阶段、资源现状、思想观念、制度惯性等客观条件的制约，也要面临发展观念和利益需求等主观条件的制约。人与自然和谐共生现代化建设不像经济建设那么具有自主性和吸引力，它因其公共性很难成为个人、企业以及政府主动追求的内在目标。因此，建设人与自然和谐共生现代化一定会受到传统制度依赖和思想观念的阻碍。为此，必须深入探究生态问题产生的深刻根源，分析生态文明面临的有利条件，树立信心，为实现人与自然和谐共生现代化打下基础。

建设人与自然和谐共生现代化是综合性系统工程，要具备规划实施生态文明建设视域下构建人与自然和谐共生现代化的社会基础、经济基础。目前，生态文明建设尚未发挥其应有的功能。一方面，相关主体之间的矛盾需要解决，在经济、制度、文化上还存在对建设生态文明的制约；另一方面，生态文明建设过程中“先污染、后治理”和“碎片化”的建设未形成良好的结构，未形成良好的建设体系，使人与自然和谐共生现代化建设不像经济建设那么具有自主性和吸引力，难以成为个人、企业以及政府主动追求的建设目标。生态文明建设上存在一些传统思维、制度依赖问题，而分析这些问题，能够为构建中国特色社会主义生态文明建设、实现人与自然和谐共生现代化提供实践基础。

一、建设人与自然和谐共生现代化面临的困境

面对当前严峻的生态环境问题及生态文明建设的现实困境，很多人开始反思我们的现代化建设尤其是改革开放以来的社会主义现代化建设，有些学者认为是经济快速增长生产方式粗放导致的；有些学者认为是滥用科学技术导致的；有些学者认为是片面发展观导致的；有些学者认为是人的贪婪本性导致的；有些学者认为是以经济增长为中心目标的政治管理体制导致的。

按照历史唯物主义基本原理，一切社会矛盾和社会问题的出现，都可以在该时代的物质基础，即生产力与生产关系的矛盾中得到解释。生态环境问题产生的根源也应该从这一基本原理出发来进行分析。因此，我们思考生态环境问题的根源也应该首先到同时代的生产方式的发展中去寻找。正如恩格斯所指出的，一切社会变迁和政治变革的终极原因，“不应当到有关时代的哲学中去寻找，而应当到有关时代的经济中去寻找。”① 因此可以说，生态危机产生的原因有很多，根本原因在于发展阶段、生产方式和人的物质利益等经济因素。当然，正如社会发展不是由一个因素所决定的，生态危机的产生并非仅是由经济因素决定的纯粹的自然过程，而是经济、政治、文化（思维方式）、社会等多种因素错综复杂相互作用的结果。

（一）追赶型模式带来的经济增长主义

从大多数国家的发展实践来看，经济发展初期都追求高经济增长率和大规模生产。中国特色社会主义现代化发展以追赶先发国家、实现跨越式发展为目标，从思想观念、体制机制和社会动员等方面集中建设，极大地改变了社会主义中国和中国人民的面貌。但是改革开放40多年来，在全力追求以GDP为中心的快速经济增长的过程中，难以顾全现代化发展的生态向度，致使中国现代化发展相对缺少了生态边界的约束，客观上导致人与自然关系的恶化，生态危机凸显。“可持续发展”“和谐社会”“包容性增长”“科学发展观”“人与自然和谐共生现代化”等理念的提出，是对以物为核心的单纯经济增长发展观和以人为本的综合发展观的合理取舍，是对传统发展观的反思和提升，为未来发展开启了弥足珍贵的探索之路。但是，改变观念是非常难的事情，尤其是发展观的改变不是一蹴而就的事情，转向更是非常难。正因如此，当前生态环境问题产生的根源仍然是过于追求国民经济增长速度和规模的观念没有根本转变。

1. 追赶型目标下易产生片面发展

近代中国现代化的探索是被动的。一方面，是被发达国家开拓全球市场的欲望和世界发展潮流推动的，另一方面则是国内精英群体的自强梦。“落后就要挨打”是我们的惨痛教训。100多年来，现代化一直是中国仁人志士追求的精神理想。从洋务运动到维新变法再到辛亥革命，中国的现代化是在挫折中前进的。可以说，中国“百年的变革始终在抄袭外国和回归传统之间摇摆，时断时续，杂乱无章，不论在理论和实践上都没有找到具有中国特色的发展模式”②。1949

① 马克思恩格斯选集：第3卷［M］. 北京：人民出版社，2012：655.

② 罗荣渠. 现代化新论［M］. 北京：北京大学出版社，1993：337.

年中华人民共和国的成立，标志着进入社会主义现代化新时期。以毛泽东为主要代表的中国共产党人开始了对现代化道路的艰辛探索，取得了很多有价值的思想成果，但后来由于思想路线的转变，出现了严重的失误。为强力推进社会主义现代化建设，1978年以邓小平为主要代表的中国共产党人在非常艰难的情况下开启了中国的改革开放。

改革开放是经济科技落后条件下，实现追赶型现代化的强国之路。实现现代化，把我国由农业国家建设成为现代化工业强国，必须首先追求经济的快速增长。改革开放的目的就是释放我们自身的发展潜力，通过平等交易的手段促进国际和国内市场的开放，改变我们落后的社会面貌。改革开放初期，我们在资金、技术、管理远远落后于西方发达国家的情况下，拿什么和他们平等互惠呢？只能靠廉价的劳动力、自然资源和相对宽松的环境容量，这是有其历史原因和客观必然性的，这是由我国当时的发展条件所决定的。可以说，在一定程度上，提高生产力水平，进行经济建设是我们当时需要全力追求的中心目标，因而尽管我们从现代化之初就认识到经济增长与环境保护的重要性，并提出把环境保护作为基本国策，但是实际上我们的现代化仍然走了一条急于追求经济增速度和总量增长的道路，忽视了自然的边界和承受能力。

随着改革开放的推进，我国生产力总体水平和人民物质生活水平不断提高，经济增长的速度不断加快，总量和规模不断扩张，物质财富不断积聚，国家综合国力日渐强大，但是国家的强大并不能自动带来良好的生态环境，相反我们的经济成就却是以大量消耗和粗放式利用自然资源为代价的。这种过于注重经济增长速度的现代化是一种片面的现代化，客观上不仅造成了人与人之间关系的物化，而且造成了严重的生态资源问题，阻碍了进一步发展的步伐。不可否认，要想顺应现代化发展潮流，必须追求经济增长，这也是现代社会发展的前提。但是，现代化作为一个综合性概念，指的是经济社会的综合全面发展，既包括经济增长，也应包括政治民主、精神自由等一系列内涵，但我们长期以来一直片面理解现代化，将一系列经济指标看作是判断现代化水平的标准，为了经济指标的提高，竭尽所能采取各种方法和手段，致使现代化发展失去了生态的边界和制约，不仅阻碍了经济的健康持续发展，而且使生态风险加剧。

2. 后发赶超易导致资源的粗放利用

改革开放初期，我国科学技术水平较低，因而我们的经济活动主要是在政府的主导下，依靠大量资金、劳动力和资源能源等生产要素的投入，通过对资源的粗放式利用，以及大量排放废弃物来提高产量或产值，实现经济数量的增长。这种“高投入、低产出、高消耗、低效益”的粗放型经济增长方式造成了生态环境的恶化，使我国经济社会的发展愈来愈面临资源瓶颈和环境容量的制约。因此，必须转变这一粗放型经济增长方式，这已成为人们的共识，但同时又要面临转型难问题。

首先，市场经济体制的不完善不健全。经济落后条件下，要追赶发达国家，必须具有强烈的紧迫感。这就必须依靠改革开放，大力发展生产力，最根本的是用市场来增强发展的活力，释放潜力，使市场发挥资源配置的基础性作用。一方面，市场经济以其资源配置优势，为经济增长提供强大动力。另一方面，我国是一个政府供给自然资源与环境的国家。尽管我国确立了社会主义市场机制，但仍不完善，资源价格并不能完全根据市场供需灵活变化，此外，由于环境资源产权关系不够明晰，客观上导致粗放增长方式难以改变。

其次，利润导向的科学技术普遍存在。粗放型经济增长方式造成能源资源匮乏，有两种表现：一是我国能源资源消耗超过了经济增长速度；二是我国能源利用效率还比较低，和发达国家差距较大。发展经济离不开科学技术的发展，促进经济增长和提高人民生活水平的科学技术是我们所需要的，但是长期以来支撑我国粗放型经济增长方式的技术成了追求利润最大化的功利性技术。这种利润导向的征服性技术只追求经济利益，不仅忽视经济结构的协调和产业结构的优化升级，而且对资源环境和生态平衡形成威胁，严重影响了人类自身的生存。为此，必须追求促进人与自然和谐发展的技术创新来加以改变。

最后，规模扩张、重复建设导致的产业、产能过剩现象严重。经济扩张必然需要企业大规模扩大生产。政府直接控制资金并掌握土地、自然资源的价格，为了促进发展、降低成本，人为压低生产要素市场价格，导致企业不断扩大规模，盲目投资，到处“铺摊子”，不仅不利于效率的提高和技术的创新，而且导致产品趋同现象严重，出现产能过剩现象。除属于高耗能的电解铝、煤炭、水泥、钢铁制造等传统产业产能过剩外，一些新兴产业也出现产能过剩。此外，诸如造船和硅钢等，均被业界公认为“产能过剩”。产能过剩的后果严重，一方面，重工业产能过剩是造成雾霾的重要原因；另一方面，产能过剩的行业占据了大量的土地和自然资源，不仅造成了大量的资源浪费，而且缩小了其他有利于经济转型的行业的生产空间。

3. 追求经济增长易忽视自然的可承受能力

片面追求经济的高速增长、物质财富的无限积累以及物质生活的高消费，这是一种缺乏边界的增长，忽略了自然的可承受能力。这样的发展满足于增长，包括产品的增长、生产力的提高和财富收入的增长，认为增长促进了效率的提高，带来了利润，使人民生活水平得以提高，因而具有合理性、正当性，于是，发展“合理化的无度的粗野性”便“在地球上汹涌扩张”①。这种以增长之善取代社会之善、人的全面发展之善和生态之善，只顾一味向前冲撞而缺少控制，不可避免会导致自我毁灭。

因而可以说，这样“发展”之结局必将像莎士比亚所说的那样：“死于过度。”② 当然，人类有追求生活舒适和美好的权利，随着经济社会的发展，人的欲望和需求也不断发展，但是人类的欲望是无止境的，生态系统的承载能力却是有限的。我们依赖自然生态系统而生存，因此我们不能任由我们的欲望无限增长，应当受到自然生态系统的制约和限制，只有受生态制约的增长，促进生态平衡和人与自然和谐发展的增长才是真正合理的、正当性的、可持续的增长。

（二）竞争式发展难以避免的逐利代价

政治是经济的集中体现。经济增长主义是有其深刻的制度和政策支持的。我国是一个政府主导的国家，一旦制定了某项战略规划，就会通过各级地方政府的严格执行层层推行下去，然后通过相应的考核评价制度进行督促，以实现既定战略和目标。经济增长主义体现在政治领域，就是把各地国内生产总值的增长当作主要的甚至是唯一的政绩考核评价标准，并以此作为领导干部能否晋职的主要标准。这就促成了实践中各地方政府竞相发展国内生产总值的政绩冲动，在一定程度上造成了地方政府间的以 GDP 的量的增长为比较标准的竞争式发展。

1. 领导干部晋升激励机制的缺陷

改革开放以来，我们确立了以经济建设为中心的任务，而且通过制度的形式去推动这一任务的完成。中央政府和地方政府有权力任命、提拔下级政府的领导干部，而任命、提拔的依据是工作做得好，这首先体现在经济建设是否有成绩。因为，改革开放之初，能够促进经济增长是政党执政合法性的基础。但是，一些地方政府在实践中却把经济建设为中心这一任务简化为以 GDP 的增长为中心，地方政府之间为提高当地 GDP 展开激烈的竞争。谁在任期内能促进经济的快速增长，谁在考核评价中就能获得好的成绩，能够提拔晋升的概率就越大。这一晋升激励模式体现在实践中，就凸显了以 GDP 为核心的政绩评价体系和选人用人标准的不合理性。因而，改革开放以来，追求 GDP 的增长一度成为

---

① 莫兰．复杂思想：自觉的科学［M］．陈一壮，译．北京：北京大学出版社，2001：124-125.

② 王诺．生态危机的思想文化根源——当代西方生态思潮的核心问题［J］．南京大学学报，2006（4）：37-46.

领导干部之间的最大竞争。地方政府掌握着地方的各种资源，在当地具有绝对的影响力和支配力，为了在竞争中出彩，能够得到提拔，地方政府的有些领导使出浑身解数，通过简化行政审批，进行贷款担保，降低土地成本等各项政策来招商引资，推进地方经济的增长。有些地方政府尽管明白引来的“凤凰”可能会对当地造成污染，危害人民健康，但是为了当地经济增长，也会“明知故犯”。这样做的最终结果一方面是当地政府的收入增加，当地领导干部得到提拔的可能性增大；而另一方面造成污染的蔓延，危害群众健康，使当地群众承担贫困和污染的双重代价。这种模式以经济增长为晋升的主要衡量指标，造成各级政府为追求政绩，将所有精力集中于推动当地的经济增长，而忽视不容易出政绩的生态治理。

2. 恶性竞争和地方保护主义的存在

在当前的晋升激励模式下，地方政府部门之间的高度竞争是常态。地方主要领导干部之间的晋升博弈也成了一种零和博弈，能够晋升提拔的毕竟是少数。有些地方的主要领导干部在经济和政治双重竞争压力下，为了政治收益而竭尽全力，不计经济成本和环境代价，甚至不择手段地促进经济增长。有些地方政府利用自身掌握的各种资源片面追求经济增长，甚至包办替代企业直接进入市场与民逐利，造成市场失灵。“本来应救治市场失灵的政府，却在政绩驱动下放纵了市场失灵，甚至助长了市场失灵。①”因而长期以来，一些政府有意无意地忽视环境保护，即便是在环境监督保护的“强压”之下，很多地方政府也只是将生态文明建设视同环境保护、治理污染这样的具体工作，将环境保护的工作视为只具有为经济增长服务的工具性价值，而不具有价值理性。根本上说，地方政府的这些做法，浪费了资源，损害了公平，伤害了当地老百姓的利益，减弱了党和政府的公信力。

在国家结构上，我国是一个单一制中央政府集权的国家，中央提出经济社会发展战略，各级地方政府和部门负责实施建设，这对于发展经济、社会稳定和全国齐心协力推进生态文明建设具有重要作用。但当前有些地方政府在推进生态文明建设方面推动力不强，主动性不够，缺乏实际的行动部署。生态文明建设停留在响应中央政策的政治要求上，生态文明建设自发动力不足。以耕地保护为例，耕地资源是人类赖以生存和发展的基础，是关系到一个国家经济安全、生态安全和社会稳定的基石。但在目前仍以 GDP 为主的地方竞争中和现行

---

① 曾正滋，庄穆．从经济增长型政府到生态型政府［J］．甘肃行政学院学报，2008（2）：58-62.

的分税制和转移支付制度之下，耕地成为地方政府发展经济和增加当地政府收入的主要来源，为此，有些政府通过低价从农民手中拿到土地，然后高价卖给房产商；或者通过大片拆迁获得土地来进行有利于利润增加的各项经济建设。伴随经济快速发展、城市化进程加快，城镇规模不断向外扩张，致使农用耕地转为城市建设用地的数量逐年增多。尽管中央三令五申实行最严格的耕地保护政策，但现实中耕地仍旧不断被蚕食，18亿亩的红线岌岌可危。这表明中央的权威受到损害，地方响应中央号召的能力和动力在减弱。

究其根源，还在于中央和地方的责权利关系尚待进一步理顺。改革开放以来，为消除计划经济体制弊端，中央政府向社会和市场主动放权，相当程度上扩大了地方政府的自主权，提高了地方政府发展经济的积极性，从某种意义上可以说，“中国的经济蛋糕是由地方政府做大的”①，但同时又出现了中央权威性不足，没有足够的权力控制地方的现象。自1994年起，我国开始了以分税制和转移支付制度为核心的中央和地方关系改革。这一改革本意是“力图在对中央和地方政府的事权进行制度划分的基础上，较为清晰地进行财权的划分”②。但这一改革并没有根本触动中央和地方的体制性问题，地方政府的自主权范围不够明确，中央政府和地方政府在事权、职责和财权方面存在严重不对称。这使得地方政府一方面面临着繁琐艰巨的责任和任务，另一方面由于财政资金和自主权利严重不足，陷入财政短缺的困境。个别地方政府为了增加当地政府收入，主动充当经济建设主体和企业保护伞的角色，将追求自身利益当作主要目标，不惜借用公共利益的名义损害群众利益。在地方政府中普遍存在的土地财政就是明证。有些地方政府将目光锁定在当地的土地资源上，通过“掠夺”土地来提高当地GDP，增加地方收入，资源以公共利益的名义被当地政府大肆开采使用，造成了严重的污染和生态恶化现象。这表明中央与地方的分权和利益调整缺乏规范性和均衡性。

（三）社会利益分化造成的深层矛盾

美国著名社会生态学家默里·布克钦指出：“几乎所有当代生态问题，都有深层次的社会问题根源。如果不彻底解决社会问题，生态问题就不可能被正确认识，更不可能解决。”③ 中国的生态问题也必然有其深刻的社会根源。

---

① 郑永年．中国模式［M］．杭州：浙江人民出版社，2010：127.

② 魏治勋．中央与地方关系的悖论与制度性重构［J］．北京行政学报，2011（11）：22-27.

③ 余谋昌．生态哲学［M］．西安：陕西人民教育出版社，2000：137.

1. 整体利益与具体利益的分化

按照马克思主义观点，人不是抽象的感性存在的人，人的本质是社会关系的总和。就人的类本质来说，人类是有整体共同利益的，但就人的群体或阶层划分，不同的人群又有不同的利益。良好的生态环境是所有人的整体利益，但“在人类社会存在阶层分化和贫富差异的条件下，根本不存在共同的人类和共同的自然环境”①，因而环境问题上，整体利益是空泛的和无主体的，必须进行具体分析。在人与自然关系的争论中，人类中心论和生态中心论的争论最为激烈，但二者都是从整体利益的视角来看待人类和自然环境，因此具有不可避免的局限性。马克思、恩格斯在资本主义发展的早期就看到了资本主义私有制是人与人之间利益争夺的根源，他们认识到生产资料私有制基础上的生产发展造成了人与人之间的矛盾和对立，从而导致人与自然之间关系的紧张和对抗，并警示人们必须注意环境的恶化、资源的浪费和经济社会发展不平衡之间的关系。

可见，生态危机根源于人与人之间社会关系的异化，人与人的利益矛盾和利益不公才导致自然生态遭到破坏，离开这些社会因素，离开整体利益和具体利益的分化与差别，只是抽象地肯定或否定人类的利益，是一种抹杀现实利益差别的空谈。

2. 利益分化源于分配不公

中国自改革开放以来的经济快速增长取得了巨大的成功，但回顾改革历程，我们发现中国的经济增长基本上是符合“卡尔多-希克斯”标准的增长，即指经济总量和规模的增长，但是这并不会自动解决增长成果在公民之间的分配问题。分配不公和贫富差距不仅导致了各种利益矛盾和利益冲突，而且进一步导致了资源的匮乏和生态的破坏。

以强调经济增长为核心的进一步“发展”决定了人类会不断加大对资源的消耗和对自然的开发，生态问题不会得到解决，而且人们由于不能共享发展成果，因而对于注重长期和整体利益的生态问题就不可能达成共识。如果不能通过社会的改革改变当前贫富分化和分配不公的问题，而只是寄希望于通过继续牺牲生态环境，破坏生态系统的方法来将利益转移到穷人手里，是不可能的。因为，当前生态系统已经遭到了很大的破坏，如果继续靠破坏自然来解决由于社会不公和特权阶层的利益而带来的人与人的矛盾和对立，这不仅是“徒劳无益的”，而且很可能成为“权势集团保护既得利益的一种烟幕”，结果必然是延

① 徐海红．生态文明的劳动基础及其样式［J］．马克思主义与现实，2013（2）：84-89.

误必要的社会改革，“使社会的不公正（一种社会性的负价值）延续下去”。①

3. 不同利益主体的环境权责不明

不同利益主体由于获得的环境资源和权利不同，因而在解决生态危机时应承担的责任和义务也应该不同，但当前存在权力和责任不清的现象，因而导致生态危机愈演愈烈。在一个国家内部，不同社会成员对于当前生态环境破坏所负的责任实际上是有差别的。应本着谁破坏谁负责、谁受益谁付费、谁开发谁保护的基本原则，分析不同社会群体的责任情况，促进生态文明建设之责任分担的公平性。比如，富裕阶层、城市居民和发达地区的人由于占有和消耗了更多的资源应该承担改善环境的更大责任。但实际中，环境权益处于失衡状态，即损害环境的没有得到应有的惩罚，保护环境的反而权益受损，没有体现生态正义。

强势群体有能力开发利用自然界，因而导致了环境污染和生态破坏。但是，由于环境的公共性，改善环境的责任却不是由环境破坏者来承担，而是由包括弱者在内的所有社会成员来共同承担。我国当前存在的污染由城市向农村转移、由东部向西部转移的现象，就反映了在环境问题上权益和责任的不平衡问题。因为既得利益群体不仅不会主动出让自己的生态资源，而且还可能会以整体利益的名义使自己的利益得以固化；而弱势群体由于其自身所处的地位很难获得应有的生态利益，因其能力弱小而很容易成为强者追求增长的牺牲品。如果这种现象得不到改变，就会加剧社会不平和环境不公，最终导致生态危机。

（四）非生态的自然观和价值观产生的危害

经济根源决定文化根源，文化根源是经济根源的价值基础。传统社会，经济不能超增长的主要原因在于其缺乏道德上的正当性和价值上的合理性，前现代社会将自然看作神秘的力量，主张敬畏和顺从自然，生活中提倡禁欲和节约。市场经济在前现代社会不能够充分发展，因为它与当时的主流价值发生了冲突，但“现代社会完成了价值系统的转化，科技的无限运用以及市场机制无限扩张获得了史无前例的正当性和制度保障”②。因此，现代资本主义为了追求利润，无限扩大生产，这种“踏轮磨坊的生产方式”③ 与生态不道德的伦理观念以及“金钱至上”和“消费主义”的文化观念是相互一致的。当前，随着我国市场

---

① 罗尔斯顿．环境伦理学［M］．杨通进，译．北京：中国社会科学出版社，2000：383-384.

② 金观涛．探索现代社会的起源［M］．北京：社会科学文献出版社，2010：5.

③ 陈学明．谁是罪魁祸首：追寻生态危机的根源［M］．北京：人民出版社，2012：98.

经济的发展，人们的思想获得了极大的解放，无论是从自然观、发展观还是价值观、生活观等角度来看，我们已经处在现代文化的浸润之下。而现代文化则在一定程度上强调经济无限增长和个人欲望无限满足，强调对物质财富占有越多越幸福，越多越能实现自身价值。

1. 对自然认识的片面化

近代机械论自然观的代表人物勒内·笛卡尔指出，世界是一台机器，因而世界没有目的，没有生命，没有精神。这种机械论在肯定自然界是机器的同时也就肯定了人是唯一的价值和目的的中心，强调“人类在一定程度上凌驾于自然之上（或至少凌驾于自然的其他事物之上），并有权利随心所欲地塑造自然”①。这种自然观的运思理路是，自然仅仅是被征服的对象，我们理所当然地是自然的主人和统治者。这一自然观的确增强了人类改造自然的能力和速度，但同时它也导致了人类内部越来越激烈的竞争，以及相应地制造出了弱者、社会的单面化和自然生态的破坏。在这样一种将自然界万物都看作是商品的制度下，生态环境不可避免地受到破坏，资本主义制度下的生态危机也不可避免地出现。

对于我们而言，经济发展的冲动必然在文化领域里表现出来。首先体现在我们如何认识自然。人们要实现自己无限的经济利益，必须对自然进行改造，因而就自然而然地把自然当作只具有工具价值的有用之物。21 世纪初，学术界曾有过一次关于“敬畏自然”还是“征服自然”的激烈争论，征服自然论者认为，现代化就是要通过科学技术不断地征服自然，以创造符合人的意志和愿望的世界，现代文明就是征服自然的文明，因此我们不必“畏惧自然”。于是，土地被改造成房地产、森林成为木材、江河变成渔场、海洋成为污水池，自然被肢解了，生态被破坏了，这正显示了我们的肤浅。因为人终究是自然的一部分，自然对于我们是一切。人类不过是自然生命网络中的一个点而已，但人类的行为一定会影响到生命之网。而“降临到大地上的一切，终究会降临到大地的儿女们身上”②。因此，自然遭到破坏，最终一定会殃及人类自身。

2. 物质第一、金钱至上的价值观

目前，物质主义、金钱至上、消费主义已成为部分人的价值观。一些人将物质财富的增长视为人生追求的最高境界。当今中国，一些人认为只有大量地占有物品才能体现自己的人生价值，比如，拥有高档汽车、豪华住宅，能够进

---

① 格里芬．后现代科学［M］．马季方，译．北京：中央编译出版社，1995：135.

② 唐锡阳．错错错：唐锡阳绿色沉思与百家点评［M］．沈阳：沈阳出版社，2004：122.

行高消费才是成功的人，才能表明人生是有意义的。价值观是一种取向、一种追求。“钱”是我们的需求，但不应成为我们的追求。试想，社会上的人都去追求物质，追求金钱，就会逾越规则底线，不惜代价牟利，进而道德沦陷、诚信缺失，最终使整个社会丧失生机和活力，没有前途和希望。这一价值观表现在生活中，就是消费主义。在这一社会价值观下，注重享乐、互相攀比、到处炫富似乎越来越普遍，尤其是社会中收入较高的人群，大多以欧美等发达国家的消费方式为榜样，尽可能地模仿，因而出现了炫耀性消费、过度消费、奢侈消费等不符合生态文明的消费行为，这样的消费观念和消费方式对社会的影响非常大，也非常坏，使得整个社会向消费主义方向迈进，而生活在社会中的人也必将受到这种价值观的影响，没有绝对的受益者，人人都是最终的受害者。人的基本需要是有限的，但现代文化价值观使人的物质需要不断膨胀。人们追求多样化的服装、食品，以及各种升级换代的产品，这样的需要必定趋于无限。人类永远无法满足的物质欲求迫使人类无度地开发自然，致使森林减少、土地板结、资源枯竭、污水泛滥、雾霾严重，地球成为垃圾场。

3. 个人利益膨胀的利己倾向

现代文明充分肯定人的主导地位、人的自然本性和人的创造能力，但是现代文明却培育了一些将人的自然欲望这一“魔鬼”当作人的本性去追求的人。正如丹尼尔·贝尔指出的，现代主义文化“承接了同魔鬼打交道的任务。可它不像宗教那样去驯服魔鬼，而是以世俗文化（艺术与文学）的姿态去拥抱、发掘、钻研它，逐渐视其为创造的源泉”①。

改革开放以来，中国特色社会主义市场经济体制的建立，改变了过去传统自然和计划经济下的利益观，人们不再“谈利色变”，因为市场经济承认个人有追求自身利益的权利，这为个人利益的释放提供了足够的合理合法的空间，这相对于过去我们忽视甚至无视的个人利益而言，是有积极意义的。因为进行社会主义现代化建设，必须调动各方面积极性，这就要“把国家、集体、个人利益结合起来”，甚至随着经济的发展，“将更多地承认个人利益、满足个人需要”②，但这并不意味着个人所有的利益，无论是合理的还是不合理的，无论是合道德的还是不合道德的都应该支持。我们鼓励的是合法前提下的个人利益的追求，但是实践中由于我国社会主义市场经济体制还不够完善，监管还不到位，

---

① 贝尔．资本主义文化矛盾［M］．赵一凡，蒲隆，任晓晋，译．上海：生活·读书·新知三联书店，1989：65.

② 邓小平文选：第2卷［M］．北京：人民出版社，1994：352.

出现了只讲物质利益，不讲个人贡献；只追求个人利益，忘记个人责任的各种乱象。有些人甚至为了追求个人私欲，打破道德和生态伦理底线，成为追求自己需求的“动物”。比如各类污染事件等，破坏了社会诚信，损害了群众健康，污染了自然环境。人具有追求物质财富和舒适生活的权利，但不能无限制无条件地追求个人权利，因为这样必然会使人忘记个人私欲的满足应该以不伤害、不损害公共利益的满足为标准，使人忘记人对于社会和自然的责任，势必会造成人与社会、人与自然之间的矛盾和对抗。

二、建设人与自然和谐共生现代化的根源归因

在建设人与自然和谐共生现代化的进程中，过程理念主要是治理过程中上至国家层面、下到个人层面对生态环境治理过程的理念。这是因为，理念的不同对污染的治理也会出现不同的效果，亦即是以“先污染、后治理”的线性治理模式还是以“边污染、边治理”的平行治理模式进行治理。无论如何治理，治理都存在问题，而且治理过程的理念也“碎片化”，拆东墙补西墙，成效可想而知。

（一）生态保护与经济发展的内在矛盾

虽然经过多年努力，花费大量的人力物力财力去治理，我国生态环境的现状有了局部性的好转，但总体恶化的趋势并未得到根本遏制，人民群众仍然非常不满意，形势仍然十分严峻。“环境质量与人民群众期待仍有较大差距”“环境风险不断增加”。[①] 原因之一在于我们环境保护与经济发展之间的矛盾短时期内难以解决。

1. 环境与经济谁是第一位的矛盾

环境与经济的关系问题是多年来我们一直关注和讨论的问题。从人类的生存和发展来讲，环境与经济都是我们离不开的要素，但是环境污染是由于人类的活动超过了环境承载能力而出现的。这一点我们不能否认。如何看待二者之间的关系？当前，经济发展与环境保护必须协调发展这一主张已成为人们的共识。但是，如何协调二者之间的关系，到底是把环境保护看作是经济发展的手段，还是把环境保护看作经济发展的内在价值追求？我们当前许多人仍然认为环境保护只是经济发展的手段，是针对当前出现的环境破坏和生态退化、资源的匮乏等各种问题，为了实现经济增长而不得不对环境进行保护和改善。环境

① 2015 年全国环境保护工作会议在京闭幕 [EB/OL]. (2015-01-19). 中央政府门户网站. http: //www. gov. cn/xinwen/2015-01/19/content_ 2806148. htm.

保护是外在于经济发展的修补工具和手段。日本学者岩佐茂曾提出："以不损坏经济发展的方式进行环境保护，结果这种理论却变成了只限制那些越过忍受限度的'强公害'，而对那些为了经济发展多少要发生的'弱公害'只能宽容。"①可以说，我们当前所进行的环保政策很多都是应对性和后期补救性的政策，认为环境是发展的必然代价的观念仍然很普遍。

上述观念表现在实践中，就不可避免地将生态文明建设以及人与自然和谐共生现代化建设简单化、应付化和工具化。有些领导干部认为生态文明建设就是生态环境建设，就是要保护环境，对生态进行修复，为此投入大量的人力、物力和财力建造人为景观，采取各种形式节能减排，为创建生态省、市、县做足表面文章，认为只要生态环境表面上有了变化，指标达到了要求，就是在进行生态文明建设，就能够实现人与自然和谐共生现代化。这说明一方面对生态文明科学内涵以及人与自然和谐共生现代化基本要求的理解有误区，另一方面对环境保护与经济发展的认识仍然没有改变，在执政行为中出现一边治理、一边以新的方式破坏环境的现象。由于一些地方没能够很好地将发展方式转型、环境公平、社会参与、观念转变、制度创新纳入当地的生态文明建设之中，即使这些区域生态环境得到了局部改善，但是总体状况还是存在一定的问题，较难短期内改变。

2. 粗放式经济增长方式转变艰难

我国部分高能耗、高排放产业仍是支柱产业，而且部分行业出现产能过剩是经济增长方式难以根本转变的原因之一。当前，我国总体上处在工业化发展中期阶段，仍需进一步推进工业化和现代化。钢铁、石油化工、汽车工业、建筑房产等产业依然是我们各级政府发展经济的支柱产业，很难一下子淘汰或转型。低能耗、低排放、低污染的行业，如可再生能源、高科技等新兴、低碳产业由于需要大量投资和先进的科学技术，成本较高，风险较大，尽管有一系列优惠扶持政策，但企业仍缺乏转型的主动性和自觉性。循环绿色低碳发展尚在探索中，因此资源能源消耗仍然大幅增加，污染物排放难以短期内减少。

生态环境成本外化是粗放型经济增长方式难以根本转变的又一个原因。生态环境是公共物品，必然存在供给不足、过度使用、"搭便车"等现象。要想解决这一问题，必须使外部问题内部化。根据国际经验，解决负外部性问题有两种手段，一是"庇护税"手段，即政府通过征收税收，给造成污染的企业以惩罚和约束，同时通过补贴的方式给保护环境的企业以激励和补偿。二是"科斯

① 岩佐茂．环境的思想与伦理［M］．冯雷，等译．北京：中央编译出版社，2011：4.

产权”手段，即在产权清晰的情况下，通过资源谈判和市场交易的方式来解决外部性问题。我国当前在这两种手段的使用上都不完善。一方面，我国现行法律法规对企业污染的惩罚力度不够，“污染者付费”这一原则难以落实，导致一些污染严重的企业游离于法律法规之外。究其原因，还在于发展经济是我们的中心目标。各级政府为发展经济一直强调为企业减负；此外，有些人认为提高企业收费标准会降低企业在国际竞争中的能力。可见，企业环境成本外化问题难以解决，归根结底在于我们当前的发展现状、发展观念和利益博弈。另一方面，资源产权不明晰，甚至缺乏产权的情况下，市场机制难以发挥作用，生产和消费者的相关成本就转嫁到第三者身上，负外部性问题难以解决。同时，资源市场价格难以反映资源稀缺程度和环境损害的成本，不能根据市场供需灵活变化，造成许多自然资源的低效和不当使用，难以刺激企业改进技术，节约资源，开发代用品，难以转变粗放型经济增长方式。

3. 科技创新的不足与科技风险的增强

科技创新不仅仅指科技对自然的开发能力的创新，更是指科技对于提升发展的质量、效益和竞争力的创新，以及对于生态系统的维系和修复能力的创新。当前，我们无论是产业转型升级，还是经济结构调整，都需要科技创新来做支撑，而环境的保护、资源的节约、生态的改善，都对科技创新提出了更高的要求。现在越来越多的国家发展清洁技术、低碳技术，加快产业结构的优化升级，对此我们国家也高度重视。

现代工业文明的累累硕果是通过科学技术的创新而不断生产出来的；人不断扩展自己的视野，在与自然的交往中使自己获得更大的自由度是通过科学技术的创新得以实现的。但是，我们不能否认科学技术在帮助人们获取更多物质财富的同时，也造成了资源枯竭、生态环境恶化。美国学者巴里·康芒纳曾指出：“迅速发展的技术，它的规律就是利润，许多年来一直毒化着我们的空气、腐蚀着我们的土壤、暴露着我们的森林，并且毁坏着我们的水资源。”① 由此看来，对科技的社会功能是需要辩证看待的。在看到科技发展为人类带来福利的同时，也要看到其为人类带来了痛苦。当然，科学技术本身没有好坏之分，主要是使用科学技术的人如何把握，使用科学技术的目的是为何，是否赋予它正效应和相应的价值。比如，当前的科技创新中有些是打着生态文明的旗号进行的科技创新，实质是为了提高利润而无节制地运用科学技术。

科技创新具有不确定性和风险性。20 世纪 60 年代，印度引进了美国的“高

---

① 康芒纳．封闭圈［M］．侯文蕙，译．兰州：甘肃科学技术出版社，1990：4.

产”小麦和水稻，以及新的化肥、农药和机械化灌溉技术，粮食产量大幅度提高，迅速实现了粮食自足，被认为是先进农业技术的“绿色革命”。但是30年后，出现了诸如土地板结、地下水水位下降、农作物物种日趋单一、生物多样性退化等各种问题。可见，科学技术能否真正推动生态文明的发展，还需要时间的证明。以德国学者乌尔里希·贝克、英国学者安东尼·吉登斯为代表的风险社会理论家认为，当今社会的风险主要是人为的风险。比如，当前我们冠之于“绿色”头衔的各种技术是否能保证当今我们建设的生态文明不导致另一种不文明，是否在制造新的技术风险，这些都需要我们慎重辩证去看待科学技术创新。我们在利用科学技术的时候要清醒地认识到自由地扩展与责任的增大是相辅相成的，必须本着对未来和子孙后代负责的态度来创新和利用科学技术，否则我们迟早要受到自然的惩罚。

（二）环境非正义导致社会矛盾突出

生态问题表面是人与自然之间的关系问题，而实质上是人与人的关系问题。所谓“环境正义”是指要在国家之间、地区之间和人与人之间实现环境利益、环境损失和环境责任分担上的公平。① 环境正义是指所有主体，无论发达国家还是发展中国家，无论富人还是穷人，无论城市人还是农村人，无论当代人还是未来的人，都应该拥有平等享有环境资源、清洁环境的权利，所有主体在享有环境权利和承担环境保护义务方面具有统一性。可见，“环境公正的实质是环境责任和生态利益的合理分担和分配”②。因此，要想实现环境公正，就需要国与国之间、人与人之间、当代人与后代人之间公平地享受环境利益、公平地分担环境责任。然而，现实生活中由于所处的社会发展阶段、经济社会地位甚至性别、国别和种族的差别，具体到每一个人，比如强势群体和弱势群体，发达国家和地区的人和贫穷国家和地区的人，甚至当代人和后代人之间在享受环境和遭受损失上存在着巨大的差别，在对生态资源的占有、使用、消费方面也存在巨大差异，在生态资源中获利的群体并没有承担相应责任，而获利很少甚至没有获利的群体却承受生态环境的恶果。这不仅造成了社会的不公平不平等，而且会引起人与人之间的对立和冲突，直接影响社会的和谐稳定。环境非正义是与国家之间、地区之间、人与人之间的发展不平衡、不协调有密切关系的。解决环境非正义问题还应该到社会的不公平不和谐方面去寻找方法。

---

① 韩立新．贯彻环境正义原则是“全面建设小康社会”的关键［J］．理论视野，2013（6）：15-17.

② 徐春．社会公平视域下的环境正义［J］．中国特色社会主义研究，2012（6）：95-99.

1. 国际环境非正义导致国际矛盾突出

国际环境非正义表现为发达国家与发展中国家之间在资源的利用、权利和环境保护的义务上的不公平性。一方面，先发国家率先消耗了地球的资源，也先于发展中国家破坏了环境和生态的平衡，但是发达国家在享受现代文明带来的成果的同时，又指责中国等发展中国家的环境污染，推卸自己的环境责任。比如，美国人口不到世界人口总数的5%，却消耗掉全球25%的商业资源，排放出全球25%的温室气体。[①] 另一方面，随着经济全球一体化的发展，发达国家凭借其科技、经济和市场优势，通过自由市场交易，向我国转移其比较优势衰减或者高污染的传统产业。而我国在过去一段时期一些领域尚处全球产业链的中下端，加上各项政策、法规不健全，一些高污染的产业流入我国，导致我国生态环境更加恶化。

可见，不公正的国际经济政治秩序是国际环境非正义冲突的根源。因此，我们在建设人与自然和谐共生现代化进程中不能在不考虑发达国家与发展中国家之间不平等的社会经济结构的前提下，就抽象地谈论“人类”的生态文明责任。如果让所有的国家在生态环境问题上共担同样的责任，其结果不仅会加大不平等，也很难在全球环境问题上取得共识，更无法真正有效地解决环境问题。发达国家应考虑其累积排放的历史责任和高人均排放的现实，应积极主动地履行向发展中国家提供资金和技术支持的义务。同时，发展中国家也应当协调经济发展与环境保护之间的关系，努力解决自身的生态环境问题。

2. 国内环境非正义与补偿不足

自然环境对每一个人都具有同等的价值，如果这一环境由于个人或者少数群体（如企业）追求自己经济利益的行为而遭到了破坏，就会影响到处在相同环境中的其他人的健康生存权利，造成环境不公问题出现。从本质上讲，人与人之间的关系、人与自然之间的关系不存在根本上的对立，但由于身份和所处地位不同，人与人之间在对生态资源的占有、使用、消费方面也存在巨大差异，出现了在生态资源中获利的群体未能承担相应责任，而获利很少甚至没有获利的群体却承受生态环境影响的现象。这不仅会造成社会的不公平不平等，而且会引起人与人之间的对立和冲突。当前我国的环境非正义，既表现在城市与农村之间的环境不正义，也表现在东部与西部之间的区域环境不正义，还表现在阶层间的环境不正义。

---

① 韩立新．贯彻环境正义原则是“全面建设小康社会”的关键［J］．理论视野，2013（6）：15-17.

当前，农村环境问题是我国环境非正义的突出表现。农村生态环境恶化，一方面是农药、化肥的过度使用及生活垃圾增多等造成的内部性污染；另一方面是环境污染企业从城市向农村转移，造成农村污染叠加，农民为此付出了巨大的环境代价。农村承担了环境污染的后果，农民是环境污染的主要受害者，却很少能得到应有的补偿。此外，东、西部区域间环境不正义问题体现在，西部地区是我国主要的江河发源地，分布着对全国气候、水源有重大影响的冰川积雪资源、森林资源，以及保持生态系统稳定的稀有生物资源、后备的矿藏资源等，但西部作为全国的生态屏障，其环境保护的成果被东部地区无偿享用而未得到相应补偿。另外，阶层间环境不正义问题主要体现在富裕群体和贫困群体中。这种因贫富差距带来的环境非正义日益突出，富裕群体因其经济实力和其他资源的丰富而比较有能力选择清洁舒适的环境，而贫困群体在应对环境污染和生态风险时一般都处于不利的地位。

生态补偿是针对相关责任人的环境利益与责任不合理而提出的。生态补偿本应为促进城乡之间、东部与西部之间、阶层之间的环境公平作出贡献，但当前我国生态补偿还不够完善。“谁污染谁治理，谁破坏谁恢复”这一原则虽已经成为共识，并体现在环境法律体系中。但是，“谁受益谁补偿”这个在经济学上比较普遍的社会伦理原则有时却没有得到很好的体现，这促使全社会日益关注生态补偿问题。① 在现实中，已经获得或占有生态资源的既得利益者很难主动出让生态资源，自然资源占有和使用的不公短时间内难以改变，利益相关者的权力、责任和义务很难明确。利益受损者再没有自发保护生态的内在动力，而受益者也没有进行补偿的主动性。因此，我们的生态补偿还存在不到位的地方。一方面，政府补偿途径单一，缺乏关于市场补偿的制度生态；另一方面，制定相关生态补偿的政策时缺乏利益相关者的参与机制和实现途径，导致补偿效果欠佳。

（三）民众意识与环境责任感有待提高

人类随着经济、科技的发展，对环境的需求越来越高，而大多数人都想自己的利益最大化，对生态文明的意识、责任弱化，总认为环境问题应该是政府的顶层设计，应该由他人治理，生态的破坏、污染以及资源的缺乏是作为普通个人所无能为力的，或者说只是旁观者，都尽力地去争抢公共资源，去享受并占有，对自我的认识往往局限在满足个人需求上。“人类对自然界的特定关系，是受社会形态制约的，反过来也是一样，人们对自然界的狭隘的关系制约着他

① 段昌群，杨雪清．生态约束与生态支撑［M］．北京：科学出版社，2006：97-99.

们之间的狭隘的关系，而他们之间的狭隘的关系又制约着他们对自然界的狭隘的关系。”① 就是这种人类狭隘意识使生态环境恶化，生态的公平失去原有每个人所应承担的责任。

1. 个人意识缺失

面对生态环境的破坏，普通个人对修复生态、保护环境的期望值不高，主要在于个人对保护环境的相关技术不了解。修复生态和保护生态的成本极高，个人往往没有主动去修复和保护环境的意识，出现“政府干、群众看”“政府热、群众冷”现象。环境的破坏使人们被迫更换生活地点，以躲避环境破坏带来的伤害。生态环境影响着人们的生活方式和行为方式。

当然，每个人都意识到了生态环境对人类的重要性。但个别人却认为环境出了问题，自己也解决不了，也没有办法治理污染，总觉得旁观者清，推卸应该履行的责任。早在 2002 年《中华人民共和国环境影响评价法》里就明确规定，个人要参与到环境的治理当中，个人可以对环境问题向政府部门信访，可以向人大、政协投诉，也可以向媒体反映。就是因为个人的意识缺失，在规定允许拥有的权利下也不进行正当诉求。有些个人自私意识明显，认为正当的诉求换来的是大家的利益，自己并未带来太多实质性的利益，认为正当诉求得不偿失，费力又费时，遇到环境问题逃避就是了，等待相关部门来解决。就是因为个人意识的缺乏，社会上很多环境问题不能及时反馈到有关部门，使环境问题处理受到不同程度的影响。

2. 个人责任缺失

人类个人意识、责任的缺失，不仅导致生态环境的污染，也使更多的人失去了拥有良好生态环境的权利。一部分人在享受美丽、奢侈的生活环境，而一部分人却要承担生态恶化的后果。马克思曾指出：“社会化的人，联合起来的生产者，将合理地调节他们和自然之间的物质变换，把它置于他们的共同控制之下，而不让它作为盲目的力量来统治自己；靠消耗最小的力量，在最无愧于和最适合于他们的人类本性的条件下来进行这种物质变换。”② 生态环境对每个人都有同样的价值，人与人之间的关系、人与自然的关系不存在根本的对立，是每个人的意识、责任来决定我们所处生态文明的程度。每个人都是生态文明建设的基础力量，既是参与者，又是受惠者，共同担当起每个人应尽的责任，提升每个人的生态文明意识，才是真正解决生态文明建设的根本。“我们亟须建立

① 马克思恩格斯全集：第 1 卷［M］. 北京：人民出版社，1995：35.

② 马克思. 资本论：第 1 卷［M］. 北京：人民出版社，2004：928-929.

人类对自然、环境的行为规范，以调节人与自然之间的紧张关系，实现人与自然的伦理回归。"① 这样就必须培养公民自觉参与意识，让人民群众积极主动参与到生态文明建设中来。

3. 个人使命缺失

在现实社会中，公民"有使命，就有任务"②。公民是生态文明建设中的中坚力量，是最值得信赖的力量，也是最广泛、最基本的组成部分。公民没有参与，就不是生态文明建设。生态文明建设需要权益与责任并存的生态个人参加进来，还要树立个人的生态责任和生态价值意识。就像美国学者霍尔姆斯·罗尔斯顿所说的那样，人类要有对自然万物感恩的情怀。当人类具有这种情怀的时候，将会专注于对自然、社会整体的责任感、使命感，就会摆脱无休止的利益之争。生态责任意识应该为每个公民所具备，每个公民都有保护环境的责任。每个公民都有责任规范自己的行为，从事保护环境的行为和活动，树立人与自然平等的价值观念，自觉地遵守自然、顺应自然。

---

① 王永明. 生态道德：建设生态文明的伦理之维［J］. 社会科学辑刊，2009（5）：35-37.

② 马克思恩格斯全集：第3卷［M］. 北京：人民出版社，1960：329.

第七章　建设人与自然和谐共生现代化的实践路径

人与自然和谐共生现代化是中国式现代化的重要内容，是实现“美丽中国”建设目标，实现社会主义现代化强国的必由之路。党的二十大报告强调，“尊重自然、顺应自然、保护自然，是全面建设社会主义现代化国家的内在要求。必须牢固树立和践行绿水青山就是金山银山的理念，站在人与自然和谐共生的高度谋划发展”①。党的二十大报告还明确强调，“我们要推进美丽中国建设，坚持山水林田湖草沙一体化保护和系统治理，统筹产业结构调整、污染治理、生态保护、应对气候变化，协同推进降碳、减污、扩绿、增长，推进生态优先、节约集约、绿色低碳发展”②。这对于引导全党全社会牢固树立社会主义生态文明观念，引导节约、环保、生态意识，培养生态文化底蕴，加强生态文明建设基石，努力实现人与自然和谐共生、人与自然深度融合，打造创新现代化建设局面，具有十分重要的作用。

在人类现代化发展进程中，发展与生态环境问题是相伴而生的。一般而言，生态环境问题是随着现代化发展而不断出现的，这对中国在内的后发现代化国家来说应该是一种已知的存在，我们在发展的过程中应该注意避免问题的出现。然而，历史的诡秘之处在于，这些国家在现代化进程中也都程度不同地出现了生态环境问题。究其原因在于，这种人与自然对抗的生态环境问题的产生，从根本上说是资本主义工业化、现代化本身不能超越的必然产物。资本主义工业文明具有无比巨大的辐射能力，一旦走上工业化、现代化道路，资本主义工业化的本质就会发挥作用，就要接受这种进程的洗礼，承受这种文明带来的各种代价。那么，这是否意味着我们的现代化道路一定是跟在西方发达国家后面亦

① 习近平．高举中国特色社会主义伟大旗帜 为全面建设社会主义现代化国家而团结奋斗：在中国共产党第二十次全国代表大会上的报告［M］．北京：人民出版社，2022：50-51.

② 习近平．高举中国特色社会主义伟大旗帜 为全面建设社会主义现代化国家而团结奋斗：在中国共产党第二十次全国代表大会上的报告［M］．北京：人民出版社，2022：51.

步亦趋，而无力改变这种进程本身带来的巨大惯性和历史趋势呢？令人欣慰的是，面对资本主义现代工业文明的各种极端后果，人们开始对这一文明进行新的思考，从而使现代化的道路摆脱同一性趋向，呈现出各自民族和国情的特点。

一、建设人与自然和谐共生现代化的历史定位

改革开放以来中国特色社会主义现代化取得了很大成就，经济总量上升到世界第二位，人民的生活水平得到极大提高，国家综合国力极大增强。我们这一时期的现代化模式是以快速工业化、城市化、市场化为主要特征，以经济建设为中心任务，以追赶超越发达国家的现代化为目标的现代化模式，因此也和西方发达国家最初的现代化进程一样，不可避免地要面对一些新的矛盾和问题，生态危机的日益加深就是其中之一。这主要是由于我们在经济、科技、管理水平落后的状态下急于追求经济的增长，可以说，我们基本上走了一条高消耗、高污染、高排放、低效率的快速粗放式发展道路。这种发展方式不可避免地导致资源匮乏和生态环境破坏，不仅阻碍了经济社会的进一步发展，而且也对我们的生存环境造成了危害，影响了群众的健康和社会的稳定。进入新时代，我们党将生态文明建设纳入总体布局之中，既体现了建设和发展中国特色社会主义的内在要求，也体现了我们追求社会主义现代化的主动抉择和理性自觉。考察当代中国生态文明建设的历史方位，应将之放置于人类社会发展的历史过程和当代中国特色社会主义现代化建设的全局来进行思考。从当今中国特色社会主义现代化建设中需要构建的生态文明来看，生态文明建设既是中国特色社会主义“五位一体”总布局的重要内容，是实现人与自然和谐共生现代化的必由之路，也是实现美丽中国梦的重要体现。

（一）建设人与自然和谐共生现代化是中国特色社会主义生态文明建设的内在要求

进入新时代，尤其是党的十八大报告对“社会主义生态文明”的提出和明确阐述，学界已经普遍认识到社会主义生态文明已经成为我们的目标追求和建设方向。

1. 社会主义与生态文明具有内在一致性

马克思认为，要想解决生态危机，实现人与自然的和解，只有在共产主义制度下才能做到。共产主义是对人的异化的积极扬弃，是对人的本质的真正占有，是合乎人性的人的复归，因而能够消除各种危及人类生存和发展的生态灾难。马克思、恩格斯从“自然主义—人道主义—共产主义”三位一体的高度看

待生态文明，指出“共产主义，作为完成了的自然主义，等于人道主义，而作为完成了的人道主义，等于自然主义”，共产主义是“人和自然界之间、人和人之间的矛盾的真正解决，是存在和本质、对象化和自我确证、自由和必然、个体和类之间的斗争的真正解决”①。在马克思看来，未来的共产主义社会能够克服人与自然、人与人的对立，实现人与自然与人与社会矛盾的和解。

20 世纪 70 年代发展至今的生态学马克思主义从马克思主义的历史唯物主义立场出发对当代资本主义进行了严厉的生态批判。他们主张资本主义社会的生态危机根源于以私有制为核心的市场经济制度和服务于这一经济基础的政治社会制度以及文化价值观念。生态环境问题是资本主义制度的固有本质，因而生态学马克思主义主张建立生态社会主义社会，即以一种既不同于资本主义，又比现实社会主义更理性的方式来调节人与自然、人和人之间的关系。

2. 生态文明建设是中国特色社会主义的必然体现

中国特色社会主义是在科学社会主义基本原则指导下，立足于中国国情，结合时代任务而不断发展的社会主义。生态文明建设既是科学社会主义的题中之义，也是中国特色社会主义的必然体现。

坚持科学社会主义的基本原则，就要创建一种不同于资本主义的生活方式，即应该以满足人的合理需求，实现人的全面发展为目标的生活方式，摒除为了追求利润不断从自然中索取的资本主义生产方式。追求人与自然和谐的生态文明，是社会主义的本质要求。中国特色社会主义首先是社会主义，它必须体现社会主义的原则和价值追求；而中国特色，则体现为社会主义在中国的发展特点。社会主义在中国的发展必须反映生态文明的要求，生态文明建设也要立足国情，从实际出发。我国正处于并将长期处于社会主义初级阶段，这是中国目前最大的国情。这种国情也决定了生态文明建设要面临许多难题。中国自然资源方面的条件先天不足，再加上是后发国家，仍然面临着工业化、现代化、城镇化发展的任务，如果再继续走高消耗、高排放的老路，我们可能面临毁灭自己家园的危险。这决定了我们必须保持清醒的头脑，努力建设资源节约型社会、环境友好型社会，走新型工业化道路，按照生态文明的要求来引领工业化发展。这就需要我们正视中国的生态环境问题，将生态文明建设上升到建设和发展中国特色社会主义的高度来认识、来推进，这是建设人与自然和谐共生现代化的根本保证。

---

① 马克思恩格斯文集：第 1 卷［M］. 北京：人民出版社，2009：185.

3. 社会主义生态文明建设的价值原则

我们进行社会主义生产的根本目的和动力机制不应该是经济增长和资本的赢利，而应该是满足全体人民群众的全面发展的需要。也就是说，在社会主义社会里，我们必须超越资本主义社会的“资本逻辑”，避免由于追求利润而导致的过度发展，避免对自然的无度开发和利用，从根本上解决生态问题，建立起生态文明的社会。但由于我们处在社会主义初级阶段，生产力的发展还不充分，粗放型经济发展方式还没有根本转变，加之社会主义市场经济制度不完善，人们为了追求利润不断扩大生产，因而出现了生产与消费、发展与资源约束之间的严重矛盾。因此，我们必须建立符合生态文明要求的满足人的整体需求的社会主义生产方式，追求体现社会主义价值的人与人之间公平正义的关系。只有这样才能合理地协调人与自然的关系，才能建设体现生态文明要求的中国特色社会主义现代化。

首先，按照社会主义的本质要求发展生产。改革开放以来，我们一度把“发展是硬道理”理解为“经济发展是硬道理”，把经济发展理解为经济数量和规模的增长。为了“把蛋糕做大”，实现经济的不断增长，必须不断地扩大生产，提高生产力。因而，实践中一些地方出现了过度生产的现象。生态文明要求按照社会主义的本质要求来发展生产。当然，这并不是说我们不需要扩大生产，而是应该改变组织生产的方式。把“为生产而生产”或“为增长而生产”的目的转变成“为人的全面发展的需要”而生产。重要的是，这是把生态系统的承载能力作为生产的准则和限制标准的。正如生态学马克思主义者约翰·贝拉米·福斯特所认为的那样，为了保护生态环境，当今至关重要的就是要改变生产目的，即从为了牟利而生产变为以满足人的整体需求为宗旨的生产。他指出：“解决资本主义生态破坏的唯一途径就是改变我们的生产关系，以达到新陈代谢的恢复。但是这就要求与资本主义的利润逻辑彻底决裂。”① 当然，除了改变生产的目的，还要改变生产的形式，即在进一步完善市场经济的基础上，从宏观上对生产实施按比例的协调和调节，对生产加以“社会主义原则”的限制。

其次，按照“以人为本”的原则来构建社会主义生态文明。这里强调的以人为本，是相对于我们长期以来以物为本，以物质生产力的提高为本而言的，力图扭转过去过于注重物质财富的积累，而较少顾及社会公平正义，从而不利于人的发展；力图扭转过去过于注重眼前的利益而较少顾及长远后果的“硬”发展思路。这与生态文明的要求、与建设人与自然和谐共生现代化的要求是内

① FOSTER J B. The Ecology of Destruction [J]. *Monthly Review*, 2007, 58 (9): 12.

在一致的。此外，这里强调的以人为本的“人”，当然是从全体的人、整体的人这一角度来理解的，但是就建设人与自然和谐共生现代化而言，更应强调以生态环境中的弱势群体为本，因为这些群体容易成为受生态环境之害最深的人，因此我们应更多关注这部分人的利益。当然，以人为本就是要以人的全面自由发展为本。强调生态文明，并不是对人的自由发展的限制，相反，是为了人类摆脱自然对人的发展的限制，更好地实现人的自由发展。但是，这一前提是人类必须充分认识到自然的价值，在对自然规律的掌握的基础上，在保护自然的基础上，尊重自然自身的价值，在保护自然中实现人的自由发展。因此，这里的人的自由发展，是说人的发展既不受自然环境的制约，也不受资源匮乏的制约；既要实现每个人的发展，又要认识到这种发展不会影响另一个人的自由发展。

最后，按照公平正义的原则来建构社会主义生态文明、建设人与自然和谐共生现代化。公平正义是社会主义的基本原则。改革开放40多年来，我们取得了巨大的经济成就，但仍然未能解决好发展不平衡和社会不公平问题。在环境问题上也是如此。二者互相影响，社会不公导致环境不公，环境不公加重社会不公。比如，城市和农村环境方面的差距，加剧了城乡二元化结构。城市和农村不仅在教育、医疗、基础设施等各方面差距大，而且在环境方面的差距也越来越明显。中国在生态环境方面的资源大多投到了城市中。农村饮水安全、耕地污染、农村生活垃圾处理、农村环保设施建设等现实问题仍然存在。当前，我国农村面临的环境污染问题仍然较为严重，土壤污染和水源污染是最为主要且普遍的体现，地力衰竭、环境恶化和生态退化较为严重。解决环境不公理应是中国特色社会主义社会现代化建设的应有之义。通过生态文明建设、建设人与自然和谐共生现代化，能够有效调节社会关系，维护人民群众基本的环境权益，克服环境不公现象，化解资源环境问题引发的矛盾，推动社会主义现代化建设和“美丽中国”建设全面发展。

（二）建设人与自然和谐共生现代化是“五位一体”总体布局的重要内容

进入新时代，我们党将生态文明建设纳入“五位一体”总体布局中，进一步完善了中国特色社会主义事业总体布局。经济建设、政治建设、文化建设、社会建设和生态文明建设之间是互为条件、相互依存、相互制约、不可分割的关系。一方面，生态文明建设包含了人与自然和谐共生现代化等重要内容，是四大建设的前提和基础，没有良好的生态环境，人们的生存条件就会恶化，生活空间就会缩小，经济、政治、文化和社会建设就会失去载体，人们就会陷入生存危机。所以，生态文明建设是经济建设、政治建设、文化建设和社会建设的基础和前提。另一方面，四大建设是在生态基础上创造出来的物质、精神、制度和社会成果，都为生态文明建设提供重要条件，深刻地影响生态文明建设的水平和状况，为普及、推广、践行生态文明提供坚实支持和有力保障。进入新时代，我们党提出要把生态文明建设放在突出地位，“融入经济建设、政治建设、文化建设、社会建设各方面和全过程”①。只有将生态文明以及人与自然和谐共生现代化的理念渗透、贯穿于人类取得的物质、精神、政治和社会成果之中，才会更好地延续人类文明。也就是说，生态文明建设的成效要由其他四大建设去体现、去承载、去落实，这样人与自然和谐共生现代化才能够全面实现。

1. 生态文明建设与经济建设的融合

对生态文明建设与经济建设关系的认识是和如何认识生态环境问题与经济发展的关系密切相关的。环境问题通常被认为是经济的发展带来的，把它看作是经济系统的一部分。实际上，包括经济发展在内的人类社会的发展都是建立在环境与生态的承载能力和可持续基础之上的。也就是说，应该“把经济看作地球‘生态系’的‘子系统’”②。只有这样才能从整体、长远利益来处理经济问题，从而不断改善生态环境。这样看来，必须把对经济建设的追求和目标与生态文明建设的提升紧密联系起来，将生态文明看作是经济建设的导向和准则，而不是仅就经济谈经济，也只有这样才能更好地、长久地、持续地推进经济建设。经济建设为弥补人与自然之间的物质变换断裂提供坚实的物质投入保障、科学技术支持、发展方式转型、产业结构和分配方式调整，通过生产力要素的重新积聚和重塑人与自然之间的关系，引导人类实现自觉的生态化的科学技术、发展方式和产业结构类型，从而转变现有的粗放式的生产消费方式为生态化的生产消费方式。生态文明建设依赖经济质量和结构的提高，依赖经济发展方式和经济结构的生态化转型，否则，生态文明建设很难说真正实现，人与自然和谐共生现代化也只是“空谈”。

2. 生态文明建设与政治建设的融合

政治建设就是指人类在能动地改造社会的过程中，为获得全部政治成果而进行努力的实践过程，表现为人们政治理念的进步、政治制度与法律制度的完

---

① 胡锦涛．坚定不移沿着中国特色社会主义道路前进　为全面建成小康社会而奋斗［M］．北京：人民出版社，2012：39.

② 岩佐茂．环境的思想与伦理［M］．冯雷，等译．北京：中央编译出版社，2011：6.

善。政治建设包括实现经济社会协调发展、人与自然和谐共生现代化的制度安排和政策法规的制定、执行和监督，包括完善人与自然和谐共生现代化的体制机制。它是通过建立符合自己国情的政治制度方式为生态文明建设提供坚实的政治保障。

政治文明建设的法律制度成果必须体现生态文明的价值观、体现建设人与自然和谐共生现代化的实施原则，同时对背离生态文明价值观的行为应形成强制的外部约束，对公众参与生态文明建设、构建人与自然和谐共生现代化应有切实的制度和法治保障，并能真正推行，使所有的经济社会主体在生态文明建设的框架内能有所作为，有所不为。这就要求在政治法律制度设计中体现生态优先和经济、自然与社会的整体、长远发展的原则，公平正义原则以及协调统一的原则；在制度的执行中体现制度的科学性和权威性以及程序的可操作性原则；制度的监督应体现实效性和常态化。这就会形成按照科学规律和群众意愿来建立健全政治法律制度，按照法律制度来行使权力的良好制度安排。这种政治文明建设既符合人类文明发展的潮流，又符合中国公众的意愿和利益，因而更加具有合理性和正当性。

3. 生态文明建设与文化建设的融合

文化建设就是指人类在能动地改造自己的主观世界过程中，为获得全部精神成果而进行努力的实践过程，表现为人类思想道德和科学教育文化的发展，以及精神生产的进步与精神生活的满足。文化建设为生态文明建设提供正确的建设人与自然和谐共生现代化的观念和思想成果，表现为生态文明观念的提高，生态文明意识的增强，从文化上观念上为促进人与自然和谐共生现代化的实现做好准备，使社会上形成和树立尊重自然、顺应自然、保护自然的主流价值观，使追求节能减排和全体人民满意的经济增长成为主流政绩观，使追求经济质量和社会进步、生态良好的发展观受到追崇，使节约适度绿色消费观成为时尚，使攀比、浪费、异化的消费观念成为大家鄙视和唾弃的对象，让他们失去存在的市场，从而净化人的心灵和精神世界，实现人的全面发展。

将建设人与自然和谐共生现代化的价值观内化于公众的内心，就要发挥文化化人的作用，真正形成有利于生态文明的文化氛围，使公众从内心深处认同这种文化，使生态文化成为践行生态文明的精神支持，为公众自觉自律维护自然生态的平衡，构建人与自然和谐共生现代化的价值观提供思想保障。

4. 生态文明建设与社会建设的融合

这里的社会建设，指的是以改善民生为重点的狭义的社会建设，就是指人类在能动地改造社会的过程中，为获得全部社会成果而进行努力的实践过程。

从正向上说，社会建设就是要在社会领域不断建立和完善各种能够合理配置社会资源和社会机会的社会结构和社会机制，并相应地形成各种良性调节社会关系的社会组织和社会力量。① 社会建设为实现人与自然和谐共生现代化提供民生改善和保持社会稳定和谐的社会条件，表现为生态权益的获得、生态宣传教育的良好、生态社会参与度的提高。喝干净的水、呼吸清洁的空气、吃放心的食物等生态环境问题同教育、就业、分配、医疗、社会保障一样是重要的民生问题。

必须将生态文明的理念和原则贯彻到各项社会建设中去，不仅要使生态文明与教育、就业和医疗结合起来，更重要的是要将生态公正原则渗透到收入分配制度和社会管理制度中去，通过建立健全生态补偿和社会保障等各项制度、政策来平衡各方利益，实现多元化生态治理，促进社会的和谐稳定。社会建设为人与自然和谐共生现代化建设营造良好的社会环境，能够使公众积极主动地去践行生态文明，促进生态文明建设的良好发展。社会建设应该从切实保障公民环境权利、敦促公民履行环保责任这两个方面同时入手，通过更加有效的制度创新和组织创新，培育公众参与这一重要民间力量，促进政府、市场和公众力量的优势互补、有效结合。

总之，只有深刻认识生态文明建设与其他四大建设之间既相互独立又相互依赖的关系，在实践中不断将生态文明建设融入其他四大建设之中，才能真正推动人与自然和谐共生现代化的实现，走一条生产发展、生活富裕、生态良好的社会主义现代化全面发展的道路。

（三）建设人与自然和谐共生现代化是“美丽中国”的应有之义

中国作为后发式追赶型现代化国家，追求国家富强、人民富裕一直是我们的核心目标。为了实现这一目标，我国在一穷二白的基础上，全力集中劳动力、资源、科技等各种因素，围绕这一目标采取各种政策和制度推进，取得了举世瞩目的成就。但是，这种超常规的、单兵突进的粗放式的经济持续加速发展，不可避免地使我们付出了资源环境的巨大代价。我们自发地忽视自然资源和生态环境的“外部条件”，导致出现资源严重约束、环境严重污染、经济社会发展难以为继的局面。由此，我们意识到一个社会主义现代化强国不仅应该具有较强的经济基础和综合国力，而且应该是社会公平和谐和生态环境良好的现代化国家，这样才能真正实现国家的强大和人民的幸福。建设人与自然和谐共生现

---

① 黄娟，詹必万．生态文明视角下我国社会建设思考［J］．毛泽东思想研究，2012（5）：92-96.

代化、建设“美丽中国”成为社会主义现代化强国建设的题中之义。

1. 实践新发展理念的重要抓手

实现美丽中国，必须有科学理论的指导。新发展理念摒弃了传统工业化时期的以物为本的发展理念，注重以人为本，将人的自由全面发展作为发展的出发点和落脚点；摒弃了片面的不平衡的不可持续的经济增长观，树立全面协调可持续的新发展观，必将有力地推动“美丽中国”建设。

生态文明建设不是脱离发展的文明，它强调保护环境与发展经济的统一性，即在保护的前提下发展，这正体现了新发展理念中“发展”的要义。当前，随着经济社会的快速发展，人民群众对食品、水、空气的安全和良好的生态环境等方面的要求越来越高。生态文明的提出是我们党顺应人民期待、执政为民的重要体现，是维护广大人民群众环境权益的集中体现，这充分反映了“以人为本”这个核心。生态文明主张在保护生态环境，考虑生态承载能力的基础上，追求经济社会发展与人口、资源、环境的协调发展，强调社会的永续发展，反映了人与自然统筹兼顾和协调发展的方法和要求。

2. 全面建成小康社会的重要内容

“美丽中国”的现实任务是全面建成小康社会。1979 年 12 月 6 日，邓小平在会见日本首相大平正芳时首次使用“小康”来描述中国式的现代化。他说：“我们要实现的四个现代化，是中国式的四个现代化。我们的四个现代化的概念，不是像你们那样的现代化的概念，而是‘小康之家’。”① 按照邓小平的设想，在我国人均国内生产总值达到 800 至 1000 美元时，我国将进入小康社会。20 世纪末，按照邓小平的设想，我们如期进入小康社会。为此，2000 年 10 月，党的十五届五中全会提出，从新世纪开始，我国进入了全面建设小康社会，加快推进社会主义现代化的新的发展阶段。2002 年，党的十六大报告提出将“促进人与自然的和谐，推动整个社会走上生产发展、生活富裕、生态良好的文明发展道路”列为全面建设小康社会的四大目标之一。这标志着我们对全面建成小康社会的认识进一步深化：全面建成小康社会不仅应该是经济发展、社会进步的社会，而且也应该是生态良好的社会。可以说，追求生态环境的良好，促进人与自然的和谐作为小康社会的重要维度首次被提了出来。2007 年，党的十七大首次提出生态文明建设，并将其作为全面建成小康社会的新要求之一写入党的报告。由此，初步形成了以经济、政治、文化、社会和生态文明建设为主要内容的全面建成小康社会的目标任务。进入新时代，我们党致力于全面建设

---

① 邓小平文选：第 2 卷［M］. 北京：人民出版社，1994：237.

小康社会，为实现全面建设社会主义现代化国家、实现人与自然和谐共生现代化奠定了良好的基础。

这一时期，中国正处于现代化、工业化、城镇化加速发展时期，我们仍需要消耗资源、利用自然，如果不能改变传统现代化发展的观念和模式，我们的发展就不能持续，而且随着生态环境的破坏，我们可能会抵消已有的发展成果，全面建成小康社会乃至全面建设社会主义现代化国家的目标也不能顺利实现。因此，为全面建成小康社会和实现社会主义现代化的奋斗目标，必须改变传统高投入、高能耗、高排放、低效率的粗放型增长方式，按照生态文明的理念和要求建设美丽中国，推动现代化良性发展，促进人与自然和谐共生。

3. “美丽中国”建设的应有之义

进入新时代，在习近平生态文明思想指引下，我国生态文明建设从认识到实践发生了历史性、转折性、全局性变化，在续写世所罕见的经济快速发展奇迹和社会长期稳定奇迹的同时，创造了举世瞩目的生态奇迹和绿色发展奇迹，彰显了这一思想强大的真理伟力和实践伟力。

新时代，我们要坚持以习近平生态文明思想为指引，心怀“国之大者”，当好生态卫士，加强党对生态文明建设的全面领导，统筹污染治理、生态保护和应对气候变化，以生态环境高水平保护推动高质量发展、创造高品质生活，让绿色成为“美丽中国”最鲜明、最厚重、最牢靠的底色。

二、建设人与自然和谐共生现代化的整体布局

党的二十大报告明确指出“推动绿色发展，促进人与自然和谐共生”①。现代化是人与自然和谐共生的现代化，实现现代化必须创造更多物质财富，提供优质的生态产品，提供优良的生态环境，顺应人民日益增长的优美生态环境需要；引导绿色发展、实现企业转型升级，推进技术创新，走向绿色生产；必须树立和践行绿水青山就是金山银山的理念；健全评价体系、信息公开披露等制度；构建以政府为导向、企业为主体、社会媒体和公众共同参与的预防和治理框架；坚持在政策上树立大局观、在设计上立足长远观、在实施上规划整体观；坚持优先保护、珍惜资源、爱护资源的方向和目标。总之，建设人与自然和谐共生现代化要融合到其他建设的各方面和全过程，因此构建人与自然和谐共生现代化是功在当代、利在千秋、福及子孙后代的大事。

---

① 习近平．高举中国特色社会主义伟大旗帜　为全面建设社会主义现代化国家而团结奋斗：在中国共产党第二十次全国代表大会上的报告［M］．北京：人民出版社，2022：50-51.

(一)人与自然和谐共生现代化与“五位一体”总体布局

进入新时代，我们党重新梳理并明确给生态文明建设定位，强调生态文明建设必须放在突出位置，指导经济建设、政治建设、文化建设、社会建设。生态文明建设是四大建设的前提和基础，只有在保证前提基础的情况下发展经济、政治、文化和社会建设，才能享有中国特色社会主义的文明成果。经济建设、政治建设、文化建设、社会建设和生态文明建设之间互为条件、相互依存、相互制约、不可分割，是对生态文明建设探索中的顶层设计。我们要实现社会主义现代化国家建设目标，实现“美丽中国”建设，就必须要构建人与自然和谐共生现代化。可以说，“良好生态环境是最公平的公共产品，是最普惠的民生福祉”①。

1. 生态文明建设与经济建设融合发展

经济建设是建立在环境与生态的承载能力和可持续发展基础上的，应该“把经济看作地球‘生态系’的‘子系统’”②。实现生态文明建设与经济建设协同发展，实现人与自然和谐共生现代化，生态文明建设是前提、是基础，生态文明建设是经济建设的导向和准则，人与自然和谐共生现代化是目标、是任务。“人类在改造自然以造福自身的过程中，为实现人与自然之间的和谐所做的全部努力和所取得的全部成果，都表征着人与自然相互关系的进步状态。”③妥善解决经济发展与自然环境保护的实质利害关系，对修复自然环境非常有利，同时能促进生产力的发展。作为人类一种新的根本生存方式——生态文明，摆正了人与自然的关系。通过经济建设提升生态文明建设的品质，提供坚实的物质投入、科学技术的支持、发展方式的转型和分配方式的调整，能够使粗放式的经济增长模式转变为生态化的经济增长模式，实现生态文明和人与自然的和谐共生。

经济发展理念必须融入生态文明建设，进行又好又快的发展。所谓又好又快的发展，就是在符合生态经济基础上的快速经济增长，在好的基础上进行快的发展。为此，必须坚持以绿色可持续发展为主导、以实现人与自然和谐共生现代化为目标，转变现有的传统生产方式、经济发展方式，走中国特色的新型工业化道路。经济发展目标是大力发展生产力，提升生产力水平，增加国内生产总值，增强自然资源的利用率，提高整体社会经济效益。但发展就必须坚持

---

① 习近平．加快国际旅游岛建设，谱写美丽中国海南篇［N］．人民日报，2013-04-11.

② 岩佐茂．环境的思想与伦理［M］．冯雷，等译．北京：中央编译出版社，2011：6.

③ 俞可平．科学发展观与生态文明［J］．马克思主义与现实，2005（4）：4-5.

以人为本的发展理念，以人为本作为发展核心，尊重人民群众的需求。这既是经济发展的长远的指导方针，也是实际工作中的行动准则。经济发展与生态文明建设相融合，正是坚持以人为本，推动科学发展的重要体现。唯有如此，才能形成节约能源资源和保护生态环境的产业结构、增长方式，通过经济可持续发展来满足和提高人民物质需求。经济发展道路必须走以生态文明为前提、为基础的中国特色社会主义经济发展道路，将构建人与自然和谐共生现代化、实现人的全面发展作为主要目标。不能走西方发达国家传统的“高消耗、高投入、高污染”的粗放式经济发展野蛮之路，要坚持走以生态文明为前提、为基础的工业化建设、城镇化建设、信息化建设、农业现代化建设协同发展道路，要坚持在实现人与自然和谐共生现代化的道路上发展中国特色社会主义经济。

2. 生态文明建设与政治建设融合发展

政治建设是指人类在改造社会过程中为获得全部政治成果而进行努力的实践过程，是人们政治理念、制度的完善。政治建设同样包括实现经济建设以及人与自然和谐共生现代化的制度、执行、监督，其为生态文明建设提供坚实的政治保障。

政治发展必须坚持民主政治的发展，要把民主作为第一要务，所有政治活动都要围绕民主政治来开展。社会主义国家是人民当家作主，要满足人民日益增长的物质需要，就需要法治作保证。社会主义民主与社会主义法治，是统一的整体，不可分割，将政治发展与生态文明建设相融合是对它的最好诠释。政治发展目标是实现和发展全过程人民民主，其本质是人民群众根本利益的实现，维护和保障人民群众的权益，保证国家的长治久安。以生态文明建设为前提、为基础与政治发展相融合，是保证人民群众根本利益的实现，是人民当家作主的重要体现。人民群众在自觉维护、监督生态环境的同时，推行生态环境法治制度，是政治发展目标与人民群众利益相一致的集中体现。政治发展必须走中国特色的政治发展道路，坚持以生态文明建设为前提，从中国的国情出发，尤其是在实现好、维护好、发展好人民群众的根本利益时站在群众的角度去推进生态文明建设，构建人与自然和谐共生现代化，保证人民群众积极参与到生态文明建设中来，保证人民群众信息舆论的知情权、决策制定的参与权、参与实施的表达权和执法过程的监督权。

3. 生态文明建设与文化建设融合发展

文化建设是以生态文明为前提、为基础能动地改造自己的主观世界。文化建设过程是为了获得全部精神成果，满足人们的思想道德、科学文化发展以及精神生活。文化建设同样为生态文明建设提供正确的思想成果，提供正确的人与自然和谐相处的观念，对人类在经济、社会活动上形成尊重自然、顺应自然、保护自然的价值观，构建人与自然和谐共生现代化有着重要的推动作用。

文化发展理念要坚持先进文化的发展。人类自从原始社会开始就一直追求自然奥秘，解释社会想象，不断更新文化构成；到了现代，生态文明建设是文化的先进体现形式。文化的多样性，也决定生态文明构成的多样性。生态文明建设是人与自然和谐发展的生态文化，是在以生态文明为前提、为基础的文化发展理念中培养树立正确认识自然和社会的生态思维。文化发展目标就是最大限度地满足人民日益增长的文化需求。以生态文明为前提、为基础的文化发展目标，有助于推动文化健康持续地发展，抵制人类中心主义的思想主张，实现人与自然和谐发展。尊重自然、爱护自然、珍惜自然是文化发展赋予生态建设的含义。只有大力发扬先进生态文化，加强道德教育，才能唤醒人们的生态环保意识，这也是文化发展的目的之一。文化发展道路要以生态文明建设为前提、为基础，坚持中国特色社会主义文化发展道路，深入贯彻落实绿色发展理念，坚持社会主义先进文化前进方向，以满足人们精神文化需求为出发点，培养高度的自觉和文化自信。将文化建设与生态文明建设相融合，提高人们生态道德水准，为建设人与自然和谐共生现代化夯实文化基础。

4. 生态文明建设与社会建设融合发展

当前，以建设生态文明为前提的社会建设是以构建人与自然和谐共生现代化为基础的能动地改造社会的实践。社会建设的实践是为获得全部社会成果而进行的努力，是为人们在社会领域进行生态文明建设提供民生改善、合理配置资源和社会稳定和谐的保障条件。将生态文明的理念和政治制度贯彻到社会建设中去，平衡各方利益，多元治理，能够促进社会和谐发展。以生态文明建设为前提、为基础的社会建设能够营造良好的社会环境，形成“山高、水深、林绿、清新”的环境氛围，保障公民积极参与到生态文明的建设当中来。

社会发展理念是坚持和谐社会的发展，坚持维护人民群众的根本利益是构建和谐社会的本质属性。当前，社会总体情况上是和谐稳定的，但仍存在诸如食品安全、分配不均等问题。要坚持以生态文明建设为前提、以构建人与自然和谐共生现代化为基础进行社会建设，遵循民主法治、对待人民群众公平正义、社会治安安定有序、人们生活自然和谐的总要求，确保人民安居乐业、社会稳定。只有这样才能使社会健康发展，生态文明建设得以进步，人民身心得到保障。社会发展目标是以生态文明为前提、以构建人与自然和谐共生现代化为根本保障，是为了保证广大人民群众的根本利益，与社会发展目标相融合，满足人民群众对美好生活的向往，解决损害人民群众的突出问题，其也是构建社会主义和谐社会生态文明建设的题中之义。社会发展道路就是以生态文明建设为前提、以构建人与自然和谐共生现代化为发展动力，走中国特色社会主义发展道路，使经济社会与环境资源协调发展。以生态文明建设为前提、以构建人与自然和谐共生现代化为发展目标，将经济建设、政治建设、文化建设和社会建设相融合，构成中国特色社会主义事业发展道路的重要政策导向。

总之，“五位一体”总体布局以生态文明建设为前提和基础，是实现生态文明的重要途径。只有遵循这个途径才能形成人民经济生活富足、国内政治和谐稳定、大众文化氛围精彩、国内社会互信互利、周围生态环境良好的发展格局，才能把我国建设成为人民强盛、社会稳定、生态文明、自然优美的社会主义现代化国家。为了实现这个目标，要坚持以生态文明为前提、为基础，建设“美丽中国”和满足人们美好生活愿望的人与自然和谐共生的现代化。

（二）人与自然和谐共生现代化与“五化”协同发展

人与自然和谐共生现代化是我国生态文明建设的重要内容。生态文明建设处在我国现阶段两难的境况之中。一方面，我国工业化生产面临着资源环境的约束，世界自然资源有限，西方七国已消耗世界自然资源的70%以上，而人口仅为7.2亿，占世界人口的11.2%，我国国土面积上每平方公里就有百人之多，人口总量是西方七国的两倍，而加拿大、澳大利亚每平方公里仅有3人。与此相比，我国的人均资源量、技术、资金、管理又有很大差距。另一方面，我国工业化还处在发展中期，核心技术领域被西方发达国家领先，面对这样的难题我们不能停止社会经济发展，要走出中国特色并追赶发达国家。改革开放以来在我国实行的工业化、城镇化、信息化、农业化发展进程中出现了诸多复杂系统问题。社会经济发展现实告诉我们，发展必须坚持以生态建设为前提、以构建人与自然和谐共生现代化为基础，自觉地将生态文明建设融入工业化、城镇化、信息化、农业化、绿色化的社会经济发展之中。因此，要想走出困境泥潭，要坚持以生态文明建设为前提、以构建人与自然和谐共生现代化为建设目标的现代化发展道路，坚定推进生态文明建设与“五化”协同发展。“建设生态文明是关系人民福祉、关系民族未来的大计。中国要实现工业化、城镇化、信息化、农业现代化，必须要走出一条新的发展道路。”①

1. 生态文明主导的新型工业化

工业革命以后工业化就开始在全球蔓延。真正实现工业化的国家并不多，世界上大多数国家面临发展任务，包括我国在内都面临着紧迫的发展任务。改

---

① 习近平．哈萨克斯坦纳扎尔巴耶夫大学演讲时答问［N］．人民日报，2013-09-08.

革开放的号角在东方吹起，我国的工业化得到了迅速发展壮大，整个国家的工业基础建设、结构和区域布局都不断提高，技术创新水平大幅提升。我国是由落后的封建、半封建社会直接进入社会主义社会的，工业基础薄弱。我国的工业属于追赶式发展和跨越式发展，依靠廉价的劳动力和自然资源，仍旧走“先破坏后建设”“先污染后治理”后发式的工业化道路。经济增长模式按照线性经济模式增长，增长速度快，但消耗资源、人力、成本，投入高，透支了自然资源，破坏了自然环境，人类赖以生存与发展的空间支离破碎，甚至已经远远超过了资源环境的承载能力。这主要由两方面造成。一方面，工业结构不合理。早期工业化发展以重工业发展为主，基础建设破坏基本自然生态环境系统，化工、建筑持续消耗大量石油、煤炭等不可再生资源，加速资源匮乏，企业数量多、设备陈旧落后。重工业前十的行业是机械工业、化学原料及制品制造业、非金属矿物制品业、纺织业、食品工业、黑色金属冶炼加工业、交通运输设备制造业、烟草加工业、电气机械及器材制造业、电子及通信设备制造业。另一方面，工业废弃物多。废弃物在工业化快速发展的同时大量产出，严重污染了资源环境，造成恶劣影响，加上企业环保意识差、政府监管不到位，对环境的破坏力非常大。因此，在这样的情况下，我们必须坚持以生态文明建设为前提、为基础进行新型工业化发展。

生态文明主导的新型工业化，必须坚持以生态文明建设为前提、以构建人与自然和谐共生现代化为基础的经济发展方式。转变经济发展方向，向生态经济发展方向换代升级；政策指引产业结构优化调整，由传统的线性经济向循环绿色经济蜕变；工业化生产实现生态化，依靠生态技术，提高经济发展的质量、效益、可持续性和协调性。在生态文明主导下，坚持以信息化带动工业化，以工业化促进信息化，走出一条科技含量高、经济效益好、资源消耗低、环境污染少、人力资源优势得到充分发挥的新型工业化路子。

2. 生态文明与新型城镇化协同发展

城镇化发展是现代化国家发展的必经之路，也是必然选择。城镇化可以从宏观上进行统一的部署规划，满足生活的需要。从各国的城镇化发展历程来分析，城镇化的发展需要工业化作为发展后盾。工业化是城镇化的基础保障，只有工业化充分发展起来的社会，城镇化才能发展得顺利，而城镇化发展得快又能促进工业化的发展，城镇化的普及能促进工业的进步。城镇化能提高人们生活水平，改善人们生活环境，促进调整产业结构，推动经济社会整体向前发展。但是，在城镇化的发展进程中我国面临许多问题。《国家新型城镇化规划》（2014—2020）指出：几十年城镇人口迅猛上升，城镇化率也提高很快，城镇数量快速增加，有的地区人口集聚明显，已经成为我国经济发展的快速引擎和与国际交流竞争的平台。这样的城镇化发展速度，我们付出了沉重的资源生态代价。一方面，资源消耗过大，城镇化建设造成水资源和矿石资源的消耗过大，能源无序开发、城市规划布局错乱等问题不断出现，环境污染严重，企业高碳排放、垃圾围城现象频繁出现；另一方面，人口过度集中，生态系统严重失衡，出现了诸如热岛效应、拥堵效应等情况。

生态文明与新型城镇化协同发展，就是要坚持以人为本，以新型生态工业化为城市工业的主要发展方向。工业化带动信息化发展，用信息技术覆盖整个城市。政府引导绿色产业，推动城市现代化、城市集群化、城市生态化、农村城镇化，全面提升城镇化的质量和水平。新型城镇化要走科学发展、集约高效、生活宜居、功能齐备、环境友好、社会和谐、个性鲜明、城乡一体协调发展的城镇化道路。

新型城镇化的“新”具体表现在：在人们居住上，要求以人为本，公平共享；在新型城镇化设计上，要求优化布局，集约高效；在生活环境上，要求生态文明，绿色低碳；在城市文化上，要求文化传承，彰显特色；在城市建设要求上，要求市场主导，政府引导；在城市布局上，要求统筹规划，分类指导。以人为本，公平共享；城市建设上，坚持以人民利益为主，为人民提供舒适与智能的城市环境，方便人们出行，保证信息顺畅。城市智能化能提高整体运作效率和质量，可通过发展信息技术来进一步推动城市的管理水平，节能减排，减少污染。优化布局，集约高效。努力实现城镇化与环保双赢，使长期处在超负荷的城镇内河水体、大气环境得到休养生息。对工业、教育、居住等基础用地要进行合理布局，减少因布局不合理引发的环境问题。生态文明，绿色低碳。“让城市融入大自然，居民出门望得见山，看得见水，记得住乡愁。”低碳发展已经成为全球非常关注的经济发展任务，低碳发展可以减少矿石的消耗，通过技术提高能源利用率；在大力推广新能源和可再生能源的同时，创新技术研发，转变能源供给结构。文化传承，彰显特色。城镇化建设要注重文化与城市的融合，要根据不同城市的自然历史文化，体现差异化和城市文化个性，倡导多样性，在保持原地区文化的基础上进行城市改造，防止千城一面。注重在城市改造中保护文化遗产，在新城建设中注入传统文化，让文化遗产与新兴元素共存，发展有历史记忆、地域特征、民族特点的美丽城镇。市场主导，政府引导。将市场在资源配置中起基础性作用提升为市场在资源配置中起决定性作用。以市场为导向，政府全面理解和准确把握市场决定，进行合理的资源配置。统筹规划，分类指导。政府统筹总体规划、战略布局和制度安排，加强分类指导，尊重基层首创精神，鼓励探索创新和试点先行，积极稳妥扎实有序地推进新型城镇化。

3. 生态文明与信息化协同发展

工业化是信息化发展的前提，信息化是工业化的提升。信息化是生态文明建设的必由之路和必然选择，信息化对生态文明建设的作用要经历从助力、支撑、保障到融合创新，最终将引领生态文明建设的发展。随着信息技术的不断发展和日趋完善，人类借助信息化技术应对生态危机的能力不断增强，在设施、手段和周期等方面为生态文明建设提供了有力支撑，同时生态文明建设的实现需要切实地转变经济发展方式、优化调整产业结构，从而实现更加透彻的感知、更加全面的互联互通、更加深入的智能化、更加智慧的决策，实现现代化的绿色化发展。但是，信息产品本身就是由化工产品组成，其中有些组成信息产品的化学元素毒性非常强，在生产和废品处理时会发生有毒物泄漏，会对周围的物质诸如土壤、水源和人体健康造成危害。制造信息产品消耗的资源、生产使用的化学材料都会不同程度污染环境，而且信息产品制造需要较高的科学技术推动发展，这就要求科研的成本高，因而能源、资源消耗也较高。为此，必须以生态文明建设为前提和基础，推进绿色信息化建设。

当前，信息技术广泛应用于自然环境保护当中。例如自然地理信息、卫星遥感信息、环境综合检测信息、生态评价信息等以信息技术为基础的信息平台，可以提供优质的信息数据，可以监测森林资源、野生动植物、荒地、湿地、病虫害等的现状和发展趋势，进行综合分析、评价，为确定保护方案提供科学依据和前瞻性预测。另外，节能降耗，信息助力；减排治污，信息化促进环境监控、监测；清洁能源，唯一途径就是信息化；生产安全，信息化融入全过程。信息化已经存在于人类社会的方方面面，只有在生态文明的主导下发展信息技术绿色化，才能使信息化更好地服务社会各个行业、各个领域。

4. 生态文明与农业化协同发展

农村污染问题目前已成为我国污染面积最大、破坏最深远的环境问题之一。农村基础设施和管理落后，污染企业转移农村，造成农村生态系统失衡。然而，我国还没有实现农业现代化，没有实现城乡一体化，解决农村问题，首先需要解决农业问题。农业现代化是新农村建设的核心内容，必须以生态文明建设为前提、为基础，推动农业现代化发展，形成绿色农业现代化，减少对环境的污染。

基础设施，生态优先。在乡村振兴战略实施过程中，要确保在生态优先的原则下进行农村基础设施建设，为农业现代化提供有力的基础保障。资源环境，修复保护。农村耕地和水源等重要资源总量在逐渐减少，限制了农业发展；同时，农村生态环境总体状况堪忧，要保护农村、农业，就要监控废弃物排放、农药使用等；修复破坏的山、水、林、田、路等。农业产业，高效循环。农业产业是传统的产业之一，“高投入、高污染、低效率”的传统农业发展方式必须改变，要按照能源高效、资源循环的原则进行绿色农业产业生产。要重视新型农民培养，开展农民生态知识培训，丰富农民精神生活，引导农民民主管理，积极参与新农村建设，走绿色农业现代化发展道路。

5. 生态文明与绿色化协同发展

在“新型工业化、城镇化、信息化、农业现代化、绿色化”之中，“绿色化”在经济领域是一种生产方式，在社会上是一种生活方式，在精神上是一种价值取向。绿色化贯穿于生态文明建设的始终，是生态文明建设的奋斗目标。

一方面，要推进绿色生产方式革命。推动生产方式绿色化就是要构建科技含量高、资源消耗低、环境污染少的绿色产业结构，就是要构建源头减产、过程控制、纵向延伸、横向耦合、末端再生的绿色工业体系，就是要推动农业生产资源利用节约化、生产清洁化、废物处理无害化、产业链循环化的绿色化，就是要构建服务、零售、餐饮等全产业链绿色化。另一方面，要推进绿色生活方式革命。弘扬正确消费模式，让绿色生活成为自觉行为，引导人民向勤俭节约、绿色低碳、文明健康的方向转变，抵制奢侈浪费、乱丢乱弃的不良生活风气。推进绿色消费革命，倒逼生产方式绿色化。此外，还要践行绿色价值观。绿色发展的内在精神就是绿色价值观。树立绿色价值观就是要改变传统经济发展价值偏好、加大政府绿色惠民力度、形成企业低碳循环产业、构建公民认同与践行的社会主义绿色价值观。

三、建设人与自然和谐共生现代化的经济路径

实现现代化不是一蹴而就的，需要经过长时间的社会发展、社会内力推动。构建人与自然和谐共生现代化是同我国发展阶段和发展条件紧密相连的，因此要将生态文明价值和原则融入工业发展中去。在这样的情况下，我国的现代化建设就一定要从传统的高投入、高消耗、高排放、低效率的方式向低投入、低消耗、高效率的新型工业化转变。只要完成新型工业化的华丽转身，就意味着人类在处理与自然的关系方面达到了更高、更好的文明程度，也就可能进入生态文明建设的更高阶段。在实施这个转变的过程中，一定要扎实推进，加强生态文明建设，而且人类在经济活动中要遵循自然生态规律，从经济社会与生态系统的整体利益出发，在维护生态系统良性循环的基础上发展经济，否则构建

人与自然和谐共生现代化的目标就难以实现。

（一）倡导绿色生产方式

绿色发展是人与自然和谐共生现代化的必然要求。绿色发展作为当今科技和产业变革的方向，是最有前途的发展领域。在绿色发展理念的推动下，人类的发展活动必须尊重自然、顺应自然；加深对自然规律的认识，利用自然规律指导人类活动；运用绿色发展理念研究生态恢复治理防护的措施，利用自然规律加深对全球变化、碳循环机理等方面的认知；运用科技创新提升绿色发展技术，构建人与自然和谐发展新格局。因此，必须推动形成绿色发展的生产方式和生活方式。

1. 生态理念驱动经济发展

社会要发展，人类要满足基本生活，就必须通过劳动实践对自然进行生产活动，必须以不破坏人类生存空间环境为准则，以绿色的生态经济发展方式去进行经济活动，促进生态文明建设的健康发展。在环境与经济关系中，环境是首位的，"从重视经济增长的经济活动向以环境保护为前提的经济转换，是一场'经济与地球'关系的哥白尼式革命"①。当环境与经济这种关系发生转变的时候，也就是生态文明型经济发展模式正式步入轨道的时候。只有生态文明型发展模式才能推动生态文明建设继续向前发展。要确立绿色生态经济，在实现经济效益的同时实现生态效益；在对人类生存环境的影响达到最小化的同时，使经济发展对人类社会所产生的价值达到最大化。因此，必须确立绿色生态理念，发展绿色生态经济。

2. 生态技术助力经济发展

在有些学者看来，技术这把"双刃剑"如果加以合理地利用，通过技术的进步和技术的革新就能够解决现代化发展过程中出现的生态问题。"技术不仅可以使我们免于自然的暴戾而且还慷慨地授予我们富裕的生活。"② 但这样想单纯地通过技术来实现我们的富裕、美好生活，应该只是一个美好的愿望。科学技术的创新不是造成生态问题的根源，技术也不能成为解决生态问题的主要手段，但通过技术的革新却能提升经济的发展速度和质量，这是毋庸置疑的。因此，要调整科学技术结构，加大对信息技术、新能源技术、新材料技术、先进制造技术的投资和研发。生态文明建设要求生态的科学技术为绿色的生态经济助力，

---

① 岩佐茂．环境的思想与伦理［M］．冯雷，等译．北京：中央编译出版社，2011：6.

② 奥康纳．自然的理由：生态学马克思主义研究［M］．唐正东，等译．南京：南京大学出版社，2003：320.

推动生态经济合理健康地发展。

3. 生态生产方式加速经济转型

生态文明建设要求有符合生态文明的生产方式，即生态化的生产方式。只有这样的生产方式才能加速经济转型。马克思认为，每一种社会文明形态都是由当时的社会生产力和生产方式所决定的，都需要生产力和生产方式的发展。生态文明型的生产方式必须以自然生态环境的承载能力为生产准则加速经济转型，除非人类超越地球这个星球从外太空去获得生产资料。确立生态生产方式，调节经济生产，能够使社会生产活动与自然环境、资源在合理的配比下进行。另外，生态生产方式能够加速经济转型，使生产出来的产品更耐用、绿色、环保，用少量的劳动力、资本和自然资源生产出符合生态文明社会的生产生活产品。

（二）提高资源利用效率

有效提高资源的利用效率，对人类生产活动中所需要的生产资料的效用进行延伸，将缓解生产活动对自然所提供的生产资料的减少，在全社会形成节能减排、低碳环保、降低能耗和物耗的合理的生产活动，为人类进行可持续循环发展奠定坚实的基石。

1. 节能减排降耗

建立促进水耗、能耗、物耗降低的制度和政策体系。强化约束性管理，实行能源和水资源消耗、建设用地等总量和强度双控行动，开展能效、水效领跑者引领行动，切实提高资源利用的综合效益。如长江经济带作为流域经济，在建设时一定要规划好，环境保护涉及多个方面，必须全面把握、统筹谋划。再如，黄河沿岸各省区都要自觉承担起保护黄河的重要责任，坚决杜绝污染黄河的行为。

2. 低碳环保

提高资源利用效率，需要科学技术创新。世界各国都在努力转向低碳减排的经济发展，我国要利用后发优势，不断吸取和借鉴西方发达国家的科技手段，实现低碳能源技术的创新与发展，淘汰落后工艺、技术和设备，实现产业集群绿色升级，实现资源的循环利用和梯级利用。构建以市场为导向的绿色创新体系，持续深化发展绿色产业，层层推进节能环保等产业发展，建立清洁低碳、高效安全的能源体系。推动农业资源节约化利用、清洁化生产、资源化和无害化处理废物，提高农业综合效益。服务业要秉承环境友好的氛围，推动建设生态化、清洁化的服务主体。虽然我们在传统技术领域与发达国家差距较大，但我国在新能源技术研发投入和科研人员的水平上均有很大的提高，也在部分研究领域具有一定的优势，下一步就需要政府进一步明确制度安排，采取有效的政策手段，在新一轮产业竞争中取得主动地位。

3. 实现系统循环

要实现系统性的循环链接，就要把“人—社会—自然”看成一个循环的整体。从整体利益出发，维护整个自然界的生物圈，在此基础上进行开发和利用。这种经济模式推动人类社会进行无缝隙的全封闭全过程的系统循环，将会大大提高资源的利用率，促进自然环境整体改善。

但是，生产系统与生活系统之间资源循环利用存在不畅的情况，严重影响了资源利用效率。因此，必须大力发展循环经济，打通生产与生活环节，提倡资源循环利用，使资源从生产环节到生活环节进行所有环节循环利用。要加强城市建设的规划管理，使生产和生活之间实现资源、能源和废弃物统筹利用，实现城市功能与产业发展协调融合。比如，在规划产业城市一体化时，要充分考虑生产过程中产生的附属能源是否能引入人们生活，为城市的生产和生活提供能源再利用。在资源有限的情况下，利用信息化高科技手段提升物质交换利用率，提高废物循环使用率，减少信息不对称等因素影响。对物流环节出现的外包装进行全过程的减量化、循环再利用，促使自然资源和能源充分利用，并提升经济社会效益。

四、建设人与自然和谐共生现代化的政治路径

保护环境要通过法律法规来保障，加强生态文明建设必须建立最严格的制度，健全最严密的法治。进入新时代，我们党进一步加大环境保护力度，尤其是在党的十八届五中全会上，党中央强调实行最严格的环境保护制度。“生态环境问题到了必须采取行动的紧要关头了，要不生态环境恶化起来后果不堪设想，我们国家对生态环境设立的目标也无法顺利达成。”必须科学地论证和研究整个宏观设计如何在制度上进行保护，如何在区域内进行预防，要确保生态红线建立起来。这就是说，全党全国都要遵守生态红线这一标准，绝不能逾越。

（一）扎实完善环境治理与保护的制度建设

1. 完善制度，体现生态公正

法律制度是实现社会经济、政治、文化的根本保障，建立健全完善的法律制度是符合社会整体、长远利益的需要的。因此，必须不断完善与时代相符的生态文明方面的法律法规。以《中华人民共和国环境保护法》为总纲，建立符

合生态文明建设要求的法律体系，体现生态公平、法律严肃。坚持法律主体是人民，要让人民参与到生态法律的制定当中，听人民群众关心什么、需要什么、保护什么，使生态法律深入人心。构建生态公正公平的法律体系，要坚持谁破坏谁负责、一律严惩的法律制度。保证生态法律的执行畅通，坚持立法在前、惩治在后、保护为辅、约束为主的原则，使生态法律公开化、透明化，这是实现“美丽中国”建设目标和人与自然和谐共生现代化的根本保障。

2. 科学决策，坚持善治与协同

在法律法规建设上，要坚持科学性、前瞻性。制定者在制定法律法规时要坚持科学决策，善治与协同并进。这是制度建设的初衷，也是设计者要思考的首要问题。制度建设要遵循整体规划和具体政策的制定，坚持价值原则即坚持人、自然和社会的整体、长远发展原则，就必须符合人、自然和社会长远利益、整体利益的制度建设；制度建设在设计上一定要科学、公平、公开，坚持主体是人民，制度是为了满足多数人，切实体现法律面前人人平等，执法必严，违法必究，切实确立谁破坏谁负责的制度建设；制度建设上一定要符合协同的原则，各地区由于地理环境不同，要充分结合地理环境进行制度制定，而背离环境的制度，国家和地方政府在制度实施时就无法协调一致；国家总体规划上要科学权威，具体政策因地制宜，减少地方政府的裁量空间，同时要保证统一性和有效性；制度建设上内容要设计具体细致，“制度在社会中具有更为基础性的作用”①。制度得到制定，不能只是原则性地提出，而要明确权力划分，尤其是自然资源的归属权，对自然资源要严格管制使用用途，不留死角。

3. 严肃制度，执行凸显真和严

制度制定要严肃，其执行更要严格。树立法律法规的权威性，对违背生态文明建设整体规划及不执行生态文明建设具体政策的地方政府、单位、个人，要在清查的基础上给予严厉的惩罚，捍卫法律的权威，坚决杜绝地方政府、单位、个人为了私利而破坏生态文明建设的狭隘保护主义行为。制度保障的主体必须是广大群众，只有得到群众认可的制度才是好制度。政府环境信息透明化、公开化，搭建起沟通平台，维护公众的环境利益，对影响环境建设的项目，让公众有参与决策和监督的权利，这样的制度建设才能得到公众的认同。保障制度的执行顺畅，在法律法规执行中，实现生态文明建设部门之间相互协同，整合生态文明建设职能，保证在生态文明制度实施上多部门、多角度顺利执行。

---

① 诺思．制度、制度变迁与经济绩效［M］．杭行，译．上海：上海三联书店，2008：147.

4. 有效威慑，监督凸显实和常

制度建设除严肃、严格之外，还要进行监督，使之有威慑力。监督就要有威慑性，不走过场。政府是监督的主体，人民群众、媒体、社会团体要发挥作用，通过政策是否有效执行对政府相关部门进行有效监督，形成全民合力。监督必须贯穿于制定设计和实施的全过程，通过政府职能部门对政策的制度和实施进行有效监督，建立全民监督的长效机制。

（二）全力推进环境治理与保护的体制改革

1. 政府生态引导，实现转型跨越

生态法律制度的建立，必须坚持政府引导、实施，由政府发挥自身优势进行各方协调。政府要强化人民群众生态意识，使人民群众形成生态价值观；同时，政府需要秉承生态优先的价值理念，遵循生态规律，从制度、职能、行为等多方面实行生态化治理。因此，政府的引领作用是否发挥出来，既决定经济发展方式转型的成败，也决定我国特色社会主义生态文明型的现代化建设是否能够成功。生态文明体制改革，主要在于政府引导，在于政府是否将经济增长模式调整为生态文明型的增长模式，是否将人与自然的关系放在首位。这些能够体现出政府转型的决心和引导的力度。当以生态环境承载能力作为衡量发展的标准的时候，制定出来的各项政策就能在控制和约束的范围内有效实施；在实施管理的时候，要坚持在生态优先的价值理念下进行管理；在监督的过程中，要坚持人与自然和谐相处原则和可持续发展的目标，这样社会也会实现可持续发展。

2. 完善考核体系，评价发展成果

淡化 GDP 指标的考核，这是进入新时代我们提出的新的评价体系总原则，同时将资源消耗、环境损害、生态效益等各项指标纳入新的经济社会发展评价体系中。过去我们过于注重 GDP 的指标数据，认为 GDP 上去了，国家就发展好了，总在经济总量上转圈圈，形成了固有的思维模式和对制度的依赖。进入新时代，我们党逐渐将视角转向以生态经济为发展动力的经济增长方式，以生态的指标替代 GDP 指标，重构了我们对经济发展的评价、考核体系。新的评价体系将会对我国生态文明建设起到推动作用。当前，我们淡化了对 GDP 的考核，转而以生态考核为准，体现出了秉承生态优先的政府和实现生态文明的政府。

3. 改革管理体制，加强责任意识

我国社会经济发展虽然取得了可喜的成绩，经济总量已经位居世界第二，但现阶段我国社会经济发展依旧是首要任务。必须建立生态管理综合机构，总体协调生态管理事项，明确划分政府及相关部门的职责和分工。要以高效、协调、权威的工作方式，处理好保护环境与发展经济的关系问题；处理好资源管理体制改革的步伐；处理好政府及相关部门的现有职能、岗位的调配，明确岗位责任。在综合部门联合治理下，整体处理生态安全、气候变化、污染防治、土地荒漠化、主体功能区等环境问题。合理划分中央政府与地方政府的生态管理权力及责任，按照责权利的原则，针对地方政府区域性环境保护管理体制的弊端进行有针对性的改革，调整管理模式，进一步理顺管理制度和管理方式，推进人与自然和谐共生现代化的实现。

4. 加强法制建设，提高执法能力

一直以来，我国的环境法律法规与环境指标不统一，法律体系不能科学、准确地界定环境指标，使法律法规在执行时的可操作性有所降低。为此，要确定法律地位，明确环境指数标准，提高排污收费标准和处罚额度，提高违法者的环境违法成本，同时在执法上健全执法机构，明确执法程序，加大执法力度，提高执法人员综合素质；加大各级司法机关、社会团体、媒体的监督，对体制进行完善，保证司法体制的公正公平性，发挥行政权力，增强法律法规权威，加大执法部门的执法力度，引导广大人民群众积极参与，形成舆论监督、社会监督和全民监督的执法氛围。

（三）全面规范环境治理与保护的政策导向

在政策导向上，坚持推进政府与各方面的协同治理，形成联动，这是实现建设人与自然和谐共生现代化的关键。建立和保障在共同利益上的法律机制，能够使社会各个阶层、各行各业都积极参与到“美丽中国”的建设当中。当前最大的问题是在环境保护和治理过程中出现分割、隔离、分区的现象，而且发展的趋势还比较严重，这就需要在政策上加以引导，通过政策导向，建立政府、市场和社会共同参与的协同治理体系。

1. 规范政府行为，政策导向是关键点

生态文明建设既是需要协同政府、市场、社会三者，使之成为有机整体才能实现的，也是政策导向的关键点。随着《生态文明建设目标评价考核办法》《绿色发展指标体系》以及《生态文明建设考核目标体系》的相继出台，国家加大了对政府进行考核时有关环境、能源资源的权重。政府主体不作为、行为不规范、不合法，将会导致政府、市场、社会三者之间无法协同发展，要界定政府职能，对于建设生态文明使用的自然资源和能源要划定权力边界，在制定政策时，要保证征集建议科学化、规范化；制定制度程序化、公开化；执法过程合法化、清晰化。

2. 企业履行责任，政策导向是根本点

企业既是社会经济发展的主体，也是生态文明建设的根本，还是政策导向的根本点。企业履行环境责任是根本准则，社会环境污染大部分来自企业所排放的污染物，企业排放的污染物比较复杂，引发的环境问题也不同，但只要企业自身对环境负责任，减少污染，在保护环境方面将起到至关重要的作用。因此，在政策导向上要强化企业履行环境职责，督促企业进行自身环境保护，按照排放标准进行生产排放，鼓励企业转型升级，创新技术，进行绿色生产。

3. 建设法治社会，政策导向是保障点

法律并不是统治者强加给弱者的意志，而是社会共存的保证。建设法治社会是生态文明建设的保障，也是政策导向的保障点。只有建设法治社会，在全社会树立法律意识，才能在全社会形成遵纪守法的和谐气氛，2015 年 1 月修订后的《中华人民共和国环境保护法》正式实施。环境保护法包含了许多具体细则，增强了可操作性，为追究违法者法律责任提供了重要法律保障。同年又分别颁布实施了《党政领导干部生态环境损害责任追究办法》《生态环境损害赔偿制度改革试点方案》，进一步指出政府对本地区生态环境和资源负总责，领导干部负主要责任，相关领导承担相应责任，实现顶层的政策导向。通过这些政策导向，加快了建设法治社会的进程。

4. 主体利益协同，政策导向是核心点

利益的实质是资源。资源包括生存需要的生产资源和生活资源。资源可以是物质的资源，也可以是精神的资源；可以是有形的资源，也可以是无形的资源。资源只要被占有，就会满足主体的利益追求。建设生态文明要以政府、市场、社会三大主体为核心，三大主体各有利益需求，为了满足各自的利益需求，追求资源并占有成为三大主体的目标，这也是需要政策导向的目标。只有实现主体利益协同，才能建设生态文明，也才能实现生态文明。实现主体之间的利益协同，各个主体的合理利益需要充分照顾到，主体的逐利行为需要用科学的利益观进行规范，政府的自利性需要利益的激励来消解，企业的生态责任需要有效的利益调控，公民生存与发展利益的需求需要合理的利益来调整。进入新时代，我们党提出要发挥市场的基础作用，在资源配置上要加大程度和范围，其实就是以市场为导向，兼顾更大范围的资源配置比重，使各主体的利益统一于市场的协调；同时又提出要形成协同的社会管理体制，在党委领导下，坚持政府负责制、社会协同治理、人民群众积极参与、法律法规作为保障的社会管理协同。这些政策导向都是有针对性地调节政府、市场、社会三者之间的资源配置所进行的合理布局。

五、建设人与自然和谐共生现代化的文化路径

人与自然和谐共生现代化的文化路径里的文化主要是研究人的精神内涵，是实现人与自然和谐共生现代化要求的文化发展方向，是人类在伦理观、整体发展观、消费观上对人与自然关系的影响，这也是人类内在需求的主要内容。建设人与自然和谐共生现代化，就是要人类树立正确的生态伦理观，用生态伦理去构建人与人、人与自然的相互关系，在生态伦理的范畴里实现人与自然的和解；就是要建立生态整体发展观的意识形态，明确人与自然的战略定位及自身参与意识，符合自然的发展要求，也符合人类的发展需求；就是要养成良好的生态消费观，在人类生活消费中，适度简洁消费，倡导使用绿色产品，形成节约习惯。

（一）形成生态伦理观

“生态伦理将伦理学的研究范围从人与人的关系扩展到人与自然的关系，人与自然的关系也成为生态伦理研究的基本问题。”① 生态伦理学存在两种观点，一种是现代人类中心论，强调在人与自然关系上人类的利益要置于首位，处理人与自然的关系上人类的利益是根本的价值尺度；另一种是非人类中心论，强调衡量人与自然的关系价值尺度是自然生态、人类中心主义价值观是生态危机的根源。这两种观点都是研究人与自然的关系，而研究人与自然的关系就必须将之放在人类社会关系去讨论才有意义，但人是感性的，是有情感的社会存在，承担社会关系的人性，必然会带有情感去处理问题，所以生态伦理学研究必须在既定社会关系框架中。生态伦理“是一种在人与人之间建立起来的社会关系中涉及人与自然之间关系的伦理性规范”②。既然生态伦理是基于生态危机而诞生的构建实现人与自然环境的应用伦理学科，那就必须承担保护环境的生态伦理责任，需要重构人性，让自然“合乎人性”，同时也让人性关切自然，通过与自然界的物质循环和能量互动来实现人与自然的和谐共生。

要想形成生态伦理观就必须进行人性的教育，让人类在对象化中看到敌对的存在。人类的自由被社会关系压制，要想开启超越当前社会中人与自然之间的关系就要“以人与自然、人与人、人与社会和谐共生、可持续发展为宗旨的

---

① 华启．气候伦理：理论向度与基本原则［J］．吉首大学学报（社会科学版），2011，32（4）：6-9.

② 岩佐茂．环境的思想与伦理［M］．冯雷，等译．北京：中央编译局出版社，2011：156.

人与自然的生态伦理观"①。现代生态伦理学必须要有勇气超越"人类中心论"和"自然中心论"，在实践中改变现存人与自然之间相互破坏的现状，重新寻回人与人、人与自然的相互依存关系，满足人的生存发展需要，维护自然生态平衡，达到人与自然的可持续发展，实现人与自然的和谐。

（二）确立整体生态观

社会建设、经济发展、科技进步、生产方式转型、法律制定都需要人类完成，"尽管我们许多人居住在高技术的城市化社会，我们仍然像我们的以狩猎和采集食物为生的祖先那样依赖于地球的自然系统"②。因此需要引导人整体思维的转变，强化文化和生态文明的思维方式；需要引导人民群众个人利益的追求应以不破坏整体利益为前提进行绿色生产生活活动；需要引导人民群众法律意识，依据生态的公平公正的法律体系去进行经济活动。中国特色社会主义生态文明建设要以广大人民群众的共同利益为基础，坚持以人为本的发展理念，全面协调社会及全人类的可持续发展。按照新时期新理念的发展要求，构建整体主义文化观，在人与自然有机整体之间寻求合理的满足个人美好生活的需要，实现生态整体的利益满足。

1. 战略定位，倡导文明价值观念

生态文明是人民群众的共同愿望和追求，是新的历史条件下我们党对民生思想的完善和发展。进入新时代，我们党把建设生态文明提升到实现中华民族永续发展、关系人民福祉和关乎民族未来的高度，并将生态文明建设纳入中国特色社会主义"五位一体"总体布局之中，把"建设美丽中国，实现中华民族永续发展"作为生态文明的总体目标。党的二十大宣告，"从现在起，中国共产党的中心任务就是团结带领全国各族人民全面建成社会主义现代化强国、实现第二个百年奋斗目标，以中国式现代化全面推进中华民族伟大复兴"③，其中，"人与自然和谐共生现代化"是中国式现代化的重要目标任务之一。"中国明确把生态环境保护摆在更加突出的位置。我们既要绿水青山，也要金山银山。宁要绿水青山，不要金山银山，而且绿水青山就是金山银山。我们绝不能以牺牲

---

① 马永庆．生态文明建设的道德思考［J］．伦理学研究，2012（1）：1-7.

② 布朗．生态经济：有利于地球的经济构想［M］．林自新，等译．北京：东方出版社，2002：5.

③ 习近平．高举中国特色社会主义伟大旗帜 为全面建设社会主义现代化国家而团结奋斗：在中国共产党第二十次全国代表大会上的报告［M］．北京：人民出版社，2022：21.

生态环境为代价换取经济的一时发展。"[①] "美丽中国"的现实任务是全面建成小康社会、建设富强民主文明和谐美丽的现代化国家，这样才能实现国家的强大和人民的幸福。

2. 强化意识，使人民自觉自主参与

（1）生态文明建设要强化公民的自主参与生态社会建设、生态经济发展意识。公众是社会的重要组成部分，也是分布在社会最底层的直接触动社会发展的最广大的力量。政府要有激励政策，鼓励公众发挥自身的主动意识和积极意识，增加自然环境影响民众生活的传播渠道，提升公民自主治理生态环境的意识，培养公民自主参与保护生态环境的意识，使其积极参与到社会民主建设当中来，当发现环境被破坏或被污染时，能积极主动地行使监督权利，通过政府、社会进行治理。要在降低社会成本的同时激发公民参与意识，提升公民关心社会事务的责任感，使公民对政府的顺从型、依赖性转变为自主参与型。在政府、社会、市场中建立平等公民自主治理的持续涌流，这样不仅能提高治理的质量，还能降低治理生态环境的成本。

（2）提升公众自主参与能力。生态文明建设需要政府建立公众的民主自主参与实施办法。以往治理，公民比较关心的是政府管理的最终成效。无论效果好坏，公众只能面对，在治理过程中，公众是独立于治理之外的。这种问题的出现，在于政府在环境立法时，按照政府单方面的决策进行法律法规的制定，缺少民众的参与，导致法律法规在施行时缺乏可操作性，缺乏公众认同度，不能顺利实施。因此，立法时就必须广泛听取公众建议，使之在立法之时就符合民意，执行时顺理成章。这就要求在制定生态环境问题的有关决策时对公众的意见进行详细的调查，了解公众最关心的环境问题、需要解决的问题，这样制定的法律法规才是完善的。

（3）建立公众参与政策制定的制度，是保证制定制度的准确性和合理性的前提。要建立相应的环境信息公众参与权制度，明确公众是制度制定的参与者。制度制定的信息要向民众公布，使民众及时了解制度制定的方向，把握自身周边环境的状况，以便公众在参与制定制度时提出合理性的建议。防止因为信息不对称，造成民众对制定制度猜疑并制造不适合制度制定的谣言，要让社会团体、媒体监督制定制度的全过程，提升公众自主参与能力。

（4）协调平衡主体生态利益。生态文明是为全体人民谋福利的，每个人都

---

① 杜尚泽，丁伟，黄文帝．弘扬人民友谊 共同建设"丝绸之路经济带"［N］．人民日报，2013-09-08.

拥有生态利益的权利。要想实现所有人的生态利益，必须协调所有人的生态利益，这样才能实现整体的生态利益，但这样在现实中是做不到的。只有通过协调社会中主体之间的生态利益来平衡社会均衡的生态利益，才能达到整体实现的效果。其实，社会的所有人都会有不同程度的生态利益受损，而获取的生态利益却大相径庭。由于社会中的人与人之间对自然资源的占有和身份地位的不同，因此对生态环境问题治理、监督的权利与责任存在分歧，往往民众是最大的受损者。协调社会中主体之间的生态利益，要明确各主体的利益所在，从而平衡主体之间的生态利益，以达到均衡的效果。要实现社会主体之间的生态利益均衡，就要坚持生态利益成果分享与责任共同担当的原则，促进社会主体的生态利益格局健康发展。

（三）倡导生态消费观

建设人与自然和谐共生现代化要确立生态消费观，减少对资源的使用量，减少对自然环境的污染，拉近人与自然的距离，这样能促进经济发展向生态经济发展，能促进生产方式向生产绿色产品努力。

1. 消费观念与生态伦理融合

在消费问题上人们的观点各不相同。有的主张奢侈浪费、挥霍的生活和消费，有的主张宣扬物质极大丰富可以满足人们所有需求的精神消费。无论是物质消费还是精神消费，最终消耗的都是自然资源。只要人的消费观念是以自然资源的有限性来满足人类消费的无限性为尺度，这种无限性就变成有限性。这个棘手的问题需要从消费观念上消解，需要纳入生态伦理的范畴，构建一种新的消费理念。传统伦理中人与人之间的关系总限定在道德关怀上，如果将道德关怀外延到人与自然，将人与自然确立为相互的道德关怀的话，那么传统的伦理就升级为生态伦理，能够使人类从掠夺和破坏自然向着尊重、爱护的价值层面靠拢。同时，以生态消费伦理为核心的价值观就是消费意识与生态伦理的融合。如果人民群众牢固树立生态消费观，克服片面追求物质财富的消费，就会做到珍惜自然环境、维护生态平衡、爱护自然环境，实现人与自然和谐共生。

2. 消费活动与生态生活融合

人类的消费活动是源于本身的需求。满足本身合理的需求，是合理的消费；满足本身需求的欲望，就是过度消费。消费的过度不仅会使人迷失方向，也会将社会的经济生产活动引上歧途，造成大量的自然资源的浪费。人类的消费不足，无法满足自身的基本生存和发展需要，就不会获得幸福感，而过度消费会带来自然环境的破坏，甚至危及人类生存发展。在这种情况下，生态伦理学者提出一个重要的人类需要——生态需要。也就是说，人类在自然环境下生存，生态需要是最基础的，因为生态需要是对自然环境的需要，它不是物质上的需要，也不是精神上的需要。在生态消费观的指导下，持续深化人类的消费活动与生态活动融合，才是人类除去物质和精神之外的生态需要。这就要求人民群众的物质需要、精神需要和生态需要三者协调平衡，这样既有利于人类的身心健康，也有利于优化生态环境。因此，要强化人类的消费活动与生态生活相融合，变革高碳消费、奢侈消费、低俗消费，形成低碳消费、绿色消费和文明消费。

3. 生态消费观促进经济发展转型

生态消费观要求人们的消费有选择、高品位、负责任。不能仅仅为了生存而使用一些对自然环境影响大又损害自身身体健康的产品，要使用更多的绿色产品。这样不仅会减少对自然资源的浪费和对生态系统的危害，同时也能促进经济结构和产业结构的调整优化，加快经济增长方式由粗放式增长向集约型转变，使生产企业生产的产品向适应市场需求转变，促进企业改进技术，生产出更多的绿色产品，实现经济社会的全面转型和可持续发展，实现人、自然、社会的和谐统一。

六、建设人与自然和谐共生现代化的社会路径

“对人的生存而言，物质固然重要，金山银山人人想要得到，但人民的幸福生活只有金钱是不行的，需要干净的空气、清洁的水，蓝天白云才是重要的生活内容。”建设人与自然和谐共生现代化是人民群众的共同愿望和追求，民之所望，政之所向。

（一）倡导绿色生活方式

（1）倡导节约资源和保护环境的绿色生活方式。绿色生活方式以减少对生态系统影响为标准，提倡绿色、低碳、适度消费，形成珍惜资源、爱护环境的生活理念，自觉建立节约集约文化，循环和共享使用意识加强，保持服装、饮食、居住、出行、旅游均绿色化。

（2）加强绿色产品生产，转变生活方式。倡导绿色生活方式，实现产品绿色化。人类的生活离不开衣食住行，大力推广绿色环保服装，加强农副产品绿色化，建立宜居的生活环境，普及绿色环保出行。让人民在充分享受经济社会发展带来便利和舒适的同时，履行保护资源环境的责任和义务，促进人类永续发展。

(3) 推进教育导向，倡导绿色文化，提升维护生态环境的责任感和自觉意识。生活方式的养成需要教育的修正，在文化上进行修正，在教育理念中纳入绿色环保的教育文化，润物细无声，通过不断的教育引导，加强民众的绿色理念；在制度上进行修正，推动垃圾分类制度、污水排放标准、厨余垃圾分解制度等，使其生活方式规范化、制度化。

(4) 约束行为，倡导绿色激励。对过度包装进行严格限制，对使用一次性物品严格控制。要建立激励机制，对生产绿色产品的企业通过减少税率进行奖励，降低其生产成本；对于民众进行垃圾分类的，建立分类的垃圾奖励制度。

(5) 绿色发展是政府的方向标。考核机制要建立绿色指标，构建政府服务绿色化，政策制定绿色化。政府的行为是国家意识的体现，也是最好的教科书。在政府服务上，要保证服务的过程、质量绿色化；在政策制定上，要向绿色化倾斜；在政绩考核上，以绿色指标衡量政府政绩。

(二) 构建民主和谐社会

"既要创造更多物质财富和精神财富以满足人民日益增长的美好生活需要，也要提供更多优质生态产品以满足人民日益增长的优美生态环境需要。"① 这是从我国社会主要矛盾发生变化的现实出发提出的新理念新要求，一定要领会理解优美生态环境是人民对美好生活向往的重要内涵。人民群众对美好生活需要日益广泛，在物质文化生活上，人民群众有更高的要求；在社会民主、法治、公平、正义、安全、环境等保障方面，需求的愿望也日益增长，社会主义核心价值观得到人民群众的大力支持。长期以来我们忽视了对自然生态资源的保护，虽然近年来党中央持续大力推进生态文明建设，生态环境状况得到明显改善，但与人民群众改善生态环境质量的强烈要求还有较大距离。我们要以满足人民对美好生活的向往为目标，多谋民生之利、多解民生之忧，纠正不正确的经济发展观念和粗放的经济发展方式，补齐生态环境这块突出短板，实行绿色低碳循环经济发展，让天更蓝、山更绿、水更清、生态环境更优美，提高人民生活质量，向人与自然和谐共生的现代化迈进。

1. 正确处理创造物质精神财富与提供更多优质生态产品的关系

我国还是一个发展中国家，经济增长是实现社会主义现代化目标的重要内容和路径，必须坚持不懈地推动经济发展，使社会经济稳步前进。同时，经济要发展，绝不能再以牺牲生态环境为代价，不能再走"先污染后治理"和"边污染边治理"的老路，要坚持走"五化"协同发展的经济发展路线。一定要践

---

① 本书编写组．党的十九大报告辅导读本［M］．北京：人民出版社，2017：49-50.

行绿水青山的自然环境保护工作，抵制物质带来的欲望，使人民群众在享受丰富物质精神财富的同时切实感受到绿色发展带来的好处。

2. 解决突出环境问题与加强生态系统保护并举

目前，虽然我国社会经济快速发展，但一些地区环境污染问题仍然较为严重，生态系统受损和退化问题依然突出。国家要高度重视用信息化解决环境问题引发的群众健康事件，灵活运用信息化技术进行预防体系的建设工作。在治理过程中，通过信息化手段进行监察整合，统计数据，加强固体废弃物和垃圾处置，改善环境质量，使人民群众直接感受到环境治理成效，要让群众望得见山，看得见水。同时，要加大山水林田湖草和海洋等保护措施，全方位对重要生态保护与修复工程进行信息化监察与监督，总结经验，继续推广，让更多的人民群众受益。积极推进荒漠化、石漠化、水土流失、地面沉降等综合治理，加强地质灾害预防，开展国土绿化行动。优先建立生态安全屏障信息化，在国家层面上构建生态走廊和生物多样性保护，利用绿色发展理念增强生态产品生产能力，利用绿色发展技术提升生态系统质量和稳定性，满足人民日益增长的优美生态环境需要。

3. 要正确处理加强我国生态文明建设与参与全球应对气候变化的关系

我们要主动加强社会主义生态文明建设，主动控制碳排放，落实减排承诺，为人民群众提供更多优质生态产品和更高质量生态环境；实现可持续发展，为全球生态安全作出贡献，展现承担国际责任和履行国际义务的大国风范，彰显改革开放的成果。同时，要充分认识到，应对全球气候变化单靠一个或几个国家努力并不能取得决定性成效，要积极参与全球环境治理，与国际社会共同合作，创建合作共赢、公平合理的人类赖以生存的自然家园，坚持共同但有区别的责任原则，满足人民群众优美环境需要，实现建设“美丽中国”的总体目标。

（三）加强国际交流合作

保护生态环境、应对气候变化，是全球各国面临的共同挑战和急需解决的问题。我国将继续与世界各国共担责任，同世界各国深入开展生态文明领域的交流合作项目，分担应尽的国际义务，分享经验成果。

（1）树立利益共同体意识。生态环境问题已经成为全世界所有国家和人民共同面临的急需解决的重要问题。在全球生态环境问题上，世界各国都存在不同程度的污染，自然资源遭到不同程度的破坏，各国有责任和义务保护自然环境。要坚持在《联合国气候变化框架公约》所确定的共同但有区别的责任、公平、各自能力等原则下各国自主贡献。

（2）坚持多国合作，履行政策承诺。我国一直致力于国际合作，秉承大国负责任的态度同世界各国深入开展生态文明领域的交流合作。尊重各国的发展道路，探索与发展中国家和周边国家符合本国国情的发展方向，帮助弱小国家发展经济。在“一带一路”的推动下，为各国带来了新的发展机遇。我国与100多个国家建立贸易合作关系，有关国家人民获得了实实在在的满足感。增加南南合作的应对气候方面基金，与多国开展应对气候变化的多项举措和合作项目。

第八章　人与自然和谐共生现代化的人类文明新形态

党的二十大报告指出："中国式现代化是人与自然和谐共生的现代化。"① "人与自然和谐共生的现代化"这一科学论断超越了传统工业文明的现代化模式，从生态学维度阐释了中国特色社会主义现代化的本质属性，集中宣示了社会主义生态文明的实践要求。如果说生态文明理念以及"人与自然是生命共同体"理念构成了社会主义生态文明的观念基础，那么人与自然和谐共生的现代化则是社会主义生态文明的实践展开。建设中国特色社会主义生态文明，走人与自然和谐共生的社会主义现代化之路，需要将制度优势充分转化为治理效能，不断提升生态治理体系和治理能力的现代化水平，需要在人类命运共同体的基础上积极推动全球生态文明的共商共建共享。

"人与自然和谐共生的现代化"是对人类现代文明及其现代化进程又一次科学创见与理性认知，赋予了"现代化"以及作为其本质与结果的"现代性"范畴更为全面、系统与科学的内涵诠释，使人类现代文明增添了人与自然和谐关系的这一生态学意蕴，亦即生态文明维度。人与自然和谐共生的现代化，不仅打破了人们对现代化的资本主义工业文明单一模式的既定认知，而且揭示了社会主义与资本主义在现代化本质规定上的制度差别，体现了在思想理念、发展方式，以及目标旨向等方面社会主义现代化以及生态文明的既有优势与价值特性。

一、人与自然和谐共生现代化凸显的功能作用

"人与自然和谐共生的现代化"不仅指明了社会主义现代化的生态价值取

① 习近平．高举中国特色社会主义伟大旗帜　为全面建设社会主义现代化国家而团结奋斗：在中国共产党第二十次全国代表大会上的报告［M］．北京：人民出版社，2022：23.

向，而且指明了生态文明与现代化进程的社会主义制度规约性。现代化是一个集理念更新、制度革新与科技变革等多层次、多维度的历史进程，其基础是高度发达的工业化。现代化不等于西方化，更不等于资本主义化。“人与自然和谐共生的现代化”彰显了中国特色社会主义现代化与资本主义现代化质的差别，在生态文明维度言明了中国特色社会主义现代化“不是国外现代化发展的翻版”，不仅指认了西方资本主义现代化的症结所在，破除了对现代化的狭隘理解，而且为人类的现代化进程贡献了中国道路与中国方案。

（一）破解“控制自然”意识形态，贯彻生态文明理念的现代化

从价值观念上看，西方资本主义现代化肇始于以“控制自然”为核心的机械自然观。“控制自然”观念的形成是近代西方理性主体性哲学膨胀的必然结果，伴随科学技术的不断进步，“控制自然”观念被提升到科学层面，成为具有主导作用的现代性意识形态。这种意识形态以自然资源和自然的修复能力的无限性为前提，视自然的经济价值为唯一目的，将现代性的价值取向极端化为物质财富的积累，追求经济增长的无限性。这不仅打破了人与自然既有的宁静与和谐，而且把人与自然的关系简单化为控制与被控制的工具性关系。“控制自然”意识形态遮蔽了人与自然之间和谐共生的生命共同体关系，是西方现代性生态危机的思想根源。中国特色社会主义现代化与西方资本主义现代化的首要分野就在于对人与自然关系的不同理解。资本主义现代化立足于对自然的控制与改造，而社会主义现代化则是寻求人与自然的和谐共生，是贯彻生态文明理念的现代化。生态文明理念以马克思主义自然观为哲学基础，既肯定了自然的基础地位和优先性，又彰显了人的价值需要和主体责任，科学揭示了物质生产方式基础上人与自然的辩证统一关系，是建构人与自然和谐共生现代化的基本价值遵循。

人与自然和谐共生的现代化重塑了现代化的内涵与方向，现代化进程既是人与人利益冲突解决的过程，也是人与自然矛盾和解的过程。坚持走人与自然和谐共生的社会主义现代化道路，首要的就是通过树立生态文明理念，培育“人与自然是生命共同体”的生态自觉意识与生态责任意识，为坚持走人与自然和谐共生的社会主义现代化道路凝聚价值共识，进而将这种生态文明理念内化为人们的思想和行动，改变人们的生产观、消费观及其生活方式，使其能够遵循生态理性和生态道德处理好人和自然的关系，在人与自然的物质变换过程中尊重自然的基础地位和优先性，顺应自然新陈代谢的客观规律，保护自然环境的生态价值，实现自然经济价值与生态价值的统一。

(二) 超越“资本逻辑”生产方式，实现绿色发展方式的现代化

从发展方式来看，西方现代化进程是资本逻辑主导下的工业化模式，换句话说，资本是西方现代化的物质动因。资本的逐利本性驱动着经济的粗放式发展，由其主导的现代化进程显然是与生态文明相悖的，必然会造成严重的环境污染和资源浪费，进而导致生态危机。人与自然和谐共生的现代化，是超越资本逻辑、摒弃粗放式发展方式的绿色现代化。坚持走人与自然和谐共生的现代化道路，最根本的是要发挥社会主义制度优越性，在利用资本的同时限制资本，使资本真正为劳动者服务。人与自然和谐共生的现代化进程是人与自然矛盾真正解决的过程，人与自然矛盾的真正解决依赖于人类自身的和解。只有通过联合起来的生产者共同控制人与自然的物质变换过程，才能实现人与自身、人与自然的双重和解。

生态环境问题归根结底是人类社会发展方式问题，人与自然和谐共生的现代化必须建立在绿色发展方式基础之上，摆脱资本逻辑的束缚，实现现代化模式的绿色转型。“绿水青山就是金山银山”是绿色现代化的实质，揭示了经济发展与生态保护的内在一致性，二者相得益彰，辩证统一。一方面，绿色即发展，绿色就是生态生产力，绿色就是发展方式。生态环境是经济增长的驱动力，不仅绿水青山是人类生存必需的生态环境，水土、森林、矿产等自然物更是物质财富和使用价值的源泉。因此，要通过保护生态环境来保护生产力，通过改善生态环境来发展生产力。要摒弃高投入、高消耗、重污染的粗放型发展模式和经济增长方式，立足于以科技创新为基础的绿色、循环、低碳的集约式发展方式，使生态优势转变为经济优势，依靠消耗最小的量实现最佳的物质变换。另一方面，发展即绿色，发展的实质就是追求人与自然的和谐共生。绿色是发展之义，绿色是发展之要，绿色是美好生活的基础和关键，绿色发展方式就是使人与自然的物质变换过程既符合自然生态的内在规律，也符合人类生存发展的真实需求，不断满足人民群众对优美生态环境的需要，使其成为发展的目标以及人民生活质量的增长点。一句话，只有坚持绿色发展方式才能实现现代化模式的生态转型。

(三) 转变“以物为本”目标旨向，坚持以人民为中心的现代化

从目标归宿来看，受资本积累动机驱动的西方现代化是以经济增长和物质财富积累为唯一目标导向，是一种高投入、高产出、高消耗、高消费的“以物为本”的现代化模式。这种“物本”的现代化模式必然会使人受制于物，必然是全面“物化”的现代化，同时也必然会导致人与自然关系的异化。从根本意

义上讲，现代化不是“物”的现代化，而是“人”的现代化，人的自由全面发展才是现代化与生态文明应有的价值归宿。只有人摆脱了对物的依赖，摆脱物质生产方式的束缚而实现自由全面发展，人与自然和谐共生才能真正实现。坚持人的自由全面发展的价值目标，现阶段就必须坚持以人民为中心的发展思想。坚持走人与自然和谐共生的现代化道路，核心就是坚持以人民为中心，这是中国特色社会主义现代化与西方现代化最本质的差别。以人民为中心的发展思想解决了现代化建设依靠谁、为了谁、由谁共享这一根本问题，从生产发展这一角度来看就是要让交换价值从属于使用价值，让使用价值真正服务于人，服务于广大人民群众对美好生活的需要。“良好生态环境是最公平的公共产品，是最普惠的民生福祉；加强生态文明建设、加强生态环境保护既是重大经济问题，也是重大社会和政治问题。”① 这深刻体现了人民立场与人民利益至上原则，反映了生态文明与现代化建设的社会主义制度规约性。推进生态文明建设根本目的就是为人民群众提供更多优质生态产品，不断满足人民群众的美好生活需要，这也是现代化建设各项工作的根本出发点。只注重生态环境的保护而无视人民群众的物质需求和生活水平显然是不对的；反之，只注重物质财富的积累而忽视人民群众的生存质量和自由发展更是不可取的。人与自然和谐共生的现代化不是单纯地保护自然环境和生态安全，而是将自然生态融入人民群众美好生活的全方位需求，以人的自由全面发展实现人与自然的和谐共生。因此，人与自然和谐共生的现代化必须坚持以人民为中心的价值取向，否则就会偏离正确的轨道和方向。

现代文明不等于资本主义文明，更不等于资本逻辑主导下的工业文明。人与自然和谐共生的现代化既不是对现代工业文明的拒斥，更不能理解为重树“自然崇拜”的后现代诉求，而是在吸取传统工业文明发展成果基础之上新的现代化模式。人与自然和谐共生的现代化避免了传统工业文明现代化道路的缺陷，即不再走西方资本主义国家破坏生态环境，危害子孙后代的发展老路，而是要坚持以生态文明理念引领经济社会发展，坚持绿色发展方式，坚持将人民群众的美好生活需要作为发展的动力和归宿。这既是一种历史的必然要求，也是广大人民的自觉选择，实现人与自然和谐共生的现代化，需要全社会的多元治理。

二、将中国特色社会主义制度优势转化为生态治理效能

人与自然和谐共生的现代化丰富了中国特色社会主义基本内涵，彰显了中

---

① 杨明方，贺勇，任江华，等．绿色　描绘美丽中国新画卷［N］．人民日报，2016-03-03（012）．

国特色社会主义制度优势。推进社会主义生态文明建设，实现人与自然和谐共生的现代化，需要建立系统完备的生态文明制度体系，需要将中国特色社会主义制度优势充分转化为生态治理效能，需要不断提升生态治理体系与生态治理能力的现代化水平。

（一）依托社会主义制度优势推进人与自然和谐共生的现代化

党的十八大以来，中国特色社会主义生态文明建设取得了举世瞩目的成就，展现了“天更蓝、山更绿、水更清”的生态文明新画卷，这既彰显了“中国之制”的显著优势，又体现了“中国之治”的实践效能。提升生态治理效能和现代化水平，实现人与自然和谐共生的现代化，需要紧紧依托中国特色社会主义的根本制度、基本制度和重要制度，需要充分发挥中国共产党的领导和社会主义制度集中力量办大事的政治优势。“中国特色社会主义制度是党和人民在长期实践探索中形成的科学制度体系，我国国家治理一切工作和活动都依照中国特色社会主义制度展开，我国国家治理体系和治理能力是中国特色社会主义制度及其执行能力的集中体现。”① 中国特色社会主义制度是历史的选择和人民的选择，在客观规律性与主观能动性相统一的实践中生成并不断发展，既坚持了科学社会主义的基本原理，又吸取了人类制度文明的一切有益成果，具有符合国情的中国特色和横向比较的中国优势。依靠其自身特色与内在优势，中国特色社会主义制度能够有效解决生态保护与生态治理过程中的复杂性、总体性与艰巨性问题，能够更好地实现经济效益、社会效益与生态效益有机统一，为生态文明建设提供制度前提与机制保障。“中国特色社会主义制度和国家治理体系是以马克思主义为指导、植根中国大地、具有深厚中华文化根基、深得人民拥护的制度和治理体系。”② 中国特色社会主义制度强大的生命力和巨大的优越性源于其自身的科学性与先进性，源于其独特的生成逻辑与内在的本质属性。

首先，马克思主义基本原理与中国具体实际相结合，为中国特色社会主义制度优势提供了理论与实践的双重基础，保证了其制度优势的科学性前提。马克思主义作为中国特色社会主义的指导思想，不仅为其生成发展提供了方向指引，而且为其改革创新提供了方法指导。马克思主义揭示了社会形态发展与制度变迁的客观规律，并且在同中国具体实际相结合过程中与时俱进、不断发展，

---

① 中共中央关于坚持和完善中国特色社会主义制度　推进国家治理体系和治理能力现代化若干重大问题的决定［N］. 人民日报，2019-11-06（001）.

② 中共中央关于坚持和完善中国特色社会主义制度　推进国家治理体系和治理能力现代化若干重大问题的决定［N］. 人民日报，2019-11-06（001）.

创立了习近平新时代中国特色社会主义思想等一系列中国化的理论成果，这是保障中国特色社会主义制度优势的科学性的理论前提。同时，中国特色社会主义制度在马克思主义中国化理论成果指导下既不照抄“本本”，也不照搬他人模式，而是在中国人民的革命、建设与改革的伟大实践中不断生成和逐步完善，特别是改革开放与进入新时代所取得的实践成就为其制度优势的科学性提供了实践根基。实践是检验真理的唯一标准，中国特色社会主义制度生成于实践之中，在实践中丰富完善，其优势也为实践结果所证明。正是马克思主义基本原理与中国实际相结合的理论与实践的双向互动与创新发展，使中国特色社会主义制度形成了鲜明特色与显著优势，从而能够有效化解前进过程中的各种风险与挑战。

其次，始终代表最广大人民群众根本利益的本质属性，决定了中国特色社会主义制度具有其他一切制度无法比拟的优越性，奠定了其制度优势之先进性的人民立场。社会主义本质是追求社会全体成员的共同利益。中国特色社会主义制度必然以代表最广大人民群众根本利益为其本质属性，必然以共同富裕和社会公正为其价值目标，必然以满足人民群众美好生活需要为其发展目的。中国特色社会主义制度必然坚持人民的主体地位，以人民为中心，一切为了人民，一切依靠人民，因而必然能够最大限度地调动与组织人民群众推进伟大事业。人民立场是中国特色社会主义制度优势先进性的前提，不仅能够使制度的发展完善坚持正确的价值方向，而且能够使其集中民智、顺应民意，形成集中力量办大事的显著优势。正如我们党所强调的：“始终代表最广大人民根本利益，保证人民当家作主，体现人民共同意志，维护人民合法权益，是我国国家制度和国家治理体系的本质属性，也是我国国家制度和国家治理体系有效运行、充满活力的根本所在。”① 总之，中国特色社会主义制度既体现了科学社会主义基本原理，又符合我国实际与时代要求，既体现了人民意志与实践追求，又反映了社会发展客观规律，是理论与实践、真理与价值的统一，是普遍性与特殊性、包容性与创新性的结合，因而具有无与伦比的显著优势。

建设美丽中国，实现人与自然和谐共生的现代化，同样需要我们始终坚定制度自信，不断完善中国特色社会主义制度体系，充分发挥其在生态文明建设和生态治理方面的优势。生态文明与社会主义本质相依，价值共契，中国特色社会主义制度本身应符合生态逻辑，实现生态文明的超越性与社会主义之优越性的耦合同构，生态文明也应该成为中国特色社会主义制度优势的集中体现。

---

① 习近平谈治国理政：第三卷［M］. 北京：外文出版社，2020：123.

党的十八大以来，生态文明建设被提升为国家战略与民族大计，人与自然和谐共生成为现代化的重要内涵与建设目标，这是社会主义制度的内在要求，实现这一目标也必须紧紧依托中国特色社会主义制度优势。具体来看，推进人与自然和谐共生的现代化，需要依靠党的领导制度体系优势，充分发挥党在生态文明建设中总揽全局、协调各方的领导核心作用，集中力量推进生态治理。中国共产党领导是中国特色社会主义最本质的特征，是中国特色社会主义制度的最大优势。只有健全和完善党的全面领导以及为人民执政、靠人民执政等各项制度，充分发挥“以人民为中心”的思想优势和动员群众的组织优势，不断提升党科学执政、民主执政、依法执政水平，才能使生态文明建设成为国家意志和人民共识，才能汇聚生态文明建设的物质力量，才能保障生态文明建设的社会主义方向。

推进生态领域突出问题治理，全社会共建美丽中国，不仅需要依靠人民当家作主的制度体系优势，充分发挥社会主义民主的政治优势，使生态治理能够更好地体现人民意志，保障人民权益，激发人民创造；同时也需要依靠中国特色社会主义行政体制优势和共建共治共享的社会治理制度优势，构建职责明确、依法行政的政府治理体系和人人有责、人人尽责、人人享有的社会治理体系，不断完善生态治理主体体系，调动各方面积极性，培养造就更多更优秀人才，使社会充满生机活力，形成全国一盘棋、集中力量办大事的优势。发展生态生产力，实现集约型的绿色发展方式需要依靠社会主义基本经济制度优势。基本经济制度能够适应并促进现阶段的生产力发展，是社会主义制度优越性的重要体现。只有毫不动摇巩固和发展公有制经济，毫不动摇鼓励、支持、引导非公有制经济发展，才能使生态生产力的发展既有生产关系的保障，又有多种经济成分的活力，才能实现经济效益与生态效益相得益彰。只有坚持按劳分配为主体，多种分配方式并存，通过二次、三次分配调节利益关系，才能使人民群众共享优质生态产品和生态福祉，维护生态公正。只有依靠社会主义市场经济的配置调节作用，才能将“无形之手”与“有形之手”相结合，兼顾效率和公平，才能发挥资本及其他生产要素的动力作用，实现生态经济的良性发展与生态产业的有序竞争。维护生态公正，用最严格制度、最严密法治保护生态环境，还需要依靠中国特色社会主义法治体系优势和社会治理制度优势。要坚持全面依法治国，依法划定生态环境保护的红线与底线，依法严惩破坏生态环境的违法犯罪行为，完善稳妥处理人民生态利益矛盾的有效机制，切实保证生态资源占有和分配的公平公正。

让良好生态环境成为最普惠的民生福祉，同样需要依靠人民当家作主的根本政治制度和民生保障制度的优势，为人民提供优质的生态产品，让生态福祉更多更公平地惠及全体人民，满足人民群众日益增长的美好生态环境需要。树立生态文明理念，达成生态文明建设的价值共识，需要依靠马克思主义在意识形态领域指导地位的根本制度优势和中国特色社会主义先进文化的制度优势，充分发挥社会主义核心价值观引领生态文化建设的优势，弘扬中华优秀传统文化和红色革命文化，巩固社会主义生态文明建设的共同思想基础。此外，构建生态文明制度体系还需要依靠社会主义制度改革创新、与时俱进、自我完善和自我发展的内在优势，不断完善生态保护责任、生态修复补偿以及资源有效利用等一系列制度保障，切实提升生态治理能力，推进人与自然和谐共生的现代化。

正是依托中国特色社会主义制度优势，我们才创造了经济快速发展与社会长期稳定的双重奇迹，同时也使生态文明建设发生了历史性、根本性与全局性变化。凭借制度体系优势，中国一定会成为人与自然和谐共生现代化的引领者。生态学马克思主义揭示了资本主义制度的反生态本性，深刻地诠释了生态文明本质上是一场制度变革。中国特色社会主义已经为生态文明奠定了制度基础，也必然会在制度体系的进一步改革创新中实现生态文明建设的伟大超越。中国特色社会主义制度优势具有历史意义与世界意义，历时态上超越了人类制度文明史的一切成果，共时态上也为世界各国发展提供了重要的借鉴，任何一个国家要实现生态文明的现代化，既需要有始终代表人民利益的强大的政党和政府，又要有科学完善的经济、政治以及文化等制度体系。中国特色社会主义制度体系是为实践所证明的、既符合中国国情又体现人民意志的科学性与价值性相统一的伟大创造。“中国特色社会主义是不是好，要看事实，要看中国人民的判断，而不是看那些戴着有色眼镜的人的主观臆断。中国共产党人和中国人民完全有信心为人类对更好社会制度的探索提供中国方案。”①

（二）强化制度优势，向生态治理效能转化，推进生态治理现代化

党中央强调，“坚持解放思想、实事求是，坚持改革创新，突出坚持和完善支撑中国特色社会主义制度的根本制度、基本制度、重要制度，着力固根基、扬优势、补短板、强弱项，构建系统完备、科学规范、运行有效的制度体系，加强系统治理、依法治理、综合治理、源头治理，把我国制度优势更好转化为

---

① 习近平谈治国理政：第二卷［M］. 北京：外文出版社，2017：37.

国家治理效能”①。将制度优势转化为治理效能，以“中国之制”推进“中国之治”，是当前我们党提出的重大理论命题与实践课题，是克服各种艰难险阻，实现现代化强国目标的主要路径。党的十九届四中全会不仅明确了中国特色社会主义制度优势的基本方面，规定了完善和发展“中国之制”的根本方向，而且将制度的制定完善与执行转化相衔接，打通了制度优势与治理效能之间的通道，拓展了“中国之治”的基本内涵。制度体系在国家治理过程中发挥着根本性与全局性作用，然而如果不能形成有效的治理体系与治理能力，不能将制度优势转化成治理效能，再完美的制度也只能“空转”。将“好制度”转化成“强能力”与“高效能”，是发挥制度优势的实质与关键。坚持和完善社会主义生态文明制度体系并将其优势转化为生态治理效能，是新时代建设生态文明，推进人与自然和谐共生现代化的重大任务。社会基本制度决定着生态文明制度体系的建构，决定着国家治理体系和治理能力现代化水平，决定着生态治理的效能以及人与自然和谐共生现代化的实现程度。实现中国特色的“生态之治”既要依托社会主义制度优势建构生态文明制度体系，又要将生态文明制度体系优势转化为生态治理能力与生态治理效能。生态文明制度体系从根本上决定着生态治理效能，反之，生态治理能力与效能的提升也进一步促进生态文明制度体系的完善与定型。生态文明之“制”与生态治理之“治”的同频共振与互动发力，既可以使制度体系朝着生态治理效能最大化方向不断完善与定型，又能在制度体系不断完善与定型的过程中实现生态治理效能最大化发挥。

生态文明制度体系优势向生态治理效能转化是生态文明建设的内在要求，是合规律性与合目的性相统一的实践发展过程，因而既要以遵循生态治理客观规律为前提条件，又要以追求高质量、高效益的生态治理效能为目标导向。

首先要以强化制度创新为基础，以科学化、系统化和规范化的制度体系保障高质量、高标准和高效益的生态治理效能。党中央强调，“推进全面深化改革，既要保持中国特色社会主义制度和国家治理体系的稳定性和延续性，又要抓紧制定国家治理体系和治理能力现代化急需的制度、满足人民对美好生活新期待必备的制度，推动中国特色社会主义制度不断自我完善和发展、永葆生机活力”②。将制度优势转化为生态治理效能，需要依托一整套紧密相连、相互协

① 中共中央关于坚持和完善中国特色社会主义制度　推进国家治理体系和治理能力现代化若干重大问题的决定［N］. 人民日报，2019-11-06（001）.

② 中共中央关于坚持和完善中国特色社会主义制度　推进国家治理体系和治理能力现代化若干重大问题的决定［N］. 人民日报，2019-11-06（001）.

调的生态文明制度体系，生态环境保护制度、资源高效利用制度、生态保护与修复制度、生态环境保护责任制度等制度体系的完善与定型，这是提升生态治理效能的前提和基础。只有生态文明制度体系的整体联动，才能带来生态治理的整体效应与总体效果；只有科学、系统与规范的制度体系，才能保障生态治理的高质量、高标准与高效益。因此，要不断强化制度创新，在坚持制度自信的同时不断改革创新，不断完善生态文明制度体系。既要坚持和定型经过长期实践检验的正确规范的有效制度，又要改革和完善存在漏洞与短板的不规范、不适应实践要求的问题制度，更要建立和健全突出问题治理和长期实践需要的配套制度。在保持生态文明“四梁八柱”的宏观制度稳定的同时，细化生态绩效考核与生态责任追究、生态补偿与生态扶贫、乡村生态与海洋生态等中微观体制机制建设，将制度保障之网编织得更加紧密与规范，形成宽严有度、疏密得当、刚韧并济的生态文明制度体系。生态文明制度体系的优势归根结底在于能够以社会主义制度优势的整体合力推动生态治理能力和效能的全面提升。因此，完善生态文明制度体系既要依靠顶层设计，使其与中国特色社会主义根本制度、基本制度、重要制度相衔接，依托社会主义政治、经济、文化与社会等多方面制度优势，优化治理体系，理顺协同机制，以多维度的生态治理制度合力提升生态治理效能；同时也要汲取基层创新的实践经验，使生态文明制度体系生成于人民实践又服务于人民实践，既具有指导性又有可操作性，从而保障其能够行之有效地转化为生态治理效能。进一步讲，生态文明制度体系决定着生态治理体系与生态治理能力的现代化水平，决定着生态治理效能。生态治理体系与治理能力之间是结构与功能的辩证关系，结构决定着功能，功能又反作用结构，二者不可分离，完善的生态治理体系是提升生态治理能力的重要基础。因此，还要通过制度创新健全和完善生态治理的价值体系、主体体系以及体制机制等，为提升生态治理效能奠定扎实基础。

其次，要以抓好制度执行为关键，以系统的制度落实机制和完善的制度监督机制防止生态治理领域的“制度空转”。生态文明制度体系优势不能直接等同于生态治理效能，要形成生态治理现代化与治理效能，必须扎扎实实做足转化功夫，而转化的关键在于制度的有效执行，而制度的有效执行又依赖于完善的监督与追责机制。制度与执行之间是一种相互作用的辩证关系，制度要执行，“制度的生命力在于执行”，制度的价值与意义也取决于执行与落实；反之，执行也依靠制度，需要进一步完善体制机制，保障制度执行与落实到位。可以说，制度执行要比制度创设更具有难度。如果制度执行与落实过程中总是“打折扣”“掺水分”，制度就会沦为“橡皮筋”“稻草人”，再完善的制度也会出现“空转”现象。不可否认，生态保护领域还存在着一些突出问题，如非法处置危险废物造成的环境污染，盗猎野生动物和滥伐林木造成的生态破坏，以及追求GDP增长而未能很好地履行生态保护监督责任等，这些问题的产生不是因为缺乏制度约束，而且由于制度执行与监督检查不够到位。因此，一方面，在实践过程中要不断完善制度执行机制，以系统严谨的落实机制强化制度的执行力，以制度管权管人管事，使制度执行到人到事到位，进一步明确“谁来执行、如何执行、何时何地执行”等具体问题。另一方面，在执行过程也要完善监督机制，以严格务实的检查机制规范制度的执行力。生态文明制度体系是进行生态治理实践的指导性依据，一经形成就具有严肃性和权威性，就要严格地遵照执行。因此，必须加强对生态文明制度体系执行情况的检查监督，坚决查处有令不行、有禁不止的各种行为，及时纠正违反和破坏制度的错误倾向，对责任问题追查到底，对责任人员追责到底，防止出现层层失守的“制度空转”与“破窗效应”。“加快制度创新，强化制度执行，让制度成为刚性的约束和不可触碰的高压线”。只有严格的制度执行与检查监督，才能使生态文明制度体系优势切切实实地转化为生态治理效能。

再次，要以提升人们的制度素养为重点，使具有制度自信和制度信仰的现代公民形成制度优势转化为生态治理效能的物质力量。社会主义制度优势就在于始终坚持人民的主体地位，始终依靠人民的实践力量推进人与自然和谐共生的现代化。制度执行在一定意义上是人民主体的实践行为，制度优势转化为生态治理效能，重点就是要转化为由具体个人组成的不同层次治理主体的治理能力。提升人们的制度素养，是培育具有制度信仰和生态意识的现代公民成为生态文明制度体系优势转化为生态治理效能的重要环节。因此，要将制度之治与德治教化相结合，通过创新话语体系和优化传播路径等方式增强社会主义生态文明制度体系优势的说服力与感召力。要将制度自信与制度素养教育融入生态文明教育全过程，强化社会主义制度优势的宣传教育，使人们充分认识“中国之制”的本质属性与内在优势，从而形成坚定的制度自信和良好的制度素养。要加强爱国主义、集体主义和社会主义教育，并以这些优良传统与宝贵精神促成人们对“中国之制”的认同和信仰，使每个人都能自觉尊崇制度，严格执行制度，坚决维护制度。现代社会要求公民具有良好的制度素养，这也是制度优势转化为生态治理效能的内在要求，只有具备良好的制度素养，人们才能进一步形成环境保护意识，才能履行生态治理的使命担当，而缺乏制度素养和使命担当，再好的制度体系也会形同虚设。良好的制度素养不仅有利于提升制度的操作性、执行力与治理力，弥补既有制度体系存在的短板和不足，对因制度缺陷而产生的负面效应起到反向抑制作用，而且能够保持生态治理实践的适当灵活性，为进一步强化实践和完善制度留足空间。生态治理是一场以人民为主体的伟大实践，只有公民个人具备良好的制度素养，才能保证党委政府、社会组织与企业等生态治理主体形成对制度权威性的敬畏与信仰，从而形成制度优势转化生态治理效能的物质力量，使生态文明制度体系在人民的生态治理实践中落地生根见实效。

最后，要以党的领导为根本保障，以党对生态治理的全面领导保障生态治理的正确方向和效能发挥。中国共产党领导是中国特色社会主义最本质的特征，是中国特色社会主义制度的最大优势。坚持党的集中统一领导，把党的全面领导落实到生态治理领域的各方面与各环节，能够保证生态文明建设的社会主义方向，能够总揽全局、协调各方，使生态治理效能得到最大化发挥。党要加强自身建设，不断提升执政能力与领导水平，确保生态文明建设的重要决策部署都能按照制度体系的要求落实到位。各级党组织和党员干部要带头强化制度意识，维护制度权威，做制度执行的表率，发挥基层党组织在生态治理领域的战斗堡垒作用。“要持续将坚持党的集中统一领导转化为推进生态文明建设的制度优势，以生态文明责任为核心聚合生态文明建设的各方力量，形成多措并举、多方参与、良性互动、协同协作的大环保格局，提升环境治理效能。”① 总之，只有坚持党对生态文明建设的全面领导，社会主义生态文明制度体系的优势才能得到切实发挥，生态文明建设与生态治理才能依照制度要求真正取得实效。

三、以生态治理现代化实现人与自然和谐共生的现代化

生态治理现代化既是生态文明建设的战略选择，也是推进人与自然和谐共生现代化的重要途径。所谓生态治理现代化，就是通过全面深化改革，不断创新生态治理价值体系、主体体系和制度机制，积极推动生态治理理念、生态治理制度以及生态治理方式等一系列治理资源的现代化转换，实现社会公正、生态公正以及生态环境的共治共享，其基本要求就是建构协同共治的生态治理体系，整合丰富多样的生态治理资源，实现多元治理主体能力的现代化。生态治理的直接目标是治理生态环境污染的突出问题以恢复自然生态系统的平衡，其根本目的是建设人与自然和谐共生的现代生态文明。生态问题治理归根结底取决于一个国家的政治经济制度及其现代化发展方式。生态治理现代化水平已成

① 吴舜泽，等．把生态文明制度体系优势转化为生态环境治理效能：解读《关于构建现代环境治理体系的指导意见》［J］．环境与可持续发展，2020（2）：5-8.

为衡量和评判国家之政治、经济等一系列制度体系完善与否的重要指标。从这个意义上看，“可以把生态文明治理体系理解为政府、市场和社会在法律规范和公序良俗基础上，依照生态系统的基本规律，运用行政、经济、社会、技术等多元手段，协同保护生态环境的制度体系及其互动合作过程。既强调体制、制度和机制建设，也强调治理能力、过程和效果；既重视普适的生态环境价值观，也重视特定的历史文化条件。”① 生态治理是一项涉及多领域、多环节与多要素的系统工程，一定要树立大局观、长远观、整体观，全方位、全地域、全过程开展生态治理。从具体对象上看，要统筹治理自然生态系统的各要素，将治山、治水、治林、治田、治湖、治草综合设计。从治理主体上看，要实现系统联动的多元主体共治，将政府主导、企业负责、社会协同、公众参与有效整合起来，形成目标一致、共同行动的生态治理的总体性合力。从方式方法上看，要综合运用各种资源，整体施策、多措并举，以法治建设为核心，综合运用法律、政策、技术、市场以及宣传教育等多种手段，建立协同有效的治理方式，实现生态治理体系和生态治理能力的现代化。

（一）坚持以价值治理为先导，形成生态治理现代化价值理念共识

生态治理现代化以生态治理体系现代化为基础，以生态治理能力现代化为关键，以生态环境突出问题的解决和实现可持续发展为目标，是人与自然和谐共生现代化的必然要求和实现途径。生态治理体系是一套完整科学的生态治理运行系统，包括生态治理价值体系、主体体系、制度体系、机制措施（方式和手段）以及效果监督评价体系等。“通过这些要素的设计建构一个有机协调同时又具有弹性的体系，才有可能形成强大的治理能力，满足生态环境保护工作对治理能力提出的要求。”② 就是说，生态治理体系是基础，有机系统的生态治理体系是形成科学高效的生态治理能力的前提，生态治理能力及其效率效果又体现着生态治理体系的科学化与现代化水平。因此，推进生态治理体系与生态治理能力的现代化必须坚持以先进的治理理念为先导，以公正共享为价值目标，形成生态治理的价值共识。

生态治理现代化既是国家治理理念现代转型的内在要求，也是生态价值观变革的必然要求。现代化进程的深入推进以及经济社会的深刻转型迫切要求国

---

① 解振华．构建中国特色社会主义的生态文明治理体系［J］．中国机构改革与管理，2017（10）：10-14.

② 田章琪，杨斌，椋埏淪．论生态环境治理体系与治理能力现代化之建构［J］．环境保护，2018，46（12）：47-49.

家治理理念的现代化。我国的现代化进程是工业化、城市化、市场化、民主化与信息化等现代性因素交错叠加的复杂过程，呈现出开放性、多元性与综合性等时代特征。与其相应的国家治理理念既要反映时代要求，又要体现社会主义本质属性，因此要扬弃传统的“统治”与“管理”的思想观念，实现国家治理理念的现代化，即转变一元管理为协同共治，坚持民主参与的多元善治理念，坚持系统治理与依法治理的理念，“治理和管理一字之差，治理同管理不同，体现的是系统治理、依法治理、源头治理、综合施策”①。坚持以人民为中心，突出人民导向、社会公正、和谐共生以及共荣共享的价值取向。国家治理理念的现代化转型在生态环境治理领域必然要求建立和完善与之相适应的生态治理体系与生态治理能力的现代化。价值观念是实践行动的先导，生态文明一系列价值理念的生成也是生态治理现代化的思想先导。从“尊重自然、顺应自然、保护自然”的生态文明理念到绿色发展理念，从“生态兴则文明兴”的生态文明观到“良好生态环境是最普惠的民生福祉”的生态民生观，中国特色社会主义生态价值观的系统生成带来了生态文明建设的思想革命，形成了“用最严格制度最严密法治保护生态环境”的现代生态治理理念。中国特色社会主义生态价值观的形成必然要求生态治理的现代化，要求改变原来“先建设、后保护”“先污染、后治理”的传统环保理念与治理方式。生态治理现代化正是在生态价值观变革和强烈的现实需要之下形成的，顺应了人与自然和谐共生现代化对不断完善生态治理体系和强化生态治理能力的客观要求，生态治理现代化也是推进国家治理现代化的重要内容。生态治理与生态价值观变革相辅相成，生态价值观为生态治理明确了价值目标和价值原则，而生态治理则为培育和践行生态价值观，推动生态文明建设思想革命提供了有效途径。在此基础上，国家治理的总体价值导向也相应地发生了重大调整，从以前单纯追求经济增长的“GDP 导向”转换为“天更蓝，山更绿，水更清，环境更优美”的生态治理价值目标。这一生态治理价值目标与人民日益增长的美好生活需要，特别是优美生态环境的需要是同步生成的，或者从根本上讲，正是人民群众对优美生态环境的需要促成了生态治理价值目标的转换。

无论是现代治理理念还是生态价值观，在其总体价值逻辑上都与社会主义核心价值观高度一致，是社会主义核心价值观内涵的一部分。“推进国家治理体

---

① 中共中央文献研究室．习近平关于社会主义社会建设论述摘编［M］．北京：中央文献出版社，2017：127.

系和治理能力现代化，要大力培育和弘扬社会主义核心价值体系和核心价值观。"① 因此，生态治理现代化需要发挥社会主义核心价值观的引领作用，将社会主义核心价值观融入生态治理理念之中，凝聚全社会最广泛的价值共识，形成致力于生态治理现代化的统一意志与行动合力。"培育和弘扬核心价值观，也是国家治理体系和治理能力的重要方面。"② 反之，如何形成生态价值观认同与生态治理价值共识也是生态治理的重要内容，或者说，价值治理也是生态治理体系的重要构成。所谓价值治理，就是整合多元化的社会价值观念，妥善处理复杂多样的社会价值关系，为治理体系与治理能力现代化提供共同的价值维系和统一的价值目标，为国家治理提供有效的合法性依据。价值治理是应对价值观念多元化，维护社会政治稳定的内在要求，同时也是生态治理现代化的首要任务，价值治理如同"看不见的手"，实现着国家治理能力的有效整合。

生态治理体系和生态治理能力建设应遵循社会公正与人民共享的价值原则。生态治理现代化以生态领域之价值治理，即以形成生态治理的价值共识为首要任务。生态治理所遵循的价值原则是决定生态治理方向的前提和依据，治理体系与治理能力现代化要往什么方向走？这是一个具有根本性的问题。具体来讲，生态治理体系和生态治理能力建设应遵循的价值原则集中于两个方面：一是社会公正原则。社会公正不仅体现为每个公民公平地享有经济、政治、文化与社会权益，更充分地体现为每个公民平等地享有生态权益并公平地承担相应的生态治理责任。自然生态环境是人类生存与发展的物质基础，生态公正是实现社会公正的前提。反之，社会公正又包含并决定着生态公正，人与人之间公平正义的利益分配关系是人与自然之间和谐共生关系的逻辑前提。生态治理现代化以社会公正为价值原则，就是要通过制度机制建设保障人与人之间利益分配关系的公平正义，进而保障生态权益分配上的公平正义，最终实现自然生态环境的改善。生态公正形式上是人与自然关系问题，实质上是人与人之间生态权益的分配关系问题，是社会公正在生态领域的延伸，集中表现为不同群体在资源分配和生态治理中的权利与义务的平衡关系。因此，要将社会公正融入生态治理体系的全方面，将生态公正贯穿于生态治理现代化的全过程，只有公正高效的生态治理才是保障公民生态权益的有效方式。要通过国家顶层设计统筹生态治理的资金、人才、科技等资源的公平分配与合理利用，要通过制度法治建设保障生态治理权利与义务的分摊以及生态补偿的合理公平，要兼顾当前利益与

---

① 习近平谈治国理政［M］. 北京：外文出版社，2014：106.

② 习近平谈治国理政［M］. 北京：外文出版社，2014：106，163.

长远利益以及城乡区域的均衡发展，实现代内代际、区域群体间的生态公正。可以说，只有社会公正与生态公正，才能唤起广大人民对生态治理的价值共识，凝聚全社会力量合力推进生态治理现代化。二是人民共享原则。人民共享是生态治理现代化的宗旨和目标，是新时代社会公正与生态公正的总体性纲领，也是社会主义共同富裕的本质要求。公正高效的生态治理的落脚点就是有效地保护每个公民平等公正地享有生存发展的生态权益，满足人们美好生活特别是优美生态环境的需要，实现人的自由全面发展。因此，生态治理现代化要坚持以人民为中心，既要依靠人民也要为了人民，由人民共治共享是国家治理的精义所在。人民共享原则既不是简单机械的平均主义，也不是效率至上的发展主义，更不是"零和博弈"的分配格局，而是要通过国家治理体系建设，不断完善利益分配方式和权利义务平衡关系，发扬民主、激发民智、汇聚民力，从而形成人人共治、人人共享的社会格局。党的二十大报告强调，形成有效的社会治理，维护公平正义，是提高和改善民生水平的重要支撑。国家治理以民生问题为核心，让改革发展成果更多更公平地惠及全体人民。生态治理同样以民生问题为重点，提供更多优质的生态产品是生态治理的主要任务。社会主义现代化本质是人民的现代化，人民共享现代化的发展成果。中国特色社会主义进入新时代，人民的需要领域不断拓展，需要层次不断提升，既包括对优美生态环境的需要，也包括对生态环境安全的需要，生态需要已成为人民最关心最直接最现实的利益问题。只有共治才能共享，只有坚持人民共享原则，才能形成广泛认同与共同参与的生态治理体系和科学高效的生态治理能力。

（二）建构生态治理主体体系，实现多元主体共治的生态治理合力

生态治理现代化首先涉及的是"由谁来治"这一根本性的治理主体问题，或者说，生态治理体系与生态治理能力的现代化关键是形成一个合理的生态治理主体结构，即建立生态治理主体体系，实现由传统的一元主治到多元共治的转变。生态治理主体既是生态文明建设的组织者和实施者，也是生态治理权利与义务相统一的利益相关者。生态治理现代化要求改变政府作为单一治理主体的传统局面，形成以政府为主导、以企业为主体、社会组织与公众共同参与的多元主体协同合作的经纬网式的生态治理主体格局。多元治理主体通过合作联动、协同创新、监督制衡，共同推动生态环境治理。

首先，要以政府为主导。由政府一元主治向多元共治转变，并非要弱化政府在生态治理中的主导作用与核心地位。政府是生态治理的主要担当者和组织协调者，"要不断提升政府的目标凝聚能力、政策供应能力、资源整合能力以及

责任控制能力"①。具体来看，政府担负着制定生态治理目标和规划、组织协调不同区域和群体、出台供应各项政策和法规、统筹运用各种工具和资源、凝聚整合多方面行动力量的重要职责。政府不仅要在制度机制保障、生态政策供给以及国家法治层面做好相关工作，对企业、社会组织及公众行为发挥引导与制约作用，还要建构通畅高效的监督平台和监督网络，确保社会组织和公众对政府生态治理行为的有效监督。同时，政府还要提供生态治理的基础设施和公共产品服务，依法行政和依法治理，维护良好的社会秩序与公共安全。其中，政府自身建设是政府发挥生态治理主导作用的关键，要以服务型、效能型政府建设为目标，不断提升政府在生态治理方面的公信力、执行力和服务力。其次，要以企业为主体。企业既是环境污染与生态破坏的"始作俑者"和最直接责任者，更是生态治理的主体力量和生力军。因此，要大力强化企业生态治理的社会担当，严格落实企业生态治理的主体责任。一方面，企业要加强自身的生态责任意识。打好污染防治攻坚战，解决好突出生态环境问题，任何企业都不能以侥幸心理与观望心态逃避生态治理责任。另一方面，企业要守住法律底线，严格按照法律法规组织治污减排，促进生产经营活动健康开展。法律底线即企业生存发展的底线。对于企业来说，生态治理不仅是其法律责任和社会责任，更是其自身生存和长远发展的现实需要。因此，要通过政府和社会的大力支持，引导企业朝着绿色生产、绿色产品和绿色经营的方向发展，引导企业发挥自我创新的内生动力，用好市场需要和技术革新两个武器，在追逐利润、满足人们消费需要和生态环境保护的多维目标中形成自己的核心竞争力和比较优势，从而承担起经济增长与生态保护的双重责任。此外，还需社会组织与公众参与。各种充满活力的社会组织以及具有现代公民精神的社会公众是生态治理的活力所在，在生态治理体系中具有不可替代的地位，发挥着不可忽视的作用。从根本意义上讲，广大人民群众是生态治理成功与否的决定性力量。社会组织一般不具有营利目的，并且动机单纯、形式多样，在生态治理中发挥着灵活高效的公益公共作用，弥补了政府与企业的内在不足。社会组织要通过自身组织建设，明确自身的宗旨性质以及功能定位和责任界限，不断提升自身业务水平、社会参与能力与动员能力，切实代表公众开展与政府和企业的生态治理合作。社会公众既是生态破坏的最大受害者，也是生态保护的最终受益者，因而是生态治理的当然参与者。社会公众的责任意识、参与意识以及参与能力，决定着生态治理的成效。因此，在生态治理中必须拓宽公众表达生态权益诉求和参与生态

---

① 周天楠. 推进政府治理能力现代化的关键 [N]. 学习时报，2013-12-30 (06).

治理的渠道，构建政府、企业、社会组织和公众多元参与的生态治理共同体。

多元共治的生态治理共同体要形成治理合力，既要分权制衡，也要协同合作。要明确不同层次治理主体的权利与义务关系，坚持权责对等原则，通过科学合理的权力分配形成优化高效的权利与义务结构，廓清多元治理主体的价值与职责定位，打破传统政府垄断治理权力的格局，处理好政府和企业、政府和社会的关系。只有整合优化权利与义务结构，才能使不同层次治理主体既能各司其职又能团结协作，既能各尽其责又能边界融合，通过发挥各自优势达到最大治理合力。当然，多元共治不等于均衡共治，政府仍然是生态治理主体体系中的核心主导者。企业、社会组织与公众等治理主体分享着不同层次的治理权力。各层次治理主体又都是利益相关方，要依靠法治制度加强治理主体间的相互监督与制衡，特别是要完善社会公众对政府和企业的监督机制，建立政府、企业与社会之间有效的民主协商机制和沟通协调机制。多元主体协同共治，无论以政府为主导，还是以企业为主体，其根本是要体现社会公众意志。多元治理主体体系的建构根本目的就是最大限度地体现公众意志，最大可能地汇聚公众力量。之所以传统的政府一元管理不再能适应生态治理现代化的需要，从根源上讲，就是政府一元管理越来越难以体现多元主体意志。“在传统的政府管理理念下，政府一元化管理模式把治理体系划归为治理对象，导致‘治理者’与‘被治理者’主体错位而成为制约社会治理创新的桎梏。”① “治理者”与“被治理者”主体错位，即在传统政府治理体制下，企业、社会组织以及公众或者被视为被治理的对象，或者游离于国家治理体系之外，由积极主动的主体变成消极被动的客体。这也是国家治理成本高，与政府治理绩效难有认同的根本原因。现代社会公共资源的裂变与生态利益的多样化需要多元主体的共同治理，治理本身就是不同群体、不同组织共同参与的公共活动，不同群体、不同组织都有其无法替代的作用。多元主体协同共治也是解决不同群体、不同地域之间发展不平衡、不充分之矛盾问题的必然要求。因此，要在政府主导下实现国家生态治理体系“大转型”，从政府单一主治转变为民主式、开放式、互动式的多元主体共治，建立合纵连横的生态治理主体体系，实现各级政府上下贯通，政府与企业、社会组织及公众左右联动，充分发挥不同层次生态治理主体的应有作用，提升生态治理的现代化水平。

---

① 何翔舟．国家治理的现代理念及体系构建［J］．天津行政学院学报，2017，19（4）：3-10.

（三）完善生态治理制度体系，强化生态治理民主化与法治化目标

制度化是生态治理现代化的基本属性和特征，制度体系建设是生态治理现代化的重要动力和保障，要以民主和法治建设为核心，实现制度体系之规范化、科学化与高效化，强化生态治理制度体系民主化与法治化目标。国家治理体系和治理能力是一个国家制度和制度执行能力的集中体现，中国特色社会主义基本制度为多元主体协同共治的生态治理提供了基础性制度保障，生态治理现代化又进一步要求完善社会主义民主和法治。现代化不仅有物质层面的要求，还有价值层面和制度层面的规定。推进生态治理现代化不仅要实现对民主和法治等现代性价值的认同，而且要以此为核心价值实现制度体系的现代性改造。可以说，在现代社会，“依法而治（法治主义）、协同治理（合作主义）、民主协商（民主参与和平等协商）成为国家事务管理的基本方式”①。因此，只有以民主化和法治化为目标加强生态文明制度体系建设，遵循共商共建共享的生态治理原则，平衡规范生态权利与义务关系，实现制度生态化和生态制度化，才能充分调动各方力量和优化配置各种资源，才能有效提升生态治理的现代化水平。

民主和法治是生态治理现代化的核心要素，法治意味着生态治理以国家宪法和法律为基础，通过国家层面科学立法，以生态治理的基本法明确规定多元生态治理主体的权利和义务。生态治理法治化，就是通过一系列制度设计和制度创新，实现政府依法生态治理和严格生态执法、企业与社会组织以及公民依法行使自身的生态权利和履行生态义务、国家司法机关依法独立审判和公正司法。简言之，就是让多元治理主体依法而治，在法律框架下既能各司其职，又能协同共治。要通过科学立法实现生态治理法律体系的整体性建构，转变生态立法理念，实现由弥补式立法向预防性立法转变，紧紧围绕人民群众的生态权益以及人与自然生态和谐推动制定生态治理基本法，统筹生态治理领域各项法律法规的修订工作，实现法律体系内部结构的协调性、系统性与生态化。要通过严格执法和规范执法落实生态治理法治保障的有效性，完善生态治理执法机构建设，厘清生态执法权力归属关系，实现监管执法与监督检查的全覆盖，保持严厉打击生态环境违法的高压态势，提高生态治理执法力度及其实效性和针对性。要通过独立司法和公正司法切实保障人民群众生态权益，加强生态环境领域的司法体系建设，加大生态环境的司法保护力度，完善生态保护的公益诉讼制度和公民生态权益的司法救济制度，通过生态环境司法的独立性和严格性，切实维护生态公正和社会公正。

---

① 燕继荣．现代国家建设与现代国家治理［J］．中国治理评论，2015（1）：40-68.

民主意味着多元治理主体间权力的合理分配和相互制衡。生态治理民主化，就是通过一系列制度设计和制度创新，实现生态治理过程信息公开与广泛参与，让企业、社会组织及公众享有更多治理权利和参与机会。生态治理是一场需要全民参与的集体行动，因而需要以协商民主为切入点，整体推进生态治理民主化。协商民主作为一种治理方式，在尊重差异的基础上能够通过对话达成共识，明确不同治理主体的权责，形成共治共享，有利于实现生态治理决策过程的协调有序。生态治理既是人与自然和谐共生的动态过程，也是人与人和谐交往的良性互动，民主的实质就是自由平等的对话与协商，人们可以通过友好的对话和协商确立共同的方式和目标对生态环境进行治理。在一定意义上，协商民主也是生态治理政策合法性的来源。生态治理是多元治理主体的良性互动，其权力维度必然是多元的、民主的，必然要求改变传统权力自上而下的单一方式。协商民主最为具体的形式就是要求基层民主，建构基层生态民主自治制度，通过把生态治理权力下放到基层，赋予社会组织和民众更多的生态治理决策权和监督权，让其有权决定自己的生态命运，探寻一种对自身负责、对生态有益的生产生活方式。建构基层生态民主，要创新基层民主自治机制，完善基层党组织领导方式和工作方式，规范基层生态民主自治的内容、形式、范围和程序等，在现有民主制度存量基础上，在生态治理实践中积极探索和运用各项具体的民主制度，如生态政策听证会、社区议事会和民主恳谈会等，让公民通过积极参与和有效协商真正发挥治理主体的作用，提升生态治理能力的现代化水平。

可以说，民主和法治的内核是权力分配与监督制衡，只有建立科学的权力配置机制、规范的权力运行机制以及有效的权力制约和监督机制，才能保障政策制定的科学性和生态导向性，才能使权力真正为生态公正和社会公正服务，才能实现生态治理体系和生态治理能力的现代化。亦是说，只有以民主化与法治化为目标强化制度体系建设，才能保证生态治理的公正性、持续性和有效性。民主与法治相辅相成，公民的生态权已成为个人权利的重要组成部分，生态民主就是要求建立较为完备的生态治理法律体系以保障公民的生态权利。同时，生态民主也意味对法治的尊重，依靠法律手段进行生态治理，这也是生态民主的基本要义。在民主法治的基础上还需要建立和完善相应的生态文明制度体系，“要加快制度创新，强化制度执行，让制度成为刚性的约束和不可触碰的高压线。”① 制度创新是在坚持社会主义基本制度和社会主义市场经济体制前提下的制度创新，是将生态制度与经济政治文化以及社会制度相融合，通过经济制度

---

① 习近平．习近平谈治国理政：第三卷［M］．北京：外文出版社，2020：363.

改革转变发展方式，使生态效益和经济效益相得益彰；通过政治制度之民主法治建设使生态民主化和法律生态化，保证生态公正和社会公正；通过文化制度的宣传教育作用，使生态文明理念与生态文明制度深入人心、凝聚共识；通过社会组织的广泛参与和监督，形成最大的生态治理合力。其重点是要创新和完善生态权益分配与补偿、生态安全与保障、生态监督与绩效考核等一系列制度体系，使生态文明制度体系科学化、规范化且有针对性和实效性，着实提升应对生态风险的能力和水平。强化制度供给和制度创新，搭建好生态文明的基础性制度框架，即生态治理制度体系的“四梁八柱”。[①] 可以说，生态文明制度体系建设已经取得了一定成果，但具体来看，生态治理所要求具有针对性和可操作性的制度体系与法律体系依然有待完善。例如水源和土地等自然资源，由于缺少统一有效的治理制度，从产权归属到开发利用依然还处于相对混乱无序的状况，不仅会造成资源浪费和生态环境破坏，而且也会损害人民群众的生态权益和经济利益。因此，生态治理体系和治理能力的现代化，其基本任务就是完善相关的制度体系和法律体系，通过生态治理制度体系建设切实保障生态安全和生态公正。

（四）创新生态治理机制措施，整合资源，提升生态治理现代化水平

生态治理体系和生态治理能力的现代化，不仅要求以民主法治建设夯实生态治理的制度保障，明确多元治理主体的权责关系，完善多元治理主体的参与机制，发挥不同治理主体的积极性和创造性，形成生态治理合力；而且需要创新生态治理的机制措施和范式方法，整合运用行政政策、市场机制和科技创新等一系列资源和手段，提升生态治理能力的现代化水平。“创新始终是推动一个国家、一个民族向前发展的重要力量。”[②] 生态治理现代化要求价值理念、法律制度、管理体制以及技术手段的多维度创新，生态价值理念的共识和法律制度的保障是生态治理现代化的基础性工程，而管理体制和技术手段的创新则是对生态治理起直接作用的关键环节。

一是创新行政管理机制和政府的政策供给。政府是生态治理的主导，是多元主体的核心，转变政府职能，建设服务型政府和生态型政府，创新政府管理机制和政策供给是生态治理的内在要求。因此，要创新税收、金融等宏观调控

---

① 参见《生态文明体制改革总体方案》，包括要健全自然资源资产产权制度、建立国土空间开发保护制度、建立空间规划体系、完善资源总量管理和全面节约制度、健全资源有偿使用和生态补偿制度等。

② 中共中央文献研究室．习近平关于科技创新论述摘编［M］．北京：中央文献出版社，2016：4.

具体方式，进行经济调节和市场监控，真正实现生态保护与经济发展的有机统一。具体来看，要创新绿色税收和绿色金融机制，充分发挥国家税收和金融政策在生态治理中的杠杆作用，按照权责对等原则，在法律的框架下创新生态资源税的政策供给，提升高污染、高消耗产业的税收比例，降低环保节约型产业的税收比例，合理调节生态资源开发利用主体之经济成本以及生态保护职责。加大国家财政对生态环境领域的转移支付力度，支持产业结构的绿色调整及生态补偿，将生态补偿资金纳入政府常规性财政预算。创新行政执法的各项手段，监控企业资源消耗、废物排放以及生产过程的生态安全，弥补生态治理的“市场失效”。创新财政货币政策，在法律制度框架内规范资本利用，警惕资本和市场机制的负向作用及其与生态保护的内在冲突，发挥制度和政策优势在利用资本的同时限制资本，使其更好地为生态治理和人民群众的生态权益服务。可以说，政府管理机制与政策供给的创新是维系生态治理产生实效性的重要推手。

二是创新市场机制并完善其基础性作用。现代社会是商品经济社会，市场机制贯穿于经济社会生活各领域，在资源配置过程中起基础性作用。因此，推进生态治理现代化必须创新市场作用的发挥机制，着力解决市场主体和市场机制发育滞后、市场配置作用未充分发挥等问题，更好地发挥价值规律和价格机制的作用进行生态治理，弥补生态治理中存在的“政府缺位”的问题。要进一步完善市场体系，统筹推进自然资源市场、人力资源市场、金融资本市场及科技信息市场建设及其作用发挥，按照自由竞争与平等交换的原则，凡是能由市场定价的都交由市场配置，构建符合市场规律的自然资源定价与分配机制。让市场供求关系反映自然资源的稀缺程度，建立排污权和碳排放权市场交易机制，完善资源有偿使用制度和生态补偿制度，对稀缺资源与生态成本进行可持续性利用和管理。充分发挥优胜劣汰的市场竞争机制，倒逼企业生产方式向生态化转变，淘汰高污染、高消耗的产业和企业，激励企业发挥在生态治理中的主体作用，达到节能减排和生态环境保护的目的。按照“谁开发谁保护，谁破坏谁恢复，谁受益谁补偿”的原则，建立生态治理市场化运营的成本收益平衡体制，让污染者付费，让治理者受益。创新市场机制，加大对生态治理的资本资源投入，使更多的人力智力和科技服务于生态治理。当然，众所周知，生态治理既要依靠市场机制，同时也不能完全依赖市场这只“无形的手”，社会主义市场经济既要充分利用市场机制配置资源的优势，同时也要弥补其盲目性、滞后性的不足，解决好追逐利润和商品价值与生态治理之间的冲突问题，使商品的价值交换真正服务于人民群众对使用价值和美好生态环境的需要。从这个意义上讲，市场机制与政府宏观调控二者互为补充，缺一不可。

三是创新生态技术研发机制和智力资源保障机制。现代社会是科技日新月异的信息化社会，先进的科技手段是工业文明向生态文明转变的重要保障。通过创新生态技术研发机制，提升科技成果的生态化应用水平，可以极大地提高生态治理的效率和效果。因此，既要坚持科技是第一生产力的理念，又要反对技术主义崇拜，明确科技创新的伦理界限与生态界限，实现科技的生态功能，走科技创新型的生态治理之路。不可否认，生态治理还存在技术短板，如生态核心技术研发支持力度较弱、自主知识产权的生态技术较少、企业或科研单位自主创新力较低、生态技术研发设施比较落后等。因此，要创新生态技术研发机制，通过攻克核心技术拓展新兴生态产业，大力发展绿色循环经济，促进经济结构优化调整，提升绿色经济、低碳经济和循环经济的比重。加大对生态科技研发的资金投入，在保险、贷款以及税收等方面给予政策支持，鼓励企业不断开发绿色生产技术和新型环保技术，加快生态技术的换代升级。加强生态科技重大基础性项目的联合攻关，开展环境监测、污染治理、生态修复、节能减排以及资源循环再利用等多方面关键技术的研发攻关，不断探索新能源、新技术的开发与应用。积极利用互联网和信息技术手段创新生态治理方式，例如运用大数据技术提升政府生态决策能力和科学化水平，运用卫星信息技术实现对国土资源状况的实时监测，运用互联网信息技术拓宽多元主体有效参与生态治理的渠道和途径。科技创新必然要求智力资源支持，要通过教育创新强化科技创新人才的培养，同时要大力加强生态文明智库建设，为生态技术创新和生态决策科学化提供必要的人力资源和智力资源。在一定意义上，以绿色、智能为特征的科技创新是生态文明的内生动力，要紧抓新科技革命的历史性契机，为生态治理提供方法支撑。

除此之外，还需要创新生态治理的具体范式，稳步推进各项试点工作，不断完善生态社区建设、生态文明先行示范区建设及“国家公园”建设，大力推进将生态保护与扶贫开发相结合的生态扶贫工程项目，通过国家顶层设计，打破体制壁垒和空间约束，实现不同区域、不同层次和不同条件下生态治理的差异化与针对性。不断完善信息发布、沟通协调以及舆论监督等一系列相应机制，使生态文明的各项制度和生态治理的各项具体举措切实落地，通过全方位的机制措施保障生态治理取得实效。总之，生态治理现代化是全方位、多维度、立体化的现代化，要运用整体性科学思维，从总体性生态治理的战略高度将其融入经济、政治、文化以及社会建设的全方面与全过程。要依靠国家层面的顶层设计，从全局高度与长远角度对生态治理的各个方面、各个环节及各个要素进行统筹规划，集中有效的生态治理资源，科学高效地实现生态治理的目标。要摒弃局部式、碎片化与短期性的生态保护方式，形成“多策并举，多地联动，全社会共同行动”的生态治理新局面，只有这样才能为推进人与自然和谐共生的现代化提供支持和保障。生态治理过程中还要坚持一种共同体理念，不仅人与自然是生命共同体，人类也是一个命运共同体，因而应该坚持利益共享、责任均担、资源整合和协同治理的原则，形成强有力的利益共同体、责任共同体、发展共同体以及享受共同体，推进生态治理的全球合作。

四、以人类命运共同体理念推动全球生态文明建设

“人类生活在同一个地球村里，生活在历史和现实交汇的同一个时空里，越来越成为你中有我、我中有你的命运共同体。”① 人类命运共同体是生命共同体的最高形态，既意味着人与自然是生命共同体，同时也蕴含着全球生态命运共同体之义，体现了马克思的共同体思想与世界历史理论的价值内涵和时代真谛，是我们为应对全球性生态危机而提供的中国智慧和中国方案。只有坚持人类命运共同体的理念，坚持相互尊重、对话协商与合作共赢的原则，积极建构共商共建共享的全球生态治理体系，才能有效应对生态危机，推动全球生态文明建设。

（一）人类命运共同体蕴含生态命运共同体之义

“建设美丽家园是人类的共同梦想。面对生态环境挑战，人类是一荣俱荣、一损俱损的命运共同体。”② 人类命运共同体是中国贡献给世界解决生态环境危机等一系列全球性发展问题的根本性方案，人类命运共同体蕴含着生态命运共同体之意，同时，加强全球生态治理也是构建人类命运共同体的必然要求和现实途径。

人类命运共同体以历史唯物主义之世界历史理论为基础，实现了对马克思主义共同体思想的时代化和具体化。马克思指出，人类社会由“封闭状态”走向“世界历史”③，其根本原因是生产方式的巨大发展与变革，其直接动力源于资本主义的迅猛发展与全球扩张。马克思从来不避讳对资本的历史性作用的肯定，正是资本逐利与扩张本性开创了世界历史的新纪元，世界历史是资本增值逻辑的内在要求和必然结果，“世界史不是过去一直存在的；作为世界史的历史是结果”④。世界历史的生成是工业革命以来机器大工业所推动的世界分工与世

---

① 习近平谈治国理政［M］. 北京：外文出版社，2014：272.
② 习近平谈治国理政：第三卷［M］. 北京：外文出版社，2020：375.
③ 马克思恩格斯文集：第1卷［M］. 北京：人民出版社，2009：540-41.
④ 马克思恩格斯文集：第8卷［M］. 北京：人民出版社，2009：34.

界交换的结果，“历史向世界历史”转变，意味着人们的物质生活与精神生活的生产与消费都是世界性的了，都成了公共性的财产，狭隘的民族界限不断被打破，人们的交往范围越来越广泛，不仅创造了世界市场，也创作了一种世界的文学。马克思在《资本论》中科学地诠释了资本逻辑主导下世界历史的形成过程。资本是一种生产关系，是物与物的关系掩盖下的人与人之间的关系，本质上依然是一种人支配人的权力关系。生产资料占有者即资本家无偿占有工人创造的剩余价值而形成资本积累，资本积累用于扩大再生产能够带来更多的剩余价值。资本积累成为资本积累的唯一目的，资本主义扩大再生产的实质就是这种生产关系的再生产。这种生产过程一刻也不能停止，它既需要更多的生产资料，也需要将更多的商品销售出去，资本主义需要世界市场，需要打破民族间的自然分工，在科学技术和坚船利炮的助攻下将整个世界一体化到自己的生产体系之中。所以说，“创造世界市场的趋势已经直接包含在资本的概念本身中”①。资本主义生产体系全球性扩张的同时也要求将其政治制度与意识形态输出于整个世界，以其价值观的全球化服务于生产方式的全球化，从而形成以资本主义文明体系为主导的世界历史。由此可见，在马克思看来，世界历史首先就是资本主义全球扩张的过程。

然而，马克思又深刻地指出，资本主义不是世界历史的真谛，它开创了世界历史却不能终结世界历史，世界历史的未来必然属于共产主义。资本主义使人类社会由封闭走向开放，由民族史走向世界史，但这种世界历史蕴含着非正义，是一种不平等的世界关系与世界体系。不仅人际、国与国间存在着不平等与两极分化，而且代际间也存在严重的剥削与掠夺关系，人与人之间、人与自然之间的矛盾并未得以真正解决，这与世界历史所追求的人类之共同利益和自由解放是完全相悖的。资本主义带来了生产力的巨大发展，为世界历史的形成开疆拓土，为人类解放奠定了物质基础，但由其固有矛盾所决定，资本主义必然会被社会主义所代替。“当生产资料的集中和劳动的社会化，达到了同它们的资本主义外壳不能相容的地步。这个外壳就要炸毁了。资本主义私有制的丧钟就要响了。剥夺者就要被剥夺了。”② 人类解放意义的世界历史只有到共产主义才能真正实现，共产主义才是人类历史的真正开始。马克思从人类主体发展角度将社会历史进程划分为三种社会形态，分别对应三种不同的共同体。第一种是“以人的依赖关系为基础”的社会形态，人类生产能力只是在狭窄的范围内

---

① 马克思恩格斯全集：第30卷［M］. 北京：人民出版社，1995：388.

② 马克思恩格斯文集：第5卷［M］. 北京：人民出版社，2009：874.

和孤立的地点上发展着，人与人之间表现为一种天然的集体关系，个体直接地与共同体相连，这种“自然形成的共同体”不具有世界历史意义，是前资本主义的社会形态。第二种是“以物的依赖关系为基础”的社会形态，人类的生产力获得巨大发展，人与人之间的关系通过物的中介表现出来，个体劳动者具有相对独立性却依然是受剥削、受压迫的对象，特殊利益与普遍利益的矛盾依然存在且被“虚假的共同体”利益所掩盖。这种“虚假的共同体”就是资本主义的世界历史。第三种是“以个性自由发展为基础”的社会形态，人类共同的社会生产能力成为他们共同的社会财富，每个人都具有了自由个性，这是一个消灭了阶级、超越了民族的“自由人的联合体”——共产主义社会，这种“真正的共同体”才是人类历史的开始。历史的发展就是人类命运共同体不断生成和实现的过程，人类命运共同体是人类未来的唯一方向。

人类命运共同体理念是马克思主义与时俱进的理论成果，是“自由人联合体”思想的时代化与具体化，是“一球两制、世界多极”与人类整体性利益凸显条件下世界历史之叙事结构的理论创新。人类命运共同体超越了传统的意识形态对立，以人类整体主体的共同使命和共同利益的高广视角直面人类社会发展问题，对资本逻辑主导的全球化进行了修正和发展，其也是实现“真正的共同体”的现实基础和必经途径。人类命运共同体开启了世界历史的新时代，有力地驳斥了西方学者荒谬的“历史终结论”，打破了西方思维和话语模式的垄断，成为一种真正的普适价值，即真正追求人类整体利益的价值，并且找到了一条崭新的实现人类共同发展的现实途径。人类命运共同体主张以谋求人类共同利益为起点，建构一个南北平衡、东西共进、共商共建共享的价值共同体、利益共同体和责任共同体，顺应世界历史的发展新趋势，解决新时代全球化进程中的现实困境，最终实现人类“真正的共同体”和人的自由个性。共同体对于人的发展与解放具有十分重要的意义，它既是个人获得全面发展的重要手段，也是实现个人自由权利的必要条件，“因为当人民意欲掌握自己的命运之时，他们不光是一些个人，而且还是其所认同的各个生活的参与者。”① 人类命运共同体既是每个人实现自由全面发展的前提，也是推动和改善全球治理结构的重要途径。人类命运共同体的核心要义就是建构平等公正、合作共赢的新型国际秩序和国际关系。其中，实现人与自然和谐共生是人类命运共同体的必然要求和当然之义，人类命运共同体蕴含着人与自然是生命共同体主义，因而同时也是

---

① 桑德尔. 公共哲学：政治中的道德问题 [M]. 朱东华，等译. 北京：中国人民大学出版社，2013：34.

人类生态命运的共同体。

共同体本质上是一种关系共存，人类命运共同体既包含人与自然之间的关系，是人与自然和谐共生的生命共同体，同时又是人与人之间、代与代之间以及国与国之间生存与发展的命运共同体，两方面相互联系、相互促进，互为基础和保障。就是说，自然并不在共同体之外，自然恰恰是人类命运共同体的关键一员，生态恰恰是人类命运共同体的永恒主题。人类命运寄托于人与自然矛盾的真正解决，寄托于人与自然的和谐共生。反之，人类也只有真正掌握了自己的命运才能实现与自然的和解。只有坚持人类命运共同体的价值理念和发展方向，才能让人们团结一致携手应对全球性生态危机，不断提升解决生态环境问题的能力和效率。只有人类作为一个整体主体，从人类共同利益出发，使整体利益与个体利益合而为一，才能真正解决人与自然的矛盾和冲突。人类命运共同体是一个多层次的概念，它包含着人与自然生命共同体，既以人与自然生命共同体为前提，又从根本上决定着人与自然的和谐共生。人与自然生命共同体不仅强调了人与自然之间共生共荣、不可分割的关系，人们应该尊重自然、顺应自然、保护自然；而且也包含着自然生态系统内部的依存与利害关系，自然界各要素、各生命体之间也是一种同呼吸、共命运的共同体关系，山水林田湖草也是一个生命共同体。人类命运共同体既是生命共同体的最高形态，又是生命共同体的一部分。生命共同体为人类命运共同体提供有力支撑，只有山水林田湖草良性发展，人与自然才能和谐共生，人类命运共同体才有存在和发展的前提和基础。同样，人类命运共同体为生命共同体提供坚强保障，只有人与人之间利益冲突得到解决，人类社会和谐发展才能给予人类自身以及山水田林湖草良性发展的机会和条件。人类命运共同体将自然纳入其中并使其成为共同体的重要一员，强调的就是人类为了自身命运必须团结一致共同保护生态环境，必须共同应对物种灭绝、气候变暖等一系列生态危机。从这个意义上讲，人类命运共同体是一个立体的关系范畴，是人与人的社会关系、人与自然的生命关系以及自然系统各要素的生态关系多重维度的高度统一。概言之，追求人与自然和谐共生是人类社会发展的永恒主题，保护生态环境，应对全球性生态危机是构建人类命运共同体的重要内容和核心任务。反之，构建人类命运共同体也是推动全球生态治理的必然要求和根本途径。如果说资本主义工业文明造就了“虚假的共同体”，那么与人类社会发展新阶段之生态文明相适应的新型关系模式必然是人类命运共同体。

（二）通过共商共建共享构建人类生态命运共同体

人类命运共同体扬弃了全球化理论的西方范式，为解决生态危机等全球性问题提供了中国智慧和中国方案。现代性的根本后果之一就是全球化，资本的全球化必然会带来生态危机的全球化。马克思指出，全球化是生产社会化和国际分工发展的必然结果，实质是资本主义生产方式的全球化。资产阶级“把一切民族甚至最野蛮的民族都卷到文明中来了。……它迫使一切民族——如果它们不想灭亡的话——采用资产阶级的生产方式”①。可以说，全球化同样是资产阶级像魔法师一样用法术呼唤出来的魔鬼，不仅导致全球贫富差距扩大和两极分化，产生了一系列全球性经济危机、金融风暴和社会危机。同时，全球化还带来了对自然资源的盲目开发与掠夺，造成了世界范围内的资源浪费和生态失衡。生态危机已成为影响人类整体生存和长远发展的全球性问题。毋庸置疑，全球性生态危机有其深刻的社会根源和复杂的内部结构，呈现出多层次、多维度与不平衡等特征。全球性生态危机既是自然资源有限性和资本扩张无限性之间的矛盾，同时也是不同利益主体之间、局部利益与整体利益之间的冲突，其主要根源是资本逻辑主导下经济发展方式的不可持续性以及利益分配方式的不平衡性。

全球性生态危机的根源与实质使生态治理面临着严峻的挑战和压力，发达国家似乎走出了一条国内生态治理有效的道路，然而，其所谓成功恰恰是以全球生态治理失效为代价的，恰恰是通过危机转嫁而诱发全球性生态危机而实现的。换言之，全球性生态危机实际上是资本输出与危机转嫁的必然结果，同时也是发达国家剥削发展中国家的一种必然形式。在有利于西方发达国家的全球化生产和贸易体系中，形成了一种环境污染与生态危机的梯度转移机制。发达国家利用自身的资本与技术优势处于全球生产体系的高端，发展中国家为了吸引外资与先进技术不得不承接发达国家转移过来的低端产业，这使发展中国家在国际分工中处于一种非常不利的劣势地位，成为整个生产体系中的“废水池”和“垃圾桶”。“据联合国环境规划署统计，工业发达国家产生的有害废弃物占全球产生量的95%。发达国家每年都在向第三世界运送数百万吨的废料。”② 伴随资本输出和不平等贸易规模的发展，西方发达国家实现了产业结构的生态性转型，实现了国内生态环境的改善。然而，发达国家这种生态治理方式实质是一种危机转嫁行为，是以发展中国家的非生态性为代价的，发达国家“低碳目标”的实现是以发展中国家“高碳命运”的客观生成为代价的，因而从世界范围来看这也是不具备生态性的。生态危机的梯度转移实际上加剧了全球生态治理的难度，这

① 马克思恩格斯文集：第2卷［M］．北京：人民出版社，2009：36.

② 康瑞华．批判 构建 反思：福斯特生态马克思主义思想研究［M］．北京：中国社会科学出版社，2011：33.

反而是形成全球性生态危机的最直接原因，是西方发达国家特殊利益与人类整体利益之间矛盾冲突的生动体现，同时也造成了全球生态治理“局部有效”与“整体失效”并存的悖论局面。从这个意义上讲，西方发达国家所主导的全球生态治理存在着一种“二律背反”，它以治标的转嫁取代了治本的治理，以自欺欺人的“生态正义”掩盖着非生态的“霸权主义”，以“人类应对生态危机的正义行为”出场，然后逐渐演变为资本主义推行国际霸权的工具。①

因此，反对全球化体系中的生态不公正，揭露发达国家危机转嫁的非生态性是进行全球生态治理需要解决的首要问题；探寻一条全新的全球生态治理的有效路径，抵制“生态殖民化”和“生态霸权主义”已经是世界各国人民共同的心愿。生态学马克思主义者奥康纳、福斯特等人将这种不公正的生态霸权称为“生态帝国主义”，“生态帝国主义”是资本主义发展到工业化后期的客观形式，是资本扩张本性在全球膨胀的必然产物。“这样的生态帝国主义只在几个世纪的发展进程中就制造出全球性的环境危机，并将地球生态置于可怕的境地。”② 生态学马克思主义在对生态帝国主义进行批判性分析的基础上积极倡导全球统一的生态运动，主张建立一种新的国际，即以“生态第五国际”来反对“生态帝国主义”。他们提出通过变革资本主义制度和改造全球权力关系来解决生态危机，然而这一主张受制于时代背景和历史条件既缺乏具体可行的操作性也缺乏行之有效的实践路径，是一种毫无现实可能性的理论乌托邦。人类命运共同体坚持“共商共建共享”的理念，坚持“共同但有差别”的原则，主张在相互尊重和对话协商的基础上协调不同国家间的生态权益，从而使全球生态治理真正落到实处。人类命运共同体吸取了一切人类文明成果，致力于维护人类整体利益和人类文明的交流互鉴，不仅超越了传统意识形态的对立，而且在利用资本的同时主张破除资本逻辑的霸权思维，能够抵制各种形式的“生态帝国主义”与“生态殖民主义”，通过建构一种普适性的新型文明，即生态文明来捍卫人类共同福祉。

应对全球性生态危机需要创新治理理念，只有坚持“共商共建共享”的全球生态治理新理念，才能构建人类生态命运共同体，形成全球生态治理的真正合力。所谓“共商”，就是以民主协商的方式达成共识、汇聚智慧，共同解决全球生态治理之权责关系等一系列重大问题。民主协商就是治理主体无论大小强

---

① 莫凡．“全球生态治理”的二律背反及其破解［J］．扬州大学学报（人文社会科学版），2018，22（5）：54-60.

② 福斯特．生态危机与资本主义［M］．耿建新，宋兴无，译．上海：上海译文出版社，2006：79.

弱形式上一律平等，不同治理主体间相互尊重和包容，一切生态利益冲突都要通过对话协商的方式予以解决，而非诉诸武力和强权。“共商”体现了全球生态治理所应遵循的民主原则，是反对生态霸权的有力武器，有利于全球生态治理权力关系朝着更加公正合理的方向发展。所谓“共建”，就是以平等合作的方式凝聚力量、形成合力，共同承担全球生态治理的责任与义务。“共建”以“共商”为基础，即在民主协商的基础上，通过完善全球生态治理平台体系充分调动多元治理主体的积极性，充分发挥其潜能与优势，使其各尽所能、各负其责，形成全球生态治理的集体行动和最大合力。“共建”体现了全球生态治理的实践原则，有利于以多边主义方式和集体的积极行动切实解决全球生态环境问题。所谓“共享”，就是通过合理分配的方式让生态治理成效与生态产品更多更公平地惠及各国人民。“共享”是“共商”“共建”的目标归宿和内在动力，坚持共享原则就是要兼顾各国利益，不以牺牲一国的正当利益为代价，着眼于人类整体利益和长远利益，实现权责均衡、利益均沾与风险共担。“共享”体现了全球生态治理的公正原则，为进一步推进全球生态治理确立了价值目标，指明了行动方向。概言之，“共商共建共享”的理念阐明了世界各国都应成为全球生态治理的参与者与受益者的基本命题。①

坚持“共商共建共享”的理念，建构人类生态命运共同体，首先要建构生态价值共同体。价值共识是构建人类命运共同体并进行全球生态治理的前提，一方面，国际社会要树立“尊重自然、顺应自然、保护自然”的生态文明理念，坚持“人与自然生命共同体”理念，并将其融入人类命运共同体，摆脱“控制自然”的意识形态束缚，实现生态价值观的变革和共识。另一方面，国际社会要坚持公正原则，将生态公正融入社会公正，以社会公正保障生态公正，着眼于人类的整体利益和长远发展，切实以公平正义原则处理好人与人之间、代与代之间以及国与国之间的利益关系，实现人与自然的和谐共生。价值共同体是人类命运共同体的先导，只有价值共识才能带来利益的共享和责任的共担。建构价值共同体需要加强不同文明、不同制度以及不同意识形态间的交流互鉴，在求同存异中放大共同点消除隔阂，在交流互鉴中增加理解消除误解，使多元文明、多元主体都能秉持人类普遍价值的旨向。其次，要建构生态利益共同体。利益是共同体的核心范畴，利益共同体是物质基础。马克思明确指出：“人们为之奋斗的一切，都同他们的利益有关。”② 生态公正本质上是一种基于生态利益

① 韩跃民．习近平关于全球治理的创新思想［J］．贵州社学，2017（7）：20-25.

② 马克思恩格斯全集：第1卷［M］．北京：人民出版社，2002：187.

的意识形态，归根结底由人们在生态领域的物质利益关系所决定。坚持生态公正的价值原则，建构生态利益共同体，其核心是要解决好共同利益与特殊利益的矛盾关系，就是在人类整体利益框架下合理协调不同国家、不同主体在生态资源占有、分配以及使用上的利益关系，使发达国家与发展中国家根据自身发展需要都能享有公正合理的生态权益。既要承认不同国家由于其历史传统和资源禀赋的不同而形成的特殊利益之合理性，又要拓展不同国家在生态领域的共同利益，通过对话协商和共同行动的方式解决利益冲突和矛盾，扩大生态利益的交汇点，减少生态利益的排他性。生态领域利益冲突最突出的表现就是不同国家面对生态资源有限性所呈现的个体理性导致的集体的非理性。因此，只有坚持利益相关、命运与共的整体性思维和集体理性，既以共同利益为根本，特殊利益服从共同利益，又要摒弃“零和博弈”思维，形成共同利益最大化和利益共识，才能形成公正合理的利益分配关系，形成覆盖全人类的生态利益共同体。为此，还要合理利用资本逻辑之客观必然性与生态保护之主体能动性之间的辩证关系，资本既是社会发展的引擎又是生态危机的根源，全球生态治理的具体实践还离不开资本的积极作用。因此，既要利用资本又要限制和超越资本，在资本与生态之间找到平衡点。最后，构建生态责任共同体。责任是共同体之集体行动的内在要求，任何共同体都有需要集体面对的共同责任和使命。建构生态责任共同体，要遵循“共同但有区别的责任、公平、各自能力等原则”①，保持权责均衡，“能者多劳、多得多劳”，使不同国家在获得各自生态权益的同时承担相应的生态责任。要通过民主协商的方式形成公正合理的责任分配机制，不断优化不同国家承担生态责任的“成本—产出比例”，从而保障不同主体履行生态责任的积极性和实效性。具体来讲，发达国家应当承担全球生态治理的更多责任，并向发展中国家提供生态治理必要的资金和技术支持，使发展中国家增强解决生态问题的能力。建构生态责任共同体最重要的还是以平等合作的方式规避共同风险，须知，应对气候变暖、资源短缺与物种灭绝等生态问题已成为人类共同的责任。面对严峻的生态问题，人类不仅需要对当代人生存和发展负责，还要对子孙后代的长远发展负责；不仅要对国内生态治理负责，还要对全球生态治理负责。可以说，只有建构生态责任共同体，才能实现有效的全球生态治理并切实维护人类整体生态利益。

建构人类生态命运共同体以推动全球生态治理，最基本要求就是要建设新

---

① 中共中央关于坚持和完善中国特色社会主义制度　推进国家治理体系和治理能力现代化若干重大问题的决定［N］. 人民日报，2019-11-06（001）.

型国际关系，形成应对生态问题的“全球治理机制”，即探索一种“对话不对抗，结伴不结盟”的国与国之间平等伙伴关系新模式，制定一系列科学合理且刚性有力的国际规范与国际准则，在此基础上形成以联合国为主导、主权国家为主体、各种国际组织和跨国公司积极参与的以多边合作为基础的全球生态协同治理机制。切实发挥全球治理委员会的协调作用，促进国家间生态政策的良性互通与深度融合，形成国际生态保护行动的联动机制，从而避免全球生态治理因“主体缺位”而形成“公地悲剧”。人与自然是生命共同体，人类在利用自然的同时必须树立生态文明理念，尊重自然生态的基础地位，顺应自然生态的内在规律，履行保护自然的主体责任。同样，人类也是一个命运共同体，任何人、任何国家都不可能生存于“孤岛状态”，任何“甩锅推责”“脱钩退群”的行径都不符合世界历史的发展趋势和人类长远发展的整体利益。中国作为最大的发展中国家，既是生态殖民主义的受害者之一，也是全球生态治理的当然主体之一。中国将继续以大国身份积极承担全球生态治理的国际责任，参与全球生态治理体系建设，从发展中国家基本权益出发反对单边主义和生态霸权主义，维护全球生态公正，努力为全球生态安全作出新贡献。总之，构建人类命运共同体既是生态文明之时代选择，也是世界各国之人民选择，“我们所处的是一个充满挑战的时代，也是一个充满希望的时代。中国人民愿同世界人民携手开创人类更加美好的未来!”①

① 习近平．高举中国特色社会主义伟大旗帜 为全面建设社会主义现代化国家而团结奋斗：在中国共产党第二十次全国代表大会上的报告［M］．北京：人民出版社，2022：63.

参考文献

一、著作文献类

1. 经典文献

[1] 马克思恩格斯全集：第1卷［M］. 北京：人民出版社，1995：35，187.

[2] 马克思恩格斯全集：第2卷［M］. 北京：人民出版社，1957：306.

[3] 马克思恩格斯全集：第3卷［M］. 北京：人民出版社，1960：35.

[4] 马克思恩格斯全集：第7卷［M］. 北京：人民出版社，2009：928.

[5] 马克思恩格斯全集：第20卷［M］. 北京：人民出版社，1971：307，521.

[6] 马克思恩格斯全集：第30卷［M］. 北京：人民出版社，1995：388.

[7] 马克思恩格斯全集：第31卷［M］. 北京：人民出版社，1972：251.

[8] 马克思恩格斯全集：第42卷［M］. 北京：人民出版社，1979：119，167.

[9] 马克思恩格斯全集：第46卷［M］. 北京：人民出版社，1979：328.

[10] 马克思恩格斯文集：第1卷［M］. 北京：人民出版社，2009：35，52，161，185，225，287，329，540-541.

[11] 马克思恩格斯文集：第2卷［M］. 北京：人民出版社，2009：36.

[12] 马克思恩格斯文集：第3卷［M］. 北京：人民出版社，2009：58，538.

[13] 马克思恩格斯文集：第5卷［M］. 北京：人民出版社，2009：220，696，874.

[14] 马克思恩格斯文集：第7卷［M］. 北京：人民出版社，2009：289.

[15] 马克思恩格斯文集：第8卷［M］. 北京：人民出版社，2009：34.

[16] 马克思恩格斯选集：第 1 卷 [M]. 北京：人民出版社，2012：45，52-53，55，62，81-82，194，256，273，277，340.

[17] 马克思恩格斯选集：第 2 卷 [M]. 北京：人民出版社，2012：169-170，174，233，240，297，454.

[18] 马克思恩格斯选集：第 3 卷 [M]. 北京：人民出版社，2012：374-375，654-655.

[19] 马克思恩格斯选集：第 4 卷 [M]. 北京：人民出版社，2012：383.

[20] 马克思 .1844 年经济学哲学手稿 [M]. 北京：人民出版社，2000：81.

[21] 马克思. 资本论：第 1 卷 [M]. 北京：人民出版社，2004：928-929.

[22] 恩格斯. 反杜林论 [M]. 北京：人民出版社，1970：112.

[23] 列宁选集：第 4 卷 [M]. 北京：人民出版社，2012：53.

[24] 毛泽东选集：第 3 卷 [M]. 北京：人民出版社，1991：1031.

[25] 毛泽东选集：第 7 卷 [M]. 北京：人民出版社，1999：373，446.

[26] 中共中央文献研究室，国家林业局. 毛泽东论林业 [M]. 北京：中央文献出版社，2003：44.

[27] 邓小平文选：第 2 卷 [M]. 北京：人民出版社，1994：146-147，164，237，352.

[28] 邓小平文选：第 3 卷 [M]. 北京：人民出版社，1993：120，175.

[29] 江泽民文选：第 1 卷 [M]. 北京：人民出版社，2006：480-481.

[30] 江泽民. 论有中国特色社会主义（专著摘编）[M]. 北京：中央文献出版社，2006：534.

[31] 胡锦涛. 高举中国特色社会主义伟大旗帜　为夺取全面建设小康社会新胜利而奋斗 [M]. 北京：人民出版社，2007：15-16，20.

[32] 胡锦涛. 坚定不移沿着中国特色社会主义道路前进　为全面建成小康社会而奋斗 [M]. 北京：人民出版社，2012：39.

[33] 习近平. 高举中国特色社会主义伟大旗帜　为全面建设社会主义现代化国家而团结奋斗：在中国共产党第二十次全国代表大会上的报告 [M]. 北京：人民出版社，2022：11，21-25，49，50-51，63.

[34] 习近平. 决胜全面建成小康社会　夺取新时代中国特色社会主义伟大胜利：在中国共产党第十九次全国代表大会上的报告 [M]. 北京：人民出版社，2017：50.

[35] 习近平谈治国理政 [M]. 北京：外文出版社，2014：106，163，208，211-212，272，330.

[36] 习近平谈治国理政：第二卷 [M]. 北京：外文出版社，2017：37，330，392-395，397，522，525-526，531，538-544.

[37] 习近平谈治国理政：第三卷 [M]. 北京：外文出版社，2020：123，363，375.

[38] 习近平．之江新语 [M]. 杭州：浙江人民出版社，2007：11.

[39] 中共中央文献研究室．十八大以来重要文献选编（上）[M]. 北京：中央文献出版社，2014：30，507，590.

[40] 中共中央文献研究室．十八大以来重要文献选编（中）[M]. 北京：中央文献出版社，2016：695，827.

[41] 中共中央宣传部．习近平总书记系列重要讲话读本 [M]. 北京：学习出版社，2014：122-123，264.

[42] 中共中央宣传部．习近平总书记重要讲话读本（2016 版）[M]. 北京：学习出版社，2016：231.

[43] 中共中央文献研究室．习近平关于社会主义生态文明建设论述摘编 [M]. 北京：中央文献出版社，2017：7，25，36，43，71，90，110-111，115，117，121-122，145-147.

[44] 习近平．为建设世界科技强国而奋斗：在全国科技创新大会、两院院士大会、中国科协第九次全国代表大会上的讲话 [M]. 北京：人民出版社，2016：12.

[45] 习近平．在纪念马克思诞辰 200 周年大会上的讲话 [M]. 北京：人民出版社，2018：21.

[46] 中共中央文献研究室．习近平关于社会主义社会建设论述摘编 [M]. 北京：中央文献出版社，2017：127.

[47] 中共中央文献研究室．习近平关于科技创新论述摘编 [M]. 北京：中央文献出版社，2016：4.

[48] 中共中央文献研究室．论群众路线：重要论述摘编 [M]. 北京：中央文献出版社，2017：120.

[49] 本书编写组．党的十九大报告辅导读本 [M]. 北京：人民出版社，2017：49-50，52.

[50] 中华人民共和国生态环境部．2021 中国生态环境状况公报 [EB/OL].

(2022-05-28). http: //www. gov. cn/xinwen/202205/28/content. 5692799. htm.

2. 学术著作

[1] 贝克. 风险社会：新的现代性之路 [M]. 张文杰，何博闻，译. 南京：译林出版社，2004：38，198.

[2] 金观涛. 探索现代社会的起源 [M]. 北京：社会科学文献出版社，2010：1.

[3] 莫里森. 生态民主 [M]. 刘仁胜，张甲秀，李艳君，译. 北京：中国环境出版社，2016.

[4] 达利，柯布. 为了共同的福祉 [M]. 王俊，韩冬筠，译. 北京：中央编译出版社，2017：398-420.

[5] 卡逊. 寂静的春天 [M]. 吕瑞兰，李长生，译. 长春：吉林人民出版社，1997：73.

[6] 米都斯，等. 增长的极限 [M]. 李宝恒，译. 长春：吉林人民出版社，1997：17-18.

[7] 吉登斯. 现代性的后果 [M]. 田禾，译. 上海：译林出版社，2011：88

[8] 莱斯. 自然的控制 [M]. 岳长龄，李建华，译. 重庆：重庆出版社，2007：89.

[9] 阿格尔. 西方马克思主义概论 [M]. 慎之，等译. 北京：中国人民大学出版社，1991：17.

[10] 奥康纳. 自然的理由：生态学马克思主义研究 [M]. 唐正东，臧佩洪，译. 南京：南京大学出版社，2003：6，73，320，432-433.

[11] 福斯特. 马克思的生态学：唯物主义与自然 [M]. 刘仁胜，肖峰，译. 北京：高等教育出版社，2006：40.

[12] 斯普瑞特奈克. 真实之复兴：极度现代的世界中的身体、自然和地方 [M]. 张妮妮，译. 北京：中央编译出版社，2001：23.

[13] 柯布. 后现代公共政策 [M]. 北京：社会科学文献出版社，2003：169.

[14] 格里芬. 后现代精神 [M]. 王成兵，译. 北京：中央编译出版社，2005：221-222.

[15] 贝尔. 后工业社会的来临：对社会预测的一项探索 [M]. 高铦，等译. 北京：新华出版社，1997：132.

[16] 阿尔温·托夫勒，海蒂·托夫勒．创造一个新的文明：第三次浪潮的政治［M］．陈峰，译．上海：生活·读书·新知三联书店，1996：3.

[17] 里夫金．第三次工业革命：新经济模式如何改变世界［M］．张体伟，等译．北京：中信出版社，2012：61.

[18] 康芒纳．封闭的循环：自然、人和技术［M］．侯文蕙，译．长春：吉林人民出版社，1997：7.

[19] 杜宁．多少算够：消费社会与地球的未来［M］．毕聿，译．长春：吉林人民出版社 1997：28.

[20] 希尔．生态价值链：在自然与市场中建构［M］．胡颖廉，译．北京：中信出版社，2016.

[21] 科尔曼．生态政治：建设一个绿色社会［M］．梅俊杰，译．上海：上海译文出版社，2006：62，117，126，132.

[22] 萨卡．生态社会主义还是生态资本主义［M］．张淑兰，译．山东：山东大学出版社，2008：5.

[23] 李培超．自然的伦理尊严［M］．南昌：江西人民出版社，2001：144.

[24] 卢风．生态文明新论［M］．北京：中国科技出版社，2013：11，21，129.

[25] 廖福林．生态文明建设理论与实践［M］．北京：中国林业出版社，2003.

[26] 福斯特．马克思的生态学：唯物主义与自然［M］．刘仁胜，肖峰，译．北京：高等教育出版社，2006：40.

[27] 岩佐茂．环境的思想与伦理［M］．冯雷，等译．北京：中央编译出版社，2011：4，6，156.

[28] 岩佐茂．环境的思想：环境保护与马克思主义的结合处［M］．韩立新，译．北京：中央编译出版社，2006：255.

[29] 徐艳梅．生态学马克思主义研究［M］．北京：社会科学文献出版社，2007：134.

[30] 王雨辰．生态学马克思主义与生态文明研究［M］．北京：人民出版社，2015：107.

[31] 刘晓勇．生态学马克思主义与当代中国可持续发展研究［M］．北京：中国社会科学出版社，2018.

[32] 张夺．生态学马克思主义自然观与生态文明理念研究［M］．北京：

人民出版社，2021.

[33] 傅华．生态伦理学探究 [M]. 北京：华夏出版社，2002：247.

[34] 姬振海．生态文明论 [M]. 北京：人民出版社，2007：2.

[35] 余谋昌．生态伦理学：从理论走向实践 [M]. 北京：首都师范大学出版社，1999：68.

[36] 泰纳谢．文化与宗教 [M]. 北京：中国社会科学出版社，1984：15.

[37] 张岱年．中国哲学大纲 [M]. 北京：中国社会科学出版社，1982：173，475.

[38] 章海荣．生态伦理与生态美学 [M]. 上海：复旦大学出版社，2005：50.

[39] 卡特，等．表土与人类文明 [M]. 北京：中国环境科学出版社，1987：5.

[40] 托夫勒．第三次浪潮 [M]. 黄明坚，译．北京：中信出版社，2018：160-195.

[41] 万以诚，等．新文明的路标 [M]. 长春：吉林人民出版社，2000：283.

[42] 余谋吕．当代社会与环境科学 [M]. 沈阳：辽宁人民出版社，1986：3.

[43] 余谋吕．文化新世纪 [M]. 黑龙江：东北林业大学出版社，1996：92.

[44] 世界环境与发展委员会．我们共同的未来 [M]. 王之佳，等译．长春：吉林人民出版社，1997：52.

[45] 徐恒醇．生态美学 [M]. 西安：陕西人民教育出版社，2000：133.

[46] 佩珀．生态社会主义：从深生态学到社会正义 [M]. 刘颖，译．山东：山东大学出版社，2005：340-341.

[47] 严耕，杨志华．生态文明的理论与系统建构 [M]. 北京：中央编译出版社，2009：7.

[48] 高清海．哲学的奥秘 [M]. 长春：吉林人民出版社，1997：293.

[49] 福斯特．生态危机与资本主义 [M]. 耿建新，译．上海：上海译文出版社，2006：2-3，60.

[50] 高清海．哲学在走向未来 [M]. 长春：吉林人民出版社，1997：40.

[51] 卡普拉．转折点 [M]. 卫飒英，李四南，译．北京：中国人民大学出版社，1989：16-17.

[52] 戈尔．濒临失衡的地球 [M]. 陈嘉映，译．北京：中央编译出版社，1997：177.

[53] 麦茜特. 自然之死 [M]. 吴国盛，等译. 长春：吉林人民出版社，1999：2.

[54] 万俊人. 道德之维：现代经济伦理导论 [M]. 广州：广东人民出版社，2000：115.

[55] 陈学明. 西方马克思主义教程 [M]. 北京：高等教育出版社，2001：406.

[56] 余谋昌. 生态学哲学 [M]. 昆明：云南人民出版社，1991：12.

[57] 曹凑贵. 生态学概论 [M]. 北京：高等教育出版社，2002：25.

[58] 韦伯. 新教伦理与资本主义精神 [M]. 于晓，陈维纲，等译. 上海：生活·读书·新知三联书店，1987：79.

[59] 纳什. 大自然的权利 [M]. 杨通进，译. 青岛：青岛出版社，1999：185.

[60] 艾尔斯. 增长范式的终结 [M]. 戴星冀，黄文芳，译. 上海：上海译文出版社，2001：162.

[61] 舒马赫. 小的是美好的 [M]. 虞鸿钧，郑关林，译. 北京：商务印书馆，1984：12.

[62] 汤因比. 历史研究（上）[M]. 曹末风，等译. 上海：上海人民出版社，1986：74-98.

[63] 廖福霖. 生态文明建设理论与实践 [M]. 北京：中国林业出版社，2003：33.

[64] 莫尔特曼. 创造中的上帝：生态的创造论 [M]. 隗仁莲，等译. 上海：生活·读书·新知三联书店，2002：38-39.

[65] 施密特. 马克思的自然概念 [M]. 欧力同，等译. 北京：商务印书馆，1988：2.

[66] 阿格尔. 西方马克思主义概论 [M]. 慎之，等译. 北京：中国人民大学出版社，1991：420，494.

[67] 冯友兰. 中国哲学史（上册） [M]. 上海：华东师范大学出版社，2000：3.

[68] 老子 [M]. 饶尚宽，译. 北京：中华书局，2006：176.

[69] 孙金龙. 促进人与自然和谐共生 [M]. 北京：人民出版社，2022：459.

[70] 张云飞，李娜. 开创社会主义生态文明新时代 [M]. 北京：中国人民大学出版社，2017：3，28.

[71] 多恩．丧钟为谁而鸣［M］．林和生，译．北京：新星出版社，2009：78.

[72] 陈墀成，蔡虎堂．马克思恩格斯生态哲学思想及其当代价值［M］．北京：中国社会科学出版社，2014：95.

[73] 陈金清．生态文明理论与实践研究［M］．北京：人民出版社，2016：54，180，182，195，261-262.

[74] 福格特．生存之路［M］．张子美，译．北京：商务印书馆，1981：249.

[75] 刘希刚，徐民华．马克思主义生态文明思想及其历史发展研究［M］．北京：人民出版社，2017：229，304.

[76] 肖前，黄楠森，陈晏清．马克思主义哲学原理［M］．北京：中国人民大学出版社，2017.

[77] 科尔施．马克思主义和哲学［M］．荣新海，译．重庆：重庆出版社，1989：22-23.

[78] 李红梅．中国特色社会主义生态文明建设理论与实践研究［M］．北京：人民出版社，2017：178.

[79] 丁金光．国际环境外交［M］．北京：中国社会科学出版社，2007：44.

[80] 罗荣渠．现代化新论［M］．北京：北京大学出版社，1993：337.

[81] 莫兰．复杂思想：自觉的科学［M］．陈一壮，译．北京：北京大学出版社，2001：124-125.

[82] 莫兰．超越全球化与发展：社会世界还是帝国世界？［M］．上海：上海文化出版社，2005：6-8.

[83] 郑永年．中国模式［M］．杭州：浙江人民出版社，2010：127.

[84] 余谋昌．生态哲学［M］．西安：陕西人民教育出版社，2000：137.

[85] 罗尔斯顿．环境伦理学［M］．杨通进，译．北京：中国社会科学出版社，2000：383-384.

[86] 金观涛．探索现代社会的起源［M］．北京：社会科学文献出版社，2010：5.

[87] 陈学明．谁是罪魁祸首：追寻生态危机的根源［M］．北京：人民出版社，2012：98.

[88] 格里芬．后现代科学［M］．马季方，译．北京：中央编译出版社，

1995：135.

[89] 唐锡阳. 错错错：唐锡阳绿色沉思与百家点评 [M]. 沈阳：沈阳出版社，2004：122.

[90] 贝尔. 资本主义文化矛盾 [M]. 赵一凡，蒲隆，任晓晋，译. 上海：生活·读书·新知三联书店，1989：65.

[91] 康芒纳. 封闭圈 [M]. 侯文蕙，译. 兰州：甘肃科学技术出版社，1990：4，120.

[92] 段昌群，杨雪清. 生态约束与生态支撑 [M]. 北京：科学出版社，2006：97-99.

[93] 诺思. 制度、制度变迁与经济绩效 [M]. 杭行，译. 上海：上海三联书店，2008：147.

[94] 布朗. 生态经济：有利于地球的经济构想 [M]. 林自新，等译. 北京：东方出版社，2002：5.

[95] 马歇尔. 经济学原理（上册）[M]. 朱志泰，译. 北京：商务印书馆，1964：111.

[96] 桑德尔. 公共哲学：政治中的道德问题 [M]. 朱东华，等译. 北京：中国人民大学出版社，2013：34.

[97] 福斯特. 生态危机与资本主义 [M]. 耿建新，宋兴无，译. 上海：上海译文出版社，2006：79.

[98] 康瑞华. 批判 构建 反思：福斯特生态马克思主义思想研究 [M]. 北京：中国社会科学出版社，2011：33.

[99] 伊诺泽姆采夫. 后工业社会与可持续发展问题研究 [M]. 安启念，等译. 北京：中国人民大学出版社，2004：29.

[100] 王治河. 后现代主义词典 [M]. 北京：中央编译出版社，2003：513.

二、期刊论文类

[1] 习近平. 推动我国生态文明建设迈上新台阶 [J]. 资源与人居环境，2019（2）：6.

[2] 习近平. 生态兴则文明兴：推进生态文明建设，打造绿色浙江 [J]. 求是，2003（13）：42.

[3] 习近平. 国家中长期经济社会发展战略若干重大问题 [J] 求是，2020

(21)：10.

［4］习近平．认真学习党章 严格遵守党章［J］．求是，2012（23）：10.

［5］张云飞，李娜．习近平生态文明思想对21世纪马克思主义的贡献［J］．探索，2020（2）：5-14.

［6］黄承梁．生态文明的中国式解读［J］．走向世界，2013（1）：34.

［7］莫尔．转型期中国的环境与现代化：生态现代化的前沿［J］．国外理论动态，2006（11）：20-25.

［8］杨海军．论人类中心主义与中国社会的可持续发展［J］．文化发展论丛，2016（1）：233-234.

［9］俞可平．如何推进生态治理现代化?［J］．中国生态文明，2016（3）：74.

［10］潘岳．以生态文明推动构建人类命运共同体［J］．人民论坛，2018（30）：16-17.

［11］郇庆治．推进生态文明建设的十大理论与实践问题［J］．北京行政学院学报，2014（4）：67-78.

［12］邱耕田，张荣洁．利益调控：生态文明建设的实践基础［J］．社会科学，2002（2）：33-37.

［13］徐春．生态文明与价值观转向［J］．自然辩证法研究，2004，20（4）：101-104.

［14］薛晓源．生态风险、生态启蒙与生态理性：关于生态文明研究的战略思考［J］．马克思主义与现实，2009（1）：20-25.

［15］束洪福．论生态文明建设的意义与对策［J］．中国特色社会主义研究，2008（4）：54-57.

［16］陈立．生态文明建设的基本内涵与科学发展观的重要意义［J］．学习月刊，2009（22）：27-28.

［17］王谨．“生态学马克思主义”和“生态社会主义”：评介绿色运动引发的两种思潮［J］．教学与研究 1986（6）：39-44.

［18］王谨．绿党和它的“社会主义”［J］．世界经济与政治，1989（2）：63-68.

［19］罗荣渠．第三世界现代化的历史起源及其走向现代化的趋势［J］．北大史学，1993（1）：70-92.

［20］何传启．第二次现代化理论与中国现代化［J］．世界科技研究与发

展，1999，21（6）：12-16.

[21] 卢风．市场经济、科学技术与生态文明："全国生态文明与环境哲学高层论坛"述评［J］．哲学动态，2009（8）：102-104.

[22] 杜明娥，杨英姿．生态文明：人类社会文明范式的生态转型［J］．马克思主义研究，2012（9）：115-118.

[23] 卢风．生态价值观与制度中立：兼论生态文明的制度建设［J］．上海师范大学学报（哲学社会科学版），2009，38（2）：1-8，19.

[24] 杜明娥，杨英姿．生态文明：人类社会文明范式的生态转型［J］．马克思主义研究，2012（9）：115-118.

[25] 郇庆治．建设人与自然和谐共生的现代化［J］．学习月刊，2021（1）：9-11.

[26] 叶琪，李建平．人与自然和谐共生的社会主义现代化的理论探究［J］．政治经济学评论，2019，10（1）：114-125.

[27] 方世南．建设人与自然和谐共生的现代化［J］．理论视野，2018（2）：5-9.

[28] 沈广明．人与自然和谐共生现代化的生态意蕴及绿色发展［J］．广西民族大学学报（哲学社会科学版），2020，42（2）：163-168.

[29] 冯留建，张伟．习近平人与自然和谐共生的现代化论述探析［J］．马克思主义理论学科研究，2018，4（42）：72-82.

[30] 燕方敏．人与自然和谐共生的现代化实践路径［J］．理论视野，2019（9）：44.

[31] 郑继江．论人与自然和谐共生的现代化生成机理［J］．理论学刊，2020（6）：122-131.

[32] 宋献中，胡珺．理论创新与实践引领：习近平生态文明思想研究［J］．暨南学报（哲学社会科学版），2018，40（1）：2-17.

[33] 陈亮，胡文涛．生态文明中国之路的实践探索与时代启示［J］．中国环境监察，2020，（7）：26-27.

[34] 吴舜泽．深刻理解"绿水青山就是金山银山"发展理念的科学内涵［J］．党建，2020（5）：18-20.

[35] 魏华，卢黎歌．习近平生态文明思想的内涵、特征与时代价值［J］．西安交通大学学报（社会科学版），2019，39（3）：69-76.

[36] 黄润秋．以生态环境高水平保护推进经济高质量发展［J］．中国生态

文明，2020（5）：17-18.

[37] 赵志强．习近平生态文明建设重要论述的形成逻辑及时代价值［J］．石河子大学学报（哲学社会科学版），2018，32（6）：20-26.

[38] 刘磊．习近平生态文明思想研究［J］．上海经济研究，2018（3）：14-22，71.

[39] 刘希刚，王永贵．习近平生态文明思想初探［J］．河海大学学报（哲学社会科学版），2014，16（4）：27-31，90.

[40] 李雪松，孙博文，吴萍．习近平生态文明思想研究［J］．湖南社会科学，2016（3）：14-18.

[41] 田鹏颖，张晋铭．人类命运共同体思想对马克思世界历史理论的继承与发展［J］．理论与改革，2017（4）：28-39.

[42] 刘海霞，王宗礼．习近平生态思想探析［J］．贵州社会科学，2015（3）：29-33.

[43] 秦书生，杨硕．习近平的绿色发展思想探析［J］．理论学刊，2015（6）：4-11.

[44] 尤西虎，方世南．习近平生态文明思想四维透视［J］．山西高等学校社会科学学报，2019，31（7）：1-6.

[45] 陈俊．习近平新时代生态文明思想的内在逻辑、现实意义与践行路径［J］．青海社会科学，2018（3）：21-28，35.

[46] 周光迅，李家祥．习近平生态文明思想的价值引领与当代意义［J］．自然辩证法研究，2018，34（9）：122-127.

[47] 陆聂海．生态政治和政治生态化刍议［J］．理论研究，2007（2）：11-14.

[48] 邱耕田．三个文明协调推进：中国可持续发展的基础［J］．福建论坛（经济社会版），1997（3）：24-26.

[49] 俞可平．科学发展观与生态文明［J］．马克思主义与现实，2005（4）：4-5.

[50] 李红卫．生态文明：人类文明发展的必由之路［J］．社会主义研究，2004（6）：114-116.

[51] 廖才茂．论生态文明的基本特征［J］．当代财经，2004（9）：10-14.

[52] 徐春．对生态文明概念的理论阐释［J］．北京大学学报（哲学社会科学版），2010（1）：61-63.

[53] 方世南．建设人与自然和谐共生的现代化 [J]. 理论视野，2018 (2)：5.

[54] 冯留建，张伟．习近平人与自然和谐共生的现代化论述探析 [J]. 马克思主义理论学科研究，2018 (4)：72.

[55] 叶琪，李建平．人与自然和谐共生的社会主义现代化的理论探究 [J]. 政治经济学评论，2019 (2)：114.

[56] 燕芳敏．人与自然和谐共生的现代化实践路径 [J]. 理论视野，2019 (9)：44.

[57] 韩晶，毛渊龙，高铭．新时代　新矛盾　新理念　新路径：兼论如何构建人与自然和谐共生的现代化 [J]. 福建论坛 (人文社会科学版)，2019 (7)：12.

[58] 郑志国．论人与自然和谐共生的现代化生产力 [J]. 华南师范大学学报 (社会科学版)，2018 (9)：119-124.

[59] 张苏强．人与自然和谐共生现代化建设的生态责任论析 [J]. 浙江工商大学学报，2019 (6)：68.

[60] 李祖扬，邢子政．从原始文明到生态文明：关于人与自然关系的回顾和反思 [J]. 南开学报 (社会科学版)，1999 (3)：37-44.

[61] 王如松，欧阳志云．社会-经济-自然复合生态系统与可持续发展 [J]. 中国科学院院刊，2012，27 (3)：173-181.

[62] 马格多夫，等．资本主义与环境 [J]. 武烜，刘仁胜，译．国外理论动态，2011 (10)：10.

[63] 杨谦，曾静．从自然观的历史嬗变谈“美丽中国”生态文明的构建 [J]. 甘肃社会科学，2013 (6)：23-26.

[64] 王宏斌．生态文明：理论来源、历史必然性及其本质特征——从生态社会主义的理论视角谈起 [J]. 当代世界与社会主义，2009 (1)：165-167.

[65] 郇庆治．“包容互鉴”：全球视野下的“社会主义生态文明” [J]. 当代世界与社会主义，2013 (2)：14-22.

[66] 郇庆治．社会主义生态文明：理论与实践向度 [J]. 汉江论坛，2009 (9)：11-17.

[67] 佘正荣．“自然之道”的深层生态学诠释 [J]. 江汉论坛，2001 (1)：73-79.

[68] 徐水华，陈漩．习近平生态思想的多维解读 [J]. 求实，2011

(11)：16.

[69] 王敏，黄滢．中国的环境污染与经济增长 [J]. 经济学（季刊），2015 (2)：557.

[70] 曹彩虹，韩立岩．雾霾带来的社会健康成本估算 [J]. 统计研究，2015 (7)：19.

[71] 王兵，聂欣．经济发展的健康成本：污水排放与农村中老年健康 [J]. 金融研究，2016 (3)：67.

[72] 张新美．绿色发展理念与农业现代化 [J]. 农业经济，2019 (6)：26-27.

[73] 王诺．生态危机的思想文化根源：当代西方生态思潮的核心问题 [J]. 南京大学学报，2006 (4)：37-46.

[74] 曾正滋，庄穆．从经济增长型政府到生态型政府 [J]. 甘肃行政学院学报，2008 (2)：58-62.

[75] 魏治勋．中央与地方关系的悖论与制度性重构 [J]. 北京行政学院学报，2011 (11)：22-27.

[76] 徐海红．生态文明的劳动基础及其样式 [J]. 马克思主义与现实，2013 (2)：84-89.

[77] 韩立新．贯彻环境正义原则是“全面建设小康社会”的关键 [J]. 理论视野，2013 (6)：15-17.

[78] 徐春．社会公平视域下的环境正义 [J]. 中国特色社会主义研究，2012 (6)：95-99.

[79] 王永明．生态道德：建设生态文明的伦理之维 [J]. 社会科学辑刊，2009 (5)：35-37.

[80] 潘岳．环境不公加重社会不公 [J]. 瞭望，2004 (45)：60.

[81] 黄娟，詹必万．生态文明视角下我国社会建设思考 [J]. 毛泽东思想研究，2012 (5)：92-96.

[82] 华启．气候伦理：理论向度与基本原则 [J]. 吉首大学学报（社会科学版），2011，32 (4)：6-9.

[83] 马永庆．生态文明建设的道德思考 [J]. 伦理学研究，2012 (1)：1-7.

[84] 吴舜泽，等．把生态文明制度体系优势转化为生态环境治理效能：解读《关于构建现代环境治理体系的指导意见》 [J]. 环境与可持续发展，2020

(2): 5-8.

[85] 解振华. 构建中国特色社会主义的生态文明治理体系 [J]. 中国机构改革与管理, 2017 (10): 10-14.

[86] 田章琪, 杨斌, 椋埏淪. 论生态环境治理体系与治理能力现代化之建构 [J]. 环境保护, 2018, 46 (12): 47-49.

[87] 何翔舟. 国家治理的现代理念及体系构建 [J]. 天津行政学院学报, 2017, 19 (4): 3-10.

[88] 燕继荣. 现代国家建设与现代国家治理 [J]. 中国治理评论, 2015 (1): 40-68.

[89] 莫凡. "全球生态治理"的二律背反及其破解 [J]. 扬州大学学报(人文社会科学版), 2018, 22 (5): 54-60.

[90] 韩跃民. 习近平关于全球治理的创新思想 [J]. 贵州社学, 2017 (07): 20-25.

[91] 樊东黎. 世界能源的现状和未来 [J]. 金属热处理, 2011, 36 (10): 119-131.

[92] 福斯特. 历史视野中的马克思的生态学 [J]. 国外理论动态, 2004 (2): 34-36.

[93] 陈学明. 论生态文明与伦理约束 [C]. 生态伦理与知识的责任国际学术研讨会会议论文集, 2008 (10): 82-92.

[94] MAGDOFF F. Ecological Civilization [J]. *Monthly Review*, 2011, 62 (8): 1-25.

[95] NORTON B G. Environmental Ethics and Weak Anthropocentrism [J]. *Environmental Ethics*, 1984, 6 (2): 131-148.

[96] FOSTER J B. The Ecology of Destruction [J]. *Monthly Review*, 2007, 58 (9): 12.

[97] FOSTER J B. Ecology Against Capitalism [J]. *Monthly Review*, 2002: 100.

[98] MURDY W H. Anthropocentrism: A Modern Version [J]. *Science*, 1975: 1168-1175.

三、报纸类

[1] 习近平在参加内蒙古代表团审议时强调 保持加强生态文明建设的战

略定力　守护好祖国北疆这道亮丽风景线 [N] 人民日报，2019-03-06（001）.

[2] 习近平．关于做好生态文明建设的工作批示 [N]. 人民日报，2016-11-28.

[3] 习近平在联合国生物多样性峰会上发表重要讲话 [N]. 人民日报，2020-10-01（01）.

[4] 中共中央政治局召开会议　审议《关于加快推进生态文明建设的意见》　研究广东天津福建上海自由贸易试验区有关方案　中共中央总书记习近平主持会议 [N] 人民日报，2015-03-25（01）.

[5] 习近平．与世界相交　与时代相通　在可持续发展道路上阔步前行：在第二届联合国全球可持续交通大会开幕式上的主旨讲话 [N]. 人民日报，2021-10-15（02）.

[6] 习近平．为建设世界科技强国而奋斗：在全国科技创新大会、两院院士大会、中国科协第九次全国代表大会上的讲话 [N]. 人民日报，2016-06-01（02）.

[7] 习近平．加快农业农村现代化　让广大农民生活芝麻开花节节高：在第四个“中国农民丰收节”到来之际习近平向全国广大农民和工作在“三农”战线上的同志们致以节日祝贺和诚挚慰问 [N]. 人民日报，2016-06-01（02).

[8] 习近平．中央农村工作会议在京召开：习近平对做好“三农”工作作出重要指示 [N]. 人民日报，2016-12-21（01）.

[9] 习近平．解放思想锐意进取深化改革破解矛盾　以新气象新担当新作为推进东北振兴 [N]. 人民日报，2018-9-29（01）.

[10] 习近平．在华东七省市党委主要负责同志座谈会上的讲话 [N]. 人民日报，2015-05-29（01).

[11] 习近平．在江西考察工作时的讲话 [N]. 人民日报，2016-02-04（01).

[12] 习近平．让工程科技造福人类、创造未来：在 2014 年国际工程科技大会上的主旨演讲 [N]. 人民日报，2014-06-04（02）.

[13] 习近平．加快国际旅游岛建设，谱写美丽中国海南篇 [N]. 人民日报，2013-04-11.

[14] 习近平．哈萨克斯坦纳扎尔巴耶夫大学演讲时答问 [N]. 人民日报，2013-09-08.

［15］中共中央关于坚持和完善中国特色社会主义制度 推进国家治理体系和治理能力现代化若干重大问题的决定［N］. 人民日报，2019-11-06（001）.

［16］中共中央关于制定国民经济和社会发展第十四个五年规划和二〇三五年远景目标的建议［N］. 人民日报，2020-11-04（1）.

［17］杨明方，贺勇，任江华，等. 绿色 描绘美丽中国新画卷［N］. 人民日报，2016-03-03（012）.

［18］周天楠. 推进政府治理能力现代化的关键［N］. 学习时报，2013-12-30（06）.

［19］王悠然. 改变发展模式应对“人类世”生态危机［N］中国社会科学报，2015-04-15（A03）.

［20］生态文明建设的核心是统筹人与自然的和谐发展：访中国工程院院士李文华［N］. 中国绿色时报，2007-11-30（004）.

［21］李春茹. 生态学马克思主义研究的进展［N］. 人民日报，2013-06-20.

［22］我国能源消费平稳增长，绿色低碳转型加快［N］. 新京报，2022-10-13.

［23］杜尚泽，丁伟，黄文帝. 弘扬人民友谊 共同建设“丝绸之路经济带”［N］. 人民日报，2013-09-08.

四、电子资源类

［1］习近平出席全国生态环境保护大会并发表重要讲话［EB/OL］.（2018-05-19）. http：//www. gov. cn/xinwen/2018-05/19/content_ 5292116. htm.

［2］邓本元. 福建生态文明进行时联合采访团专访［EB/OL］.（2013-07-24）. http：//dangjian. people. com. cn/n/2013/0724/c132289-22311156. html.

［3］2015 年全国环境保护工作会议在京闭幕［EB/OL］.（2015-01-19）. http：//www. gov. cn/xinwen/2015-01/19/content_ 2806148. htm.

［4］环球科学：决战淡水危机［EB/OL］.（2008-09-16）. http：//news. xinhuanet. com/tech/2008-09/16/content_ 10052474. htm.

［5］信息革命与当代 10 大生态危机［EB/OL］.（2013-06-24）. http：//www. eedu. org. cn/Article/es/esbase/resource/201306/86056. htm.

［6］世界水资源现状［EB/OL］. 新华网 . http：//news. xinhuanet. com/world/2012-03/13/c_ 111646253. htm.

[7] 能源替代：工业革命的“核心动力”[EB/OL].(2013-12-02). http://jjckb.xinhuanet.com/dspd/2013-12/02/content_479599_6.htm.

[8] 各国生态债务表公布 中国生态足迹超承载力 2.2 倍 [EB/OL].(2014-08-19). http://www.yicai.com/news/2014/08/4009233.html.

[9] 8 月 19 日地球超载日：人类生态足迹透支地球年度“预算”[EB/OL].(2014-08-19). http://news.xinhuanet.com/world/2014-08/19/c_1112137798.htm.

[10] 全球爆发绝种危机 2050 年一半物种或消失 [EB/OL].(2008-02-19). http://news.enorth.com.cn/system/2008/02/19/002828866.shtml.

[11] 国际能源署：2012 年全球 CO_2 排放增长 1.4% [EB/OL].(2013-06-15). http://www.mofcom.gov.cn/article/i/jyjl/l/201306/20130600163368.shtml.

[12] 第四期《世界水资源发展报告》发布 [EB/OL].(2012-03-13). http://news.xinhuanet.com/energy/2012-03/13/c_122828879.htm.